Klaus Kern · Grundlagen naturnaher Gewässergestaltung

Klaus Kern

Grundlagen naturnaher Gewässergestaltung

Geomorphologische Entwicklung von Fließgewässern

Mit 63 Abbildungen

Springer

Dr.-Ing. Klaus Kern
Beratender Ingenieur Wasserbau
Schlehenweg 12
D-76149 Karlsruhe

Titelbild: Blick auf eine Strecke der unteren Murr, einem Nebenfluß des Neckars, die 6 Jahre nach dem schonenden Ausbau vielversprechende Ansätze einer naturnahen Entwicklung zeigt. (Foto: Bürkle, mit freundlicher Genehmigung des Bildautors und des Ministeriums für Umwelt Baden-Württemberg)

Kartengrundlage für Abb. 6.5 und 6.10: (Verkleinerter) Ausschnitt der Flurkarte 1:2500 aus den Jahren 1820, 1821 und 1858. Vervielfältigt mit Genehmigung des Landesvermessungsamts Baden-Württemberg vom 24. Sept. 1993, Az.: 2.05/816.

1. Auflage 1994
Überarbeiteter und korrigierter Nachdruck 1995

ISBN 3-540-57538-3 Springer-Verlag Berlin Heidelberg New York

Die Deutsche Bibliothek – CIP-Einheitsaufnahme

Kern, Klaus: Grundlagen naturnaher Gewässergestaltung:
geomorphologische Entwicklung von Fliessgewässern / Klaus Kern. – Berlin; Heidelberg; New York; London; Paris; Tokyo; Hong Kong; Barcelona; Budapest: Springer, 1994
Zugl.: Karlsruhe, Univ., Diss. ISBN 3-540-57538-3

Einbandgestaltung: E. Kirchner, Heidelberg
Satz: Reproduktionsfertige Vorlage vom Autor
30/3130 - 5 4 3 2 1 0 – Gedruckt auf säurefreiem Papier

Herrn Dipl.-Ing. Fritz Bürkle gewidmet

Geleitwort

Die Bäche und Flüsse Deutschlands sind größtenteils durch menschliche Einwirkungen geprägt und beispielsweise durch regelprofilierte Begradigungen, sogar Verrohrungen, verändert worden. Naturbelassene Strecken sind kaum noch zu finden. Vielerorts sind solche gar nicht mehr vorhanden.

Diese Entwicklung, begründet mit den ehemals relevanten Forderungen nach Landgewinnung, optimaler Schlaggröße in der Landwirtschaft und Hochwasserschutz für Ortschaften, hat jedoch schwere ökologische Folgewirkungen mit sich gebracht. Die Liste der gefährdeten Tiere und Pflanzen ist stetig länger geworden, viele Arten sind sogar ausgestorben. Neben der Verarmung der Artenvielfalt sind der Landschaft auch ästhetische Werte verloren gegangen.

Die Einsicht, daß ein natürliches Fließgewässer, in Wechselbeziehung zu seinem Umfeld, einen facettenreichen Lebensraum für Tiere und Pflanzen bietet, der bei der wasserwirtschaftlichen Planung berücksichtigt werden muß, ist erst in den letzten Jahrzehnten zum Tragen gekommen. Die Bereitschaft, mit der Natur und Landschaft schonender umzugehen, wächst ständig, was bereits zu Veränderungen in der Gesetzgebung geführt hat. Im Arbeitsfeld des Wasserbauingenieurs entstand ein neues Tätigkeitsgebiet, der Landschaftswasserbau, der sich mit der Renaturierung von Fließgewässern beschäftigt. Die Aufgabe erfordert, mehr als in anderen Teilgebieten des Wasserbaus, eine enge interdisziplinäre Zusammenarbeit mit Geologen, Geographen, Biologen und Landschaftsplanern.

Die Renaturierung von Fließgewässern ist seit Anfang der 80er Jahre ein Schwerpunkt am Institut für Wasserbau und Kulturtechnik der Universität Karlsruhe. In der Abteilung Landschaftswasserbau, die in den Jahren 1987 bis 1991 von Herrn Dr.-Ing. Klaus Kern geleitet wurde, sind zahlreiche Forschungsvorhaben durchgeführt und Mitarbeit in Renaturierungsprojekten geleistet worden. Erfahrungen aus diesen Aktivitäten haben deutlich gezeigt, daß die Renaturierung nur dann erfolgreich ist, wenn der naturraumbezogenen Gewässermorphologie Rechnung getragen wird. Die dazu erforderlichen Kenntnisse gehören dem Grenzgebiet zwischen Ingenieur- und Geowissenschaften an mit dem Schwerpunkt beim letzteren Fachgebiet. In der einschlägigen Ingenieurliteratur fehlten bisher solche Erkenntnisse und die darauf aufbauenden, praxisbezogenen Schlußfolgerungen.

Die vorliegende Arbeit wurde vom Verfasser als Doktorarbeit angefertigt, wobei er seine umfassenden praktischen Erfahrungen aus dem naturnahen Wasserbau mit eingehenden Literaturstudien, besonders aus dem Bereich der Geomorphologie, ergänzte.

Einen wesentlichen Schwerpunkt der Arbeit bildet ein vom Verfasser entwickeltes Raum-Zeit-Konzept, welches die Stabilität von Fließgewässern sowohl von der räumlichen als auch von der zeitlichen Maßstabsebene her differenziert betrachtet. Vorgestellt werden, hierarchisch gegliedert von kleinräumig-kurzfristig bis hin zu großräumig-langfristig, mögliche gewässermorphologische Entwicklungen. Das Konzept richtet sich in erster Linie an Ingenieure, verdeutlicht es doch anschaulich, daß der üblicherweise in Planungen angesetzte zeitliche Horizont nur einen sehr stark begrenzten Ausschnitt aus der Gesamtentwicklungsgeschichte des Fließgewässers darstellt und somit Aussagen, die gerade die Stabilität des Gewässers betreffen, nur schwerlich zulassen. Das weiterhin für die Planung von naturnahen Umgestaltungen wichtige Leitbildkonzept wird durch diese Arbeit wissenschaftlich vertieft und erweitert. Besonders für den planenden, aber auch für den ausführenden Ingenieur wird dieses Buch von großer Bedeutung sein, da es in beiderlei Hinsicht eine Fülle von Hilfestellungen beinhaltet.

Karlsruhe, im Januar 1994

Prof. Dr. Techn. Peter Larsen
Direktor des Instituts für
Wasserbau und Kulturtechnik
der Universität Karlsruhe

Vorwort

Geomorphologie ist für viele Bauingenieure ein Fremdwort. Und doch ist dieses Spezialgebiet der Geographie, die Lehre von den Formen der Erdoberfläche und ihrer Entstehung, naturwissenschaftliche Grundlage der Flußmorphologie.

Die bisher an der Hochschule vermittelten flußmorphologischen Kenntnisse blieben rudimentär, was nicht als ein Mangel empfunden wurde, da der herkömmliche Flußbau weitgehend auf die Dimensionierung von Sohlen- und Ufersicherungen und Bauwerken beschränkt war. Mit dem Aufkommen des naturnahen Wasserbaus und vor allem mit dem Bemühen um "Renaturierung" der kanalisierten Gewässer tat sich plötzlich eine folgenschwere Wissenslücke auf: es fehlten nahezu alle Kenntnisse über den natürlichen Formenschatz und die naturgegebenen Veränderungstendenzen unserer Gewässer. Nicht zu übersehen ist die Rat- und Hilflosigkeit gerade der Wasserbauer bei der Gestaltung und Entwicklung des Gewässerbettes, ihrem ureigensten Gebiet in der interdisziplinären Zusammenarbeit mit Landespflegern und Biologen.

Gelingt es den Wasserbauern nicht, auf dem Gebiet der Gewässermorphologie fundierte Kenntnisse zu erwerben und in die Planung einzubringen, so wird ihre Mitarbeit immer weniger gefragt sein, und die Renaturierungsbemühungen werden sich als teure Fehlschläge erweisen.

Die vorliegende Arbeit ist das Resümee einer langjährigen praktisch orientierten Tätigkeit an der Universität Karlsruhe. Sie dient der Beantwortung zahlreicher Fragen, die bei der Bearbeitung von Projekten im Landschaftswasserbau nicht zufriedenstellend geklärt werden konnten, wie z.B. die Einschätzung von Erosionsschäden, die Frage nach der Bedeutung von Gleichgewichten und Stabilitätsforderungen im naturnahen Flußbau, der Ablauf morphologischer Veränderungen, die morphologische Bedeutung von Ufergehölzen etc. Sie ist notwendigerweise mehr eine naturwissenschaftliche als eine Ingenieurarbeit.

Die Geographen mögen mir das tiefe Eintauchen in ihr Fachgebiet verzeihen, die Berufskolleginnen und -kollegen mögen mir den Verzicht auf jeglichen Formelapparat nachsehen. Die Arbeit richtet sich in erster Linie an die Flußbaupraktiker. Sie bietet jedoch mehr Hintergrundwissen als Rezepte, einfache Rezepturen werden den komplexen flußmorphologischen Zusammenhängen nicht gerecht.

Danken möchte ich meinen ehemaligen Kolleginnen und Kollegen, Ina Nadolny und Hans-Georg Humborg für kritische Anmerkungen zur ersten Textfassung und für die Bereitstellung ihrer umfangreichen Literatursammlung, Jürgen Scherle für kritische Diskussionen zum Thema. Günter Hartmann unterstützte mich bei der Literaturbeschaffung und dem Layout. Nevenka Filipovic, Bettina Lisbach und Birgit Frech danke ich für die Anfertigung der Zeichnungen.

Zu limnologischen Fragen gab mir Ulrike Fuchs vom Zoologischen Institut bereitwillig Auskünfte. Dr. Elmar Briem vom Institut für Geographie und Geoökologie verdanke ich viele Erkenntnisse aus gemeinsamer Projektarbeit. Seine Begeisterung für die Geomorphologie war motivierend für die eigene Arbeit. Ihm und Prof. Alfred Wirthmann danke ich für zahlreiche Hinweise zu den dargestellten fachlichen Grundlagen. Prof. Peter Larsen danke ich auch für die Annahme des vom üblichen Rahmen abweichenden Dissertationsthemas.

Danken möchte ich auch den Verlagen, Institutionen und Autoren, die mir freundlicherweise die Genehmigung zur Wiedergabe von Abbildungen erteilt haben. Bedanken möchte ich mich auch bei Herrn Bürkle für die Überlassung des Titelfotos der Murr. Die von ihm angeregten Murr-Untersuchungen von 1977 bis 1987 waren meines Wissens die ersten systematischen ökologischen Untersuchungen zur Entwicklung eines Fließgewässers in Deutschland. Einige der dabei gewonnenen Daten konnten in dieser Arbeit weiter ausgewertet werden (S. 77 und 91ff).

Danken möchte ich schließlich auch dem Springer Verlag für die Veröffentlichung und der mir unbekannten Lektorin für die äußerst sorgfältige Durchsicht.

Nicht zuletzt danke ich meiner Familie, die mir den notwendigen Ausgleich gab, und deren Bedürfnissen ich in dieser Zeit nicht immer gerecht werden konnte.

Karlsruhe, im Januar 1994   Klaus Kern

Inhaltsverzeichnis

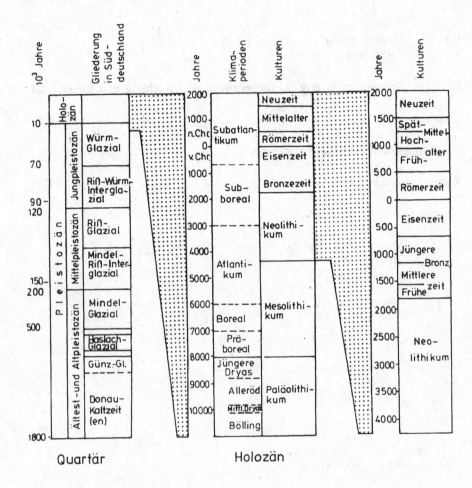

Zeitentafel (nach Geyer & Gwinner 1991[IV] und Schirmer 1983)

Einführung

*It is certain that the long-term response
of streams to the operations of the
present generation of engineers will provide
much employment for future generations
of engineers.*

(Mackin 1948, S. 508)

Bis zum Ende der 70er Jahre wurden Gewässer in Deutschland fast ausschließlich nach technischen Kriterien ausgebaut. Mit dem zu dieser Zeit beginnenden Wertewandel der Gesellschaft in Umweltfragen fanden die warnenden Stimmen der Naturschützer (Thienemann 1951, Engelhardt 1968, Bauer 1971, Schua 1974, Erz 1975, Dahl 1976, DER SPIEGEL 1981) allmählich Gehör bei den Verantwortlichen in Politik und Verwaltung[1]. Anfang der 80er Jahre erschienen die ersten Richtlinien, Verordnungen und Merkblätter zum "naturnahen Gewässerausbau" oder zur "Gewässerpflege" (Binder 1979, MELUF 1980, LWA 1980 und 1989[IV], DVWK 1984), zugleich wurde mit den ersten "Renaturierungen" begonnen (Londong & Stalmann 1985, Londong 1986, Kern & Nadolny 1986), die ab Mitte der 80er Jahre immer breiteren Raum einnahmen und schließlich zu einer auch in der Wassergesetzgebung verankerten Aufgabe der öffentlichen Hand wurden[2].

Einschlägige Merkblätter und Richtlinien beschränken sich auch in neueren Auflagen (Bayer. Landesamt für Wasserwirtschaft 1987, LWA 1989[IV], DVWK 1991) auf die Vermittlung von Grundlagenwissen zur Fließgewässerökologie, auf die Beschreibung ingenieurbiologischer Bauweisen zur Ufersicherung, auf Hinweise zu Pflanzungen und Maßnahmen zur Biotopverbesserung sowie auf Empfehlungen zur Gewässerunterhaltung.

---

[1]Zuvor war es das Verdienst einzelner, gegen die allgemeine Auffassung naturnahen Gewässerausbau nach dem damaligen Verständnis durchzusetzen (Seifert 1938, Kirwald 1950, Meszmer 1960, Bittmann 1965).

[2]Das hessische Wassergesetz forderte im Paragraphen 46 bereits 1981 die Rückführung ausgebauter Fließgewässer in einen naturnahen Zustand.

Gewässermorphologische Fragen und ihre planerische Bedeutung werden in den genannten Werken kaum angesprochen. Ansätze zu einer morphologischen Differenzierung beschränken sich beispielsweise in LWA (1989[IV]) auf die Unterscheidung großer und kleiner Bäche bzw. Flüsse im Berg- und Flachland. In DVWK (1991) wird bezüglich der Pflege, Entwicklung und Neuanlage von Altgewässern immerhin die flußmorphologische Entstehung dieser Feuchtbiotope berücksichtigt. Die Veränderungen der Gewässermorphologie unter dem Einfluß von Strömung und transportierten Feststoffen finden jedoch in den Regelwerken ebensowenig Eingang wie Vorstellungen über den zeitlichen Ablauf der Gewässerentwicklung und die damit verbundenen Planungsperspektiven.

Das gewässermorphologische Wissensgebiet ist im Grenzbereich zwischen Ingenieur- und Naturwissenschaften angesiedelt. Der Forschungsschwerpunkt auf Seiten der Ingenieure liegt traditionell in der Strömungsmechanik (Sedimenttransport, strömungsbedingte Sohlenmorphologie, Mäandergeometrie). Die Erforschung der landschafts- und naturraumbezogenen Gewässermorphologie blieb den Geographen/Geomorphologen überlassen. Eine Zusammenarbeit fand nur in Einzelfällen statt, so daß das Fehlen geomorphologisch begründeter Planungsansätze im Flußbau nicht verwundert.

In der vorliegenden Arbeit wird versucht,

- die geomorphologischen Grundlagen der Gewässerentwicklung in den Periglazialgebieten Mitteleuropas darzustellen (Kap. 1),
- morphologische Gewässerentwicklungen in einem Gedankenmodell räumlich und zeitlich zu differenzieren (Kap. 2),
- die morphologischen Auswirkungen menschlicher Eingriffe in den Natur- und Landschaftshaushalt in Mitteleuropa seit Siedlungsbeginn abzuschätzen (Kap. 3 und 4),
- Folgerungen für die flußbauliche Planungspraxis abzuleiten (Kap. 5) und
- die morphologische Entwicklung der *Donau* in Baden-Württemberg darzustellen und die Umsetzung der Planungs- und Gestaltungsgrundsätze an einem Projektbeispiel aufzuzeigen.

Der Ansatz dieser Arbeit ist empirisch; Projekterfahrungen, Naturbeobachtungen, Literaturrecherchen bilden die Grundlagen. Dementsprechend wurden zahlreiche Beispiele in den Text eingearbeitet, die die Aussagen belegen und veranschaulichen.

Geomorphologische Forschungsansätze. Die Anfänge der geomorphologischen Forschung waren von der Zyklustheorie nach Davis (1899) geprägt, wonach auf eine initiale Hebung unterschiedliche Stadien des Abtrags folgen. Die jeweiligen Landformen wurden von Davis verschiedenen "Reifegraden" zugeordnet. In der heutigen Klimageomorphologie werden dagegen Reliefgenerationen unterschieden (Büdel 1981[II]), deren älteste Formen bis in die Oberkreide vor etwa 100 Millionen

Jahren zurückreichen (Stäblein 1989). Die Unterscheidung von Reliefgenerationen ist möglich, da sich die Verwitterungs- und Abtragsformen mit dem Wechsel der klimatischen Verhältnisse in spezifischer Weise ändern. Die klimagenetische Geomorphologie versucht, diese landschaftsformenden Prozesse zu rekonstruieren und zu prognostizieren. Ein Hilfsmittel bietet hierbei das Aktualitätsprinzip, nach dem bei vergleichbaren klimatischen Verhältnissen von rezenten Formungsprozessen auf geomorphologische Vorgänge der Vergangenheit geschlossen werden kann (Raum-Zeit-Analogie, Stäblein 1989). So konnten auf Spitzbergen glaziale und periglaziale Prozesse direkt beobachtet und analysiert werden, die in unseren Breiten während des Pleistozäns die Landschaft formten (Wirthmann 1964, Büdel 1981[II], Weise 1983, Semmel 1985). Da in der kurzen Zeitspanne des Holozäns (10 000 Jahre) die Vorzeit- oder Altformen des Pleistozäns nur geringfügig verändert wurden, kommt diesen Forschungsergebnissen, insbesondere für die Erklärung der heutigen Talformen, große Bedeutung zu.

In jüngster Zeit wird der Klimageomorphologie die Prozeßgeomorphologie gegenübergestellt (Buch & Heine 1988), in der morphologische Vorgänge auch auf klimaunabhängige Faktoren zurückgeführt werden. Freilich ist dies, wie die Autoren einräumen, eher eine Frage des "raum-zeitlichen Maßstabes" (Buch & Heine 1988, S. 25) als ein neues Erklärungsmodell gegenüber der Klimageomorphologie.

Gewässerentwicklung und Geomorphologie. Bäche, Flüsse und Ströme leisten Abtrags- und Transportarbeit und tragen dadurch wesentlich zur Formung der Erdoberfläche bei. Der Abtrag der Landflächen (Denudation und Erosion) als Folge der klimagesteuerten Gesteinsverwitterung und der Schwerkraft steht im Zusammenspiel mit dem Transport der Verwitterungsprodukte in den Flußsystemen von ihren kleinsten Rinnen an. Der zeitliche Ablauf dieser Abtragungsvorgänge wird innerhalb einer Klimazone vor allem durch die Höhenunterschiede des Reliefs bestimmt. Diesen exogenen, d.h. von außerhalb der Erde durch die Sonne gesteuerten Verwitterungs- und Abtragungsvorgängen, stehen endogene, d.h. aus dem Erdinnern wirkende tektonische Kräfte entgegen (Abb. 1). Unmittelbar beobachtbar sind letztere lediglich durch Vulkanausbrüche und Erdbeben; wirksamer in der Formung der Erdoberfläche sind jedoch in Jahrmillionen ablaufende Krustenbewegungen, die zu Hebungen und Senkungen der Erdrinde führen. Sie gehen einher mit der Entstehung neuer Landflächen oder der Bildung von Meeren, mit dem Zerbrechen großer Gesteinsplatten und der Schrägstellung von Flächen, mit der Entstehung von tiefen Grabenbrüchen und hoch aufragenden Gebirgen. Die Überlegenheit der endogenen über die exogenen Formungsprozesse verhindert die völlige Einebnung der Erdoberfläche auf das Meeresniveau zur sogenannten "peneplain" oder "Fastebene" (Wilhelmy 1977[III]).

Die höhen- und klimaabhängige Vegetationsbedeckung der Einzugsgebiete beeinflußt das Abflußverhalten und die Feststofflieferung in die Gerinne. Für die

Gewässer- und Auenmorphologie sind darüber hinaus das Talgefälle und die
Talform entscheidende Parameter: Laufentwicklung und Sedimentaufnahme
hängen wesentlich vom Gefälle und von der Form des Talbodens ab (Kap. 1).

Abb. 1. Vereinfachtes Schema der morphologischen Gewässer- und Auenentwicklung (vgl. Abb. 4.1, S. 122)

Geomorphologische Prozesse in Raum und Zeit. Durch endogene und exogene
Vorgänge ist die Erdoberfläche ständigen Veränderungen unterworfen. Tektonische und isostatische Bewegungen überlagern zeitlich und räumlich diskontinuier-
lich verlaufende Abtragungs- und Transportvorgänge. Stabilität im physikalischen
Sinne ist daher an keinem Punkt der Erde vorhanden. Allenfalls vorstellbar ist ein
zeitweiliger örtlicher Ausgleich von Hebung und Abtrag, von Senkung und
Auffüllung, von Materialzufuhr und -abtransport.

Das Zusammenwirken dieser gegenläufigen Prozesse wird in der Geomorphologie als "Gleichgewicht", häufig auch als "dynamisches Gleichgewicht" bezeichnet
(Chorley & Kennedy 1971). Große Formänderungen geschehen oft bei tektonischen oder klimatischen Extremereignissen wie Erdbeben, Vulkanausbrüchen,
Hochwasser, Murgängen und Bergstürzen ("Katastrophen"), bei denen häufig
Schwellenwerte für den Bewegungsbeginn großer Massen überwunden werden
müssen.

Zum besseren Verständnis gewässermorphologischer Prozesse wird in Kap. 2
ein gedankliches Modell vorgestellt, das geomorphologische Vorgänge in abgegrenzten räumlichen Einheiten von Einzugsgebieten bis zu Mikrohabitaten beschreibt (Abb. 2).

In den hierarchisch geordneten Raumeinheiten können geomorphologische
Abläufe auch zeitlich zugeordnet und systemanalytisch untersucht werden. In dem
so definierten *räumlich-zeitlichen Modell der morphologischen Gewässerentwicklung* können Gleichgewichtsvorgänge beschrieben und Katastrophenereignisse

definiert werden, da beide Begriffe einen räumlichen und zeitlichen Bezug voraussetzen.

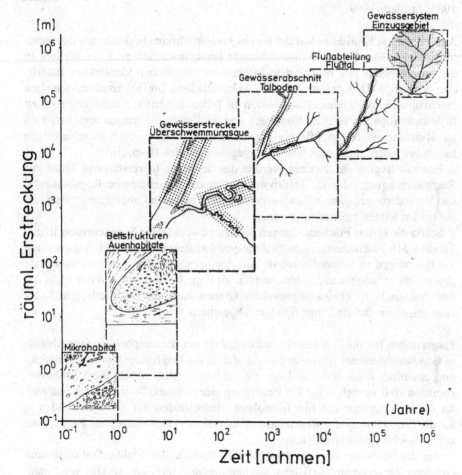

Abb. 2. Systemebenen in einem hierarchisch aufgebauten Raum-Zeit-Modell der morphologischen Gewässerentwicklung

Flußsysteme wurden besonders häufig im Zusammenhang mit Gleichgewichtsbetrachtungen untersucht, nicht zuletzt deshalb, weil fluviale Veränderungen rasch ablaufen und direkt meßbar sind, während sonstige Veränderungen der Erdoberfläche i.d.R. über Vorzeitformen, Sedimentfolgen etc. interpretiert werden müssen. Allerdings können Messungen rezenter Abtragungs- und Sedimentationsvorgänge nur beschränkt auf längere Zeiträume extrapoliert werden, zumal Klimaschwankungen und menschliche Einflüsse zu berücksichtigen sind (Bremer 1989, Stäblein 1989).

Anthropogene Einflüsse. Mit der bereits im Neolithikum beginnenden Umwandlung der Naturlandschaft in unsere heutige Kulturlandschaft griff der Mensch in die Prozeßabläufe ein, oft mit dem Effekt einer erheblichen Verstärkung natürlicher Vorgänge (Denudation, Erosion, Akkumulation). Im Gegensatz zu den alten Hochkulturen im Mittelmeerraum waren die frühen Eingriffe in den Naturhaushalt in Mitteleuropa auf örtliche Rodungen und Siedlungsgründungen begrenzt. Erst im Mittelalter wurde großflächig entwaldet und Ackerbau auch in ungünstigen Lagen betrieben, die später wieder aufgegeben wurden (Kap. 3).

Erst mit Beginn der Neuzeit wurden die Gewässer in verstärktem Maße zur Energieerzeugung oder als Transportweg genutzt. Systematische Regulierungen und Veränderungen ganzer Gewässersysteme zur besseren Landnutzung gehen auf die beiden letzten Jahrhunderte zurück.

Schon die ersten Flächenrodungen führten zu verstärkter Sedimentation in den Talauen. Mit Flächennutzungen, Stauanlagen und Regulierungen erfolgten weitere Veränderungen in Feststoffhaushalt und Abflußregime. Die damit verbundenen gewässermorphologischen Folgen werden im Kap. 4 diskutiert. Auf der Basis des morphologischen Entwicklungsmodells können dann die erforderlichen Regenerationszeiten für die Eingriffsfolgen abgeschätzt werden.

Folgerungen für die Gewässergestaltung. Nur wer die morphologischen Abläufe in Gewässersystemem (er)kennt und sie auch in die langfristige Gewässerentwicklung einordnen kann, ist in der Lage, naturnahen Flußbau zu betreiben. Schlußfolgerungen sind zu ziehen für die Festlegung eines Planungshorizonts im Flußbau, für die Reversibilität von Eingriffsfolgen – insbesondere für Erosionsschäden –, für die Einschätzung der Regenerationsfähigkeit von Gewässern, für Programme zur Entwicklungskontrolle (Kap. 5).

Aus der Funktionsweise des Modells wird deutlich, daß Flußbau auf die Raumeinheiten "Gewässerstrecke/Überschwemmungsaue" und "Bettstrukturen/Auenhabitate" beschränkt ist. Wie die flußbauliche Grundforderung nach ausgeglichenen, stabilen Gewässerstrecken in der Praxis umzusetzen ist, wird ebenfalls für unterschiedliche Problemfälle erörtert.

Diskussionsbeispiel. Am Beispiel der *Donau* in Baden-Württemberg werden die geomorphologischen Prozesse von der Entstehung des heutigen Einzugsgebiets bis zur Ausbildung von Laufformen in unterschiedlichen geologischen Formationen erläutert (Kap. 6). Eingriffe im vorigen Jahrhundert führten zu Flußvertiefungen, deren Sanierung an einem Projektbeispiel vorgestellt und diskutiert wird.

1 Gewässerentwicklung im geomorphologischen Prozeßgefüge

1.1 Abtrag und Transport

1.1.1 Verwitterung

Bei der Gesteinsaufbereitung ist die physikalische von der chemischen Verwitterung zu unterscheiden. Beide Verwitterungsarten sind klima- und gesteinsabhängig. Bei der *physikalischen* Verwitterung sind vor allem mechanische Vorgänge für die Lockerung des Gesteinsgefüges verantwortlich. So werden durch die 9 %ige Volumenzunahme beim Gefrieren des oberflächennahen Kluftwassers ganze Felsstücke aus dem Gesteinsverband gelöst. Weniger wirksam ist nach Louis (1979[IV]) die Hitzesprengung aufgrund unterschiedlicher Wärmedehnung der Minerale, die vor allem zu einem oberflächigen Abgrusen führt. Die Tätigkeit von Bodentieren (vor allem Termiten in den Tropen) und der Spaltendruck von Pflanzenwurzeln tragen ebenfalls zur Gefügelockerung bei. Bedeutender für die Gesteinsaufbereitung sind jedoch Ausscheidungs- und Verwesungsprodukte, vor allem Huminsäuren, die wesentlich zur Wirksamkeit chemischer Verwitterung beitragen.

Die *chemische* Verwitterung ist in erster Linie wasser- und temperaturabhängig. Nahezu alle Gesteine sind in unterschiedlichem Maße löslich, am meisten Salze, am wenigsten Silikatgesteine. Gefördert wird die Wirksamkeit der chemischen Verwitterung durch die oben erwähnten organischen, aber auch durch anorganische Säuren wie Kohlen-, Schwefel- und Salpetersäure. Teilweise ist mit den stofflichen Reaktionen eine erhebliche Volumenzunahme verbunden, so bei der Umwandlung von Anhydrit in Gips um 60 Prozent. Neben der direkten chemischen Umwandlung in lösliche Stoffe ist die mit Volumenzunahme verbundene Hydratation am Kristallgitter der Minerale bedeutend für die Gesteinslockerung. Vor allem Silikate werden darüber hinaus durch Hydrolyse auf chemischem Wege angegriffen.

In den unterschiedlichen Klimazonen herrschen ganz verschiedene Verwitterungsarten vor. Während die Polar- und Subpolargebiete sowie alle Gebirgsregionen von Frostverwitterung geprägt sind und kaum chemischen Zersatz aufweisen, ist in den feuchten Tropen bei Wasserüberschuß und Wärme die chemische Verwitterung dominant und führt zu bis zu 30 m mächtigen, un-strukturierten "Arbeitsböden" (Büdel 1981[II]). In den gemäßigten Breiten sind chemische und physikalische Verwitterung gleichermaßen aktiv. Die klimaspe-zifischen Verwitterungsarten mit ihren unterschiedlichen Oberflächenbildungen nahm Büdel zum Anlaß, die Erdoberfläche – unter Ausschluß der Hochgebirge – in 10 klimamorphologische Zonen zu unterteilen.

Die Verwitterungsart beeinflußt die Gewässerökologie in entscheidender Weise. Zum einen bestimmt der Transport der gelösten Verwitterungsprodukte den Wasserchemismus der fließenden Welle, zum anderen hat die Feststofflieferung des Ausgangsgesteins großen Einfluß auf die Gewässermorphologie. Ersteres führt zu einer spezifischen floristischen und faunistischen Besiedelung der Gewässerab-schnitte, wenn der geochemische Typus ohne Vermischung durch andere geologische Formationen bewahrt bleibt (Braukmann 1987, Wiegleb 1981). Letzteres bestimmt zusammen mit anderen Faktoren wie Relief sowie Nieder-schlags- und Abflußverhalten die Feststofffracht des Gewässers, die wiederum für die Gerinnemorphologie entscheidend ist. Daneben sind die sohlenbedeckenden Sedimente zugleich Siedlungssubstrate für die wirbellose aquatische Fauna und Laichplätze für Fische (Hynes 1970, Jungwirth & Winkler 1983, Statzner 1986, Braukmann 1987).

1.1.2 Verwitterungsprodukte und Transport

Der Anteil gelöster, suspendierter und fester Stoffe ist klima- und gesteins-abhängig. Gregory & Walling (1973) geben für verschiedene Flußgebiete der Welt Verhältniswerte an. Die Extreme liegen bei 6 bzw. 3 % Gelöstem für den *Colorado River*, Arizona, bzw. den *Green River*, Utah, und bei 93 und 95 % Gelöstem für zwei polnische Flüsse. Aussagekräftiger sind die Angaben des Schwebstoff-anteils an der Feststofffracht, der für tropische Tieflandfüsse, aber auch für *Wolga* und *Mississippi* mit über 90 % von verschiedenen Quellen in Gregory & Walling wiedergegeben wird. Alpenflüsse werden mit 30 % Schwebstoff- gegenüber 70 % Geschiebeanteil[3] eingestuft. Freilich sind regionale Besonderheiten zu beachten: Mangelsdorf & Scheurmann (1980) betonen den Schwebstoffreichtum des die Ostalpen entwässernden *Inn* im Vergleich zu *Iller, Lech* und *Isar* aus den nördlichen Kalkalpen und ihren Vorländern. Auf klimabedingte Verwitterungs-unterschiede sind schließlich die fast durchweg feinkörnigen Sedimente und die

---

[3] In der Wasserbauliteratur wird mit "Geschiebe" der Anteil der Feststoffe bezeichnet, der gleitend, rollend oder springend auf der Sohle bewegt wird (DVWK 1992, DIN 4049 T. 1, 1979). In der Geologie/Geomorphologie dagegen werden fluviale, gerundete Sedimente "Gerölle" genannt, und nur Material, das nicht gerundet ist und Schubflächen aufweist, heißt Geschiebe (Stäblein 1970).

hohe Schwebstofführung vieler Tropenflüsse zurückzuführen (Bremer 1989) im Gegensatz zu den i.d.R. geröllbeladenen Gewässern der Zonen periglazialer Verwitterung.

Im Rahmen seiner Untersuchungen zur Längsprofilentwicklung nahm Hack (1957) eingehende Sedimentanalysen an Gewässern in den amerikanischen Appalachen vor. Dabei stellte er fest, daß grobe Gerölle häufig erst im Flußbett durch das Zusammenwirken von chemischer und physikalischer Verwitterung für den Transport aufbereitet werden. Unterschiedliches Verwitterungsverhalten führte in einem Flußgebiet zum Beispiel dazu, daß Sandsteingerölle noch 100 km nach ihrem Eintrag ins Gewässer 30 % der Flußsedimente ausmachten, obwohl der Sandsteinanteil im Einzugsgebiet nur 10 % betrug. Kalksteingerölle dagegen waren bereits nach 8 bzw. 1,6 km zerrieben. Hack kommt zum Schluß, daß die Korngröße des Sediments von der Verwitterungsresistenz des Gesteins und von der Art der Geschiebequellen abhängt, wie Struktur und Verwitterungsverhalten des Felsgesteins, Neigung der angrenzenden Hänge und Ausgangsgröße der aufgenommenen Gerölle.

Gelegentlich wurde durch sogenannte Geschiebebänder die Änderung der petrographischen Zusammensetzung des Flußgerölles entlang des Flußlaufs dargestellt. Die Geschiebekonstellation, die nach Mangelsdorf und Scheurmann (1980) wegen der unterschiedlichen Abriebfestigkeit nur getrennt nach Kornfraktionen aufgenommen werden sollte, spiegelt nicht nur die geologischen Verhältnisse im Einzugsgebiet wider, sondern eben auch die Gesteinseigenschaften, mit der Folge, daß sich härtere Gesteine[4] im Sediment anreichern.

Bauer (1965) gibt für die bayerische *Donau* ein petrographisches Geschiebeband an, allerdings ohne Differenzierung von Kornfraktionen (Abb. 1.1). Die Darstellung läßt eine kontinuierliche Abnahme oder Zunahme einzelner Gesteinsarten vermuten. Dies ist durch die unterschiedliche Abriebfestigkeit der einzelnen Gesteinsarten auch tatsächlich der Fall. Zusätzlich treten jedoch bei jeder Flußeinmündung sprunghafte Änderungen der Geschiebezusammensetzung auf. Der Abrieb des Donaugeschiebes wurde von Bauer (1965) ohne Berücksichtigung der Gesteinsart mit 0,6 Vol.% pro Kilometer angegeben, bezogen auf d_m und d_{90}. Danach wäre ein nichtquarzitisches Geschiebekorn entsprechender Korngröße von *Iller*, *Lech* oder *Isar* nach 115 km Transport in der *Donau* auf die Hälfte seines Ausgangsvolumens zerrieben. Zu berücksichtigen sind bei solchen Geschiebeanalysen die Veränderungen des Geschiebehaushalts durch Eingriffe in das Flußsystem, wie von Bauer (1965) am Beispiel der bayerischen *Donau* von 1820 bis 1960 aufgezeigt wurde.

---

[4]Mangelsdorf & Scheurmann (1980) sprechen von "Felsgesteinen".

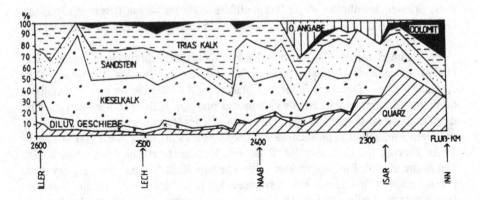

Abb. 1.1. Petrographische Analyse des *Donaugeschiebes* in Bayern (nach Bauer 1965)

Daneben können bei großen Flüssen jedoch auch ältere Terrassensysteme, die vom aktuellen Flußlauf angeschnitten werden, die Geschiebezusammensetzung beeinflussen, wie Stäblein (1970) anhand von Schotteranalysen des *Mains* mit Daten aus Körber (1962) nachweist. Körber stellt auch eine Anreicherung mit Geröllen aus dem flächenmäßig unbedeutenden Einzugsgebiet des ostbayerischen Grundgebirges fest, die auch nach 400 km Transport noch 10-15 % der Geschiebefracht ausmachen. Die im Maingebiet vorherrschenden Verwitterungsprodukte der Keuper-, Muschelkalk- und Buntsandsteinformationen werden dagegen rasch zu Sand- und Tonfraktionen zerrieben.

In einer Untersuchung über die geomorphologische Aussagekraft von Grobsedimentanalysen kommt Stäblein (1970) zu dem Schluß, daß aus Form- und Lagerungsparameter von Sedimenten nur sehr eingeschränkte Aussagen über Entstehung und Herkunft möglich sind. Beispielsweise ist die Zurundung keinesfalls ein Indiz für die Transportweite. Tatsächlich wird bei fluvialem Transport nach Stäblein durch Rollen über die Längsachse eher eine stengelige als eine Kugelform angenähert. Weit besser zu interpretieren ist die petrographische Zusammensetzung, wie an den oben genannten Beispielen deutlich wird.

Goldersbach (Schönbuch/Lkrs. Tübingen). Schmidt-Witte & Einsele (1986) sowie Behringer, Einsele & Rosenow (1986) und weitere Autoren in Einsele (1986a) berichten von einem kleinen, eingehend bezüglich seines Stoffhaushalts untersuchten Einzugsgebiet im Keuperbergland. Das Gewässernetz des 72 km² großen bewaldeten Einzugsgebiets des *Goldersbachs* im Naturpark Schönbuch bei Tübingen durchschneidet wechselnde Keuperschichten vom Knollenmergel (km5) über den Stubensandstein (km4), Bunte Mergel (km3), Schilfsandstein (km2) bis zum Gipskeuper (km1), der jedoch nur noch geringfügig aufgeschlossen ist (Abb. 1.2). Aufgelagert ist eine Lias alpha-Hochfläche auf einer geringmächtigen Schicht aus Rät-Sandstein (ko).

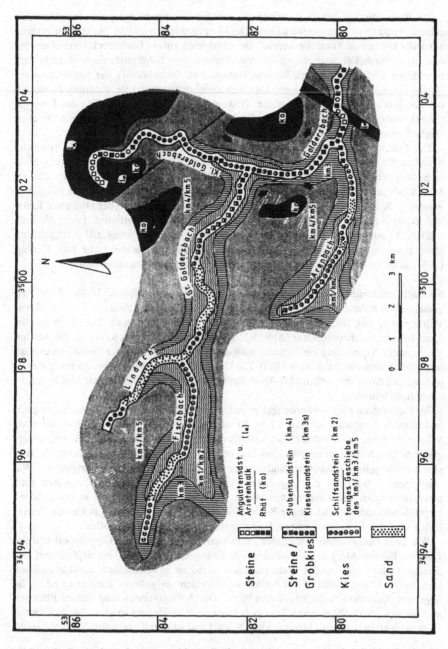

Abb. 1.2. Geologie und petrographische Sedimentzusammensetzung im *Goldersbachgebiet* (aus Behringer, Einsele & Rosenow 1986)

. Die Bachsedimente geben ein Abbild der Verwitterungsprodukte der einzelnen Gesteinsschichten und ihres Transportverhaltens. Die Mergelschichten und der Gipskeuper bringen allenfalls kurzlebige Tonsteine hervor, die schon nach kurzer Fließstrecke zerrieben sind und als Schwebstoff ausgetragen werden. Stuben- und Schilfsandstein sind nicht viel beständiger und zerfallen nach kurzem Transport zu Quarzkörnern der Sandfraktionen. Grobsedimente stammen vorwiegend aus den abriebresistenteren Verwitterungsprodukten des Rät-Sandsteins und des Lias-alpha. Obwohl sie nur einen kleinen Teil des Einzugsgebiets abdecken, reichern sie sich im Bachsediment an und bilden in steileren Strecken Deckschichten auf der Sohle.

Der Feststoffaustrag wurde in vier "normalen" Meßjahren zu 13 t/km^2·Jahr ermittelt, wobei ca. 95 % als Schwebstoff ausgetragen wurden. Der Lösungsaustrag wurde 4-5mal so hoch angesetzt. Ein Jahrhunderthochwasser ("Katastrophenereignis", vgl. Kap. 2.8) im Mai 1978 brachte dagegen innerhalb von 176 Stunden einen Feststoffaustrag von 140 t/km^2, wovon 60 % in nur 12 Stunden ausgetragen wurden. Vermessungen der erodierten Rinne und Beobachtungen auf den Hängen zeigten, daß die transportierten Feststoffe ausschließlich aus dem Bachbett selbst stammten bzw. dem periglazial verfrachteten Hangschutt, der vom Gewässer angeschnitten wird, eine Beobachtung, die auch Carling (1983) beim Feststoffaustrag in mittelenglischen Einzugsgebieten verzeichnet.

Speltach (Schwäbisch-Fränkische Waldberge/Lkrs. Schwäbisch Hall). Ähnlichen geologischen Rahmenbedingungen unterliegt eines der Pilotvorhaben des Landes Baden-Württemberg zur naturnahen Umgestaltung von Fließgewässern[5]. Die *Speltach* bei Crailsheim in Nordwürttemberg (Abb. 1.3) ist ebenfalls ein Bach im Keupergebiet, für den im Zuge der Vorplanung zur Einschätzung der Gewässerstabilität der Geschiebehaushalt untersucht wurde (Briem & Kern 1989). Die Untersuchung beinhaltete sowohl eine geomorphologische Analyse als auch eine Abschätzung der Gewässerstabilität aufgrund hydraulischer Berechnungen.

Im Unterschied zum Schönbuchgebiet stellt hier der Gipskeuper die geomorphologisch bedeutendste Formation dar (Abb. 1.3). Er wird in 450 m+NN Höhe von einer nur etwa 1 m mächtigen, hart verbackenen Schluffsteinschicht, der "Engelhofer Platte", untergliedert. Durch diese gegenüber dem Gipskeuper relativ verwitterungsresistente Schicht sind in die hügeligen Keuperbergländer dieser Region fast perfekte Ebenen eingelagert. Wie unten gezeigt wird, ist die Engelhofer Platte nicht nur landschaftlich, sondern auch gewässermorphologisch äußerst bedeutsam. Über dem Gipskeuper sind in den höheren Lagen Schilfsandstein und Untere Bunte Mergel aufgelagert. Nur noch in kleinen Teilgebieten wird der Kieselsandstein im Einzugsgebiet der *Speltach* angetroffen.

· Wie beim *Goldersbach* beschrieben, verwittern die Tonsteine des Gipskeupers und der Unteren Bunten Mergel zu Tonmineralen und gelangen bereits als Schwebstoff ins Gewässer oder werden nach kurzem Transport verrieben, soweit sie nicht selbst an steileren Hängen Tonböden bilden. Ein Großteil wird freilich als gelöstes Karbonat und Sulfat abgeführt. Ganz anders die Engelhofer Platte: Durch Frostverwitterung werden Plättchen abgeschuppt, die beim weiteren Transport kaum noch zerkleinert werden. Der Schilfsandstein dagegen besteht aus Quarzsand und Schluff und ist durch graugrüne Tone nur leicht

---

[5]Beispiel Nr. 1 in Kern, Bostelmann & Hinsenkamp (1992).

verkittet; nach dem Zerfall bildet er im Sediment die Feinsandfraktion mit durchsichtigen, splittigen Quarzkörnern. Der Kieselsandstein, der von keinem Gewässer im *Speltachgebiet* direkt angeschnitten wird und teilweise sogar nur noch im Hangschutt vorliegt, liefert bei Verwitterung als Endprodukte Quarzkörner der Grob- und Mittelsandfraktion.

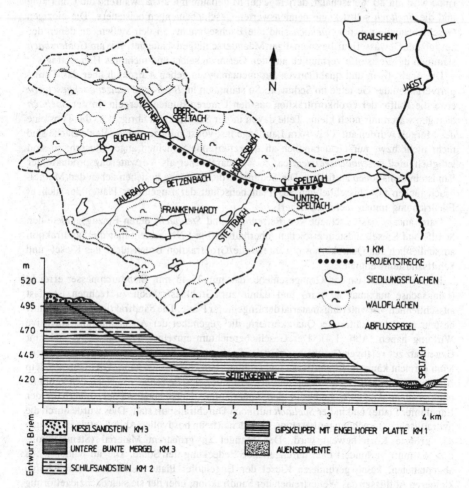

Abb. 1.3. Gewässersystem und geologische Schichtung des *Speltachgebiets*

Bei den geomorphologischen Untersuchungen wurden die Oberläufe der Quellgewässer eindeutig als die Hauptgeschiebelieferanten erkannt. Der durch kaltzeitliche Solifluktion reichlich vorhandene Hangschutt, wie auch Linearerosion in die anstehenden geologischen Formationen (vor allem Schilfsandstein), führen selbst in kleinsten Zuflüssen, wie im *Hörlesbach* und *Taubbach*, zu erheblichem Geschiebetrieb. Streckenweise sind die Gerinne regelrecht überlastet und fast vollständig mit Sedimenten verfüllt. In den Oberläufen des *Buchbachs* erreicht die Sedimentauflage 50 cm Mächtigkeit bei einer Gewässerbreite von kaum einem Meter. Unterhalb von 450 m + NN tragen die Geschiebeplättchen der Engelhofer Platte zur Grobkornfraktion bei. Der Geschiebebeitrag der Oberläufe zum Hauptgerinne wird mit 80 % geschätzt, derjenige der Mittelläufe mit 20 %, während die Unterläufe und die *Speltach* selbst keine nennenswerten Geschiebemengen beisteuern. Die einzigen Geschiebequellen an der *Speltach* sind alte Bachsedimente an den Stellen, an denen der ausgebaute Gewässerlauf die ehemaligen Mäanderschlingen schneidet. Wie am *Goldersbach* stammen die Feststoffe vermutlich aus den Gerinnen selbst und nicht aus Hangabtrag.

Die qualitativen und quantitativen Sedimentanalysen geben Aufschluß über das Transportverhalten der Gesteine im Sediment. So stammten im *Buch-* und *Lanzenbachgeschiebe* etwa die Hälfte der Grobkornfraktion aus den Unteren Bunten Mergeln. In der *Speltach* dagegen waren nur noch kleine Teile davon in der Sandfraktion übrig; d.h. die Tonsteine des Mergels wurden auf 5 bis 7 km Lauflänge fast vollständig zerrieben. Beide Bäche sind nicht mehr bzw. nur noch randlich an quarzführende Schichten angeschlossen; so sind lediglich im *Lanzenbachsediment* ca. 5 % Quarzkörner als Verwitterungsprodukte der Sandsteinformationen zu finden. Die Sedimente dieser Bäche bestehen neben den Mergelbruchstücken fast ausschließlich aus Plättchenschutt der Engelhofer Platte, der sich in Fließrichtung immer mehr anreichert.

Ganz anders das Geschiebe von *Betzenbach* und *Stettbach*, deren Einzugsgebiete den Schilf- und Kieselsandstein erreichen: oberhalb 450 m + NN besteht hier die Sandfraktion ausschließlich aus Quarzkörnern, während die Grobfraktion Bruchstücke des Kiesel- und Schilfsandsteins enthält.

In der *Speltach* ist das Grobgeschiebe, das nur 35-45 mm Siebdurchmesser erreicht (Längsachse maximal 80 mm) und damit zur Grobkiesfraktion zu rechnen ist, fast ausschließlich Verwitterungsmaterial der Engelhofer Platte. Die Sandfraktion (d < 2,0 mm) besteht etwa zur Hälfte aus Quarzkörnern, die gegenüber der Auenlehmsohle korrasive Wirkung haben (Abb. 1.4). Der Geschiebereichtum einzelner Seitengewässer steht im Gegensatz zur relativen Geschiebearmut der *Speltach*. Die Sedimentstärke über dem Auenlehm erreicht kaum mehr als 10 cm und fehlt auf langen Strecken ganz, vor allem auf dem Abschnitt zwischen Oberspeltach und der Mündung des *Betzenbachs*. Nach den geomorphologischen Analysen findet in den Unterläufen der Seitengewässer (unterhalb der Engelhofer Platte) und in der *Speltach* nur noch Durchtransport statt. Dies wurde durch die hydraulischen Berechnungen bestätigt, nach denen beim bordvollen Abfluß (etwa HQ_2) auch das gröbste Korn bewegt wird. Der Mangel an gröberem Material (Steinfraktion, d > 63 mm) verhindert eine durchgehende Bedeckung der Sohle. Die im Mittel 1 : 5 abgeplatteten, kaum gerundeten Kiesel der Engelhofer Platte verhindern lediglich bei kleineren Abflüssen das Weitertreiben der Sandfraktion, über der sie sich dachziegelförmig ausrichten.

Eine Begehung benachbarter Gewässer in ähnlichen geologischen Formationen bestätigte die sedimentologischen Analysen: keines wies eine durchgehende Geschiebebedeckung der Auenlehmsohle auf; eine Abpflasterung mit Grobgeschiebe war nirgends zu sehen. Auch ein stark mäandrierender Wiesenbach mit großen Geschiebemengen war gekennzeichnet durch einen kleinräumigen Wechsel von sedimentfreien und -bedeckten Strecken. Mitunter war der Kieselsandstein in der Steinfraktion vertreten, aber auch größere Steine der Engelhofer Platte waren zu finden.

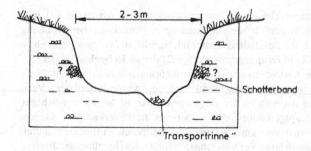

Abb. 1.4. Schematisiertes Querprofil der *Speltach* vor der Umgestaltung in einer geschiebearmen Strecke oberhalb der *Betzenbachmündung*; in die Lehmsohle wurde vom durchtransportierten Geschiebe eine "Transportrinne" eingefräst (vgl. Abb. 4.2)

Im Vergleich zum *Goldersbachgebiet* des Schönbuch kann folgende Analogie gezogen werden: In beiden Keupereinzugsgebieten führt eine geringmächtige Gesteinsschicht (hier die Engelhofer Platte, dort vor allem der Rät-Sandstein) aufgrund ihrer vergleichsweise hohen Abrieb- und Zerfallsresistenz auf kurzer Fließstrecke zu einer Anreicherung im Sediment bis zum ausschließlichen Gehalt in einzelnen Kornfraktionen. In beiden Einzugsgebieten wird der Feststoffaustrag aus der Fläche als unbedeutend erachtet.

Reisenbach (Sandstein-Odenwald/Lkrs. Eberbach). Im Rahmen eines interdisziplinären Forschungsprojektes wurde von Briem (in Baumgart et al. 1990) die Geomorphologie und der Geschiebehaushalt des *Reisenbachs* (37,9 km²) im Sandstein-Odenwald untersucht. Die vom *Reisenbach* durchschnittenen Schichten bis zur Mündung in die *Itter* reichen vom Plattensandstein (so1) des Oberen Buntsandsteins über den Oberen Hauptbuntsandstein (sm2) mit eingelagertem Hauptgeröllhorizont (c2) bis zum Unteren Hauptbuntsandstein (sm1) (vgl. Abb. 1.5).

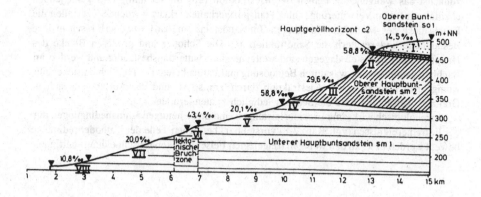

Abb. 1.5. Geologisches Längsprofil des *Reisenbachs* (nach Briem in Baumgart et al. 1990)

Der etwa 50 m mächtige, tonverkittete und fein geschichtete Plattensandstein so1 mit hohem Anteil an hellem Glimmer zerfällt bei Verwitterung zu plattigem Scherbenschutt, der beim Transport schnell in seine Bestandteile Feinsand, Schluff und Glimmer zerrieben wird. Der dunkelrot gefärbte Obere Hauptbuntsandstein sm2, der im Reisenbachgebiet 150 bis 180 m Mächtigkeit erreicht, besteht aus mittel- bis grobkörnigen Sanden, zerfällt ebenfalls leicht und ist im Gegensatz zum Plattensandstein sehr wasserdurchlässig. Verwitterungs- und abriebresistent dagegen ist der eingelagerte, nur 10 bis 15 m mächtige Obere Geröllhorizont oder Hauptgeröllhorizont c2, der aus stark verkieselten Sanden besteht. Er verwitterte durch Frosteinwirkung während der Kaltzeiten zu Blockschutt und bedeckt heute, vermischt mit den anderen Verwitterungsprodukten des Hauptbuntsandsteins, die Hänge und Talgründe vieler Odenwaldtäler (Ungureanu 1991). Der 100 bis 200 m mächtige Untere Hauptbuntsandstein sm1 besteht aus mittel- bis feinkörnigen Sandsteinen mit Schieferton- und tonigen Sandsteineinlagen. Eine leichte Verkieselung macht ihn etwas verwitterungsresistenter als den Oberen Hauptbuntsandstein. Am *Reisenbach* ist er von Hangschutt überdeckt und folglich nicht direkt vom Gewässer angeschnitten.

Die Bachsedimente spiegeln das Verwitterungsverhalten der Gesteine und die wechselnden Gefälleverhältnisse wider. Die Flachstrecke I ist bis auf wenige Bruchstücke des Plattensandsteins nahezu geschiebefrei. Unterhalb des Hauptgeröllhorizonts sind die Talhänge durch kaltzeitliche Verwitterung und Abtrag (Solifluktion) mit Schutt bedeckt, der während der letzten Kaltzeit auch die Erosionskerbe des *Reisenbachs* aufgefüllt hat. Dieser Deckschutt besteht im Bereich des Gerinnes fast ausschließlich aus z.T. großen Blöcken des c2-Geröllhorizonts und ist unter den derzeitigen Klimabedingungen weitgehend verwitterungsresistent und unbeweglich. Das Transportvermögen des *Reisenbachs* war lediglich in den Steilstrecken II und IV groß genug, um den Deckschutt abzuräumen und in das Anstehende einzuschneiden. In den Sedimenten unterhalb des Hauptgeröllhorizonts sind alle Sandfraktionen zu finden, jedoch kein Feinmaterial < 0,063 mm, da dieses auch in der flachsten Strecke (Strecke VIII mit ca. 11 ‰) durchtransportiert wird. Erstaunlich ist zunächst das weitgehende Fehlen der Kiesfraktion (2,0 bis 63 mm); dies kann jedoch ebenfalls aus dem Verwitterungs- und Transportverhalten erklärt werden: So zerfallen die Bruchstücke des Mittleren und Oberen Buntsandsteins sm2/sm1 bzw. so1 rasch in ihre Bestandteile und reichern die Sandfraktion an. Die Schotter und größeren Blöcke des Hauptgeröllhorizonts c2 dagegen sind weitgehend verwitterungsbeständig und werden im Bachbett kaum bewegt, was durch Bemoosung und Patina belegt ist. Folglich entstehen nur wenige Bruchstücke in der Kiesfraktion durch Transport, und der Abrieb hält sich in Grenzen. Tatsächlich sind die Schotter lediglich kantengerundet.

Morphologisch wirksame Erosionsleistungen sind unter heutigen Klimabedingungen nur bei Extremereignissen (vgl. Kap. 2.8) vorstellbar, bei denen Teile der Talbodensedimente bewegt werden bzw. an den wenigen freigelegten Felsenstrecken Einschneidung stattfindet.

1.2 Talbildung

1.2.1 Talform, Taldichte, Bildung von Talnetzen

In der eingangs erwähnten Zyklustheorie unterschied Davis (1899) drei aufeinanderfolgende Entwicklungsstadien von Tälern: ein "Jugendstadium" mit unausgeglichenem Längsprofil und steilen Talflanken, ein "Reifestadium" mit ausgeglichenem Gefälle der Haupt- und Nebentäler und mit sanften Talhängen sowie ein "Altersstadium" mit minimalem Gefälle, sehr breiten Talsohlen und stark abgeflachten Böschungen[6]. Diese auch als "Erosionszyklus" bezeichnete Modellvorstellung der Landschaftsentwicklung bestimmte nach Pitty (1971) im angelsächsischen Sprachraum lange Zeit die Diskussion, wurde jedoch von den führenden deutschen Geomorphologen nicht kritiklos übernommen.

Nach heutiger Lehrmeinung (Machatschek 1973[X], Louis 1979[IV], Büdel 1981[II], Bremer 1989) wird die *Talform* neben tektonischen Einwirkungen von den klimagesteuerten Prozessen der Böschungsabtragung (Denudation) und der fluvialen Linearerosion bestimmt. Louis betont, daß neben der Böschungsneigung das Verwitterungsverhalten des Gesteins, das Vorhandensein einer Pflanzendecke und die Stärke der Durchwurzelung, vor allem aber klimatische Einflüsse (Häufigkeit, Intensität und jahreszeitliche Verteilung von Niederschlägen sowie Häufigkeit von Frost) die Geschwindigkeit der Böschungsabtragung beeinflussen. Die gleichen Faktoren wirken auch auf das Abfluß- und Feststofftransportverhalten der Bäche und Flüsse und somit auf die Linearerosion ein.

Die Wirksamkeit von Denudation und linearer Erosion ist ausschlaggebend für die Talform (Abb. 1.6): Klammtäler können nur dann entstehen, wenn ausschließlich Einschneidung, z.B. durch rückschreitende Erosion, stattfindet und die Denudation durch die Verwitterungsresistenz des Gesteins unwirksam bleibt; bei Kerbtälern werden die Hangschuttmassen sofort weitertransportiert, während Muldentäler gebildet werden, wenn die Transportkraft des Gewässers nicht ausreicht, den angelieferten Hangschutt weiterzutransportieren. Sohlentäler wiederum entstehen durch Überlast an transportiertem Geschiebe, das in der Talsohle abgelagert wird, wobei Seitenerosion vorherrscht. Neben diesen exogenen Einflüssen unterliegen die Talbildungen freilich auch endogenen Einwirkungen; so stellt Wirthmann (1964) auch auf Spitzbergen fest, daß die Anlage von Kerb- und Klammtälern in erster Linie jungen Landhebungen zu verdanken ist.

Die *Taldichte* ist bei gleichen Klimaverhältnissen von den Gesteinseigenschaften abhängig; generell ist die Taldichte in Gebieten mit hartem, undurchlässigem Gestein am höchsten. Die Entstehung von Trockentälern in Karstgebieten ist nach Machatschek (1973[X]) und Bremer (1989) auch auf kaltzeitliche Frostversiegelung

---

[6] In der Geomorphologie werden Talhänge häufig als "Böschungen" bezeichnet.

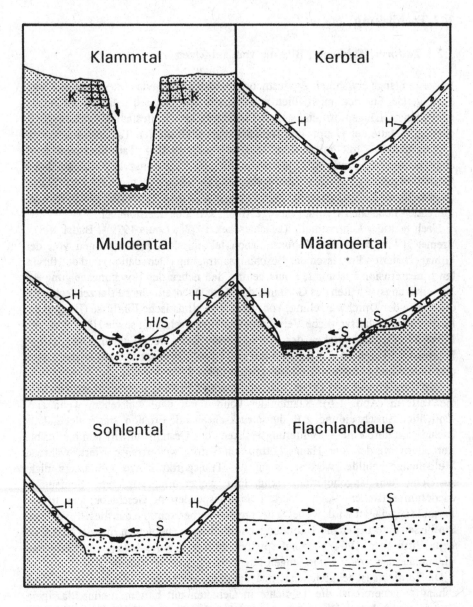

Abb. 1.6. Periglaziale Talformen und ihre Bedeutung für die Geschiebeaufnahme der Gewässer (H = Hangschutt, S = alluviale Sedimente, K = Klüfte)

mit entsprechenden oberirdischen Abflüssen zurückzuführen (s. Kap. 1.2.2). Bremer vermutet, daß der heutige unterirdische Abflußanteil dem früheren oberirdischen entspricht. Dongus (1972) stellt dagegen beispielsweise die Trockentäler der Kuppenalb ins mittlere Pliozän als fluviale Landformen vor der Verkarstung.

German (1963) untersuchte die Fluß- und Taldichte von acht verschiedenen Gesteinsformationen in Baden-Württemberg. Die flächenbezogene Dichte der dauernd wasserführenden Gerinne ist danach im Grundgebirge mit 1,8 km/km^2 am höchsten, gefolgt von Braunem Jura (1,43), tertiären Ablagerungen (vermutlich Molasse) mit 1,1 und Keuper (1,0) (Abb. 1.7). Recht niedrige Flußdichten wurden für den Buntsandstein ermittelt (0,64) und für den Schwarzen Jura, den Lias (0,66). An der unteren Grenze rangieren die verkarsteten Gesteine Muschelkalk (0,28) und natürlich der Weiße Jura, der auf dem untersuchten Kartenblatt keine ständig fließenden Wasserläufe aufwies. Alle vier Gesteine sind vergleichsweise wasserdurchlässig. Untersuchungen von Briem (mündl. Mitt.) bestätigen diese Werte; lediglich für Keupergebiete wurden mit 1,4 bis 2,5 wesentlich höhere Flußdichten ermittelt. Allerdings stützen sich die Angaben von Briem auf die Auswertung von 10 Kartenblättern Baden-Württembergs, während German jeweils nur ein Blatt zugrunde legte.

Die Anlage von *Talnetzen* ist häufig tektonischen Einflüssen zuzuschreiben; Hebungen, Senkungen und Kippungen sind bestimmend für die Talentwicklung, wie weiter unten für den Buntsandstein- Odenwald gezeigt wird. Beim Einschneiden eines alten Flußsystems zur Kompensation einer tektonischen Hebung entstehen antezedente Täler, wie z.B. das *Neckartal* im Odenwald. Sogenannte Durchbruchstäler oder epigenetische Täler entstehen bei Durchschneidungen von Felsgestein nach flächenhaftem Abtrag von Lockersedimenten, wie beim Durchbruch der *Donau* durch die Schwäbische Alb (Kap. 6.1). Durch unterschiedliche Reliefenergie schließlich kann es zu Flußanzapfungen kommen, durch die das Flußgebiet mit der geringeren Reliefenergie einen Teil seines Einzugsgebiets verliert. Die charakteristischen *Mainbögen* beispielsweise sind nach Körber (1962) Ergebnis mehrfacher Flußanzapfungen in der Wende vom Pliozän zum Pleistozän vom damaligen *Ober-* zum *Untermain* im "Kampf" von *Donau* und *Main* um die Wasserscheide.

1.2.2 Periglaziale Talbildung

Da Klimaschwankungen den Talbildungsprozeß beeinflussen, müssen die heutigen Talformen aus ihrer Entwicklungsgeschichte erklärt werden. Die Großformen der heutigen Landschaft in Mitteleuropa sind wegen der geringen reliefbildenden Kraft des holozänen Klimas nach Büdel (1981[II]) zu 95 % durch das kaltzeitliche Geschehen bestimmt, wie es von Büdel, Wirthmann und anderen bei den

Spitzbergen-Expeditionen aktuell studiert werden konnte (Büdel 1968, Wirthmann 1964).

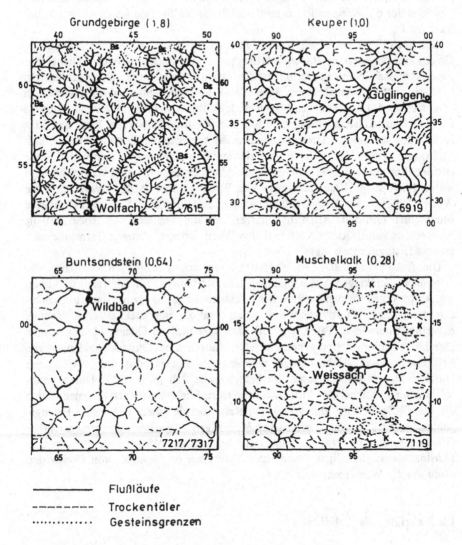

Grundgebirge (1,8)

Keuper (1,0)

Buntsandstein (0,64)

Muschelkalk (0,28)

——————— Flußläufe

– – – – – – – Trockentäler

············· Gesteinsgrenzen

Abb. 1.7. Taldichten in Baden-Württemberg (nach German 1963)

Das kaltzeitliche Klimageschehen war von Dauerfrostböden und Frostwechseln geprägt. Wie die Untersuchungen von Büdel und Wirthmann belegen, ist die

Denudation, aber auch die fluviale Tiefenerosion unter diesen klimatischen Verhältnissen besonders wirksam. Durch das Zusammenziehen von Gestein und Eis bei tiefen Temperaturen entstehen sogenannte Tieffrostspalten, die sofort mit Nadeleis aus der Luft geschlossen werden. Mit der Dehnung beim sommerlichen Auftauen wird dann das anstehende Gestein gesprengt und steht als Schutt für den Transport bereit. Das schwerkraftbedingte Herabgleiten dieses Frostschuttes bei Hängen ab 2 Grad Neigung (Solifluktion/Gelisolifluktionoder Frost-Bodenfließen) wird durch die Gleiteigenschaften der Oberfläche des Dauerfrostbodens gefördert. Hinzu kommt die nach Büdel (1981[II]) und Späth (1986) häufig unterschätzte Oberflächenabspülung bei selteneren, heftigen Regenfällen ("Kleinkatastrophen"), die ab 25 Grad Hangneigung die Solifluktion ganz ablöst und schließlich zu Runsenbildung führt. Am konkaven Hangfuß wiederum lagert sich vorübergehend Denudationsmaterial ab, das dann erneut der Solifluktion unterliegt, bis der Talgrund erreicht ist und der fluviale Transport wirksam werden kann. Die periglazialen Denudationsformen liefern im Vergleich mit den aktuellen Abtragungsvorgängen gemäßigter und arider Klimate große Schuttmengen und sind in der Lage, die Erdoberfläche in wenigen Jahrtausenden erheblich zu verändern.

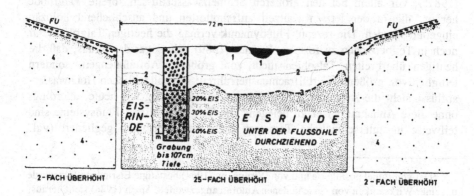

Abb. 1.8. Bildung einer "Eisrinde" unter kaltzeitlichen Klimabedingungen (aus Büdel 1981[II])

Auf Spitzbergen konnte Büdel nachweisen, daß der Dauerfrostboden als "Eisrinde" mit einem hohen Gehalt an Eis sowohl unter den Hangoberflächen als auch unter den Talböden einschließlich der Flußbetten verläuft und somit eine durchgehende Schicht bildet (Abb. 1.8). Die breiten Schotterbetten der Flüsse liegen nach der Schneeschmelze bis auf kleine Rinnsale trocken, die – bei fehlendem Anschluß an Vergletscherungen – von wenigen verbleibenden Schneefeldern und dem Auftaubereich des Bodens gespeist werden. Mit dem

Einsetzen des Winters versiegen oft die letzten Zuflüsse, so daß nahezu das ganze Schotterbett ungeschützt der Frostsprengung ausgesetzt ist. Das somit auf ganzer Flußsohle gelockerte Gesteinsmaterial kann der anschwellende Schmelzwasserfluß schlagartig abtransportieren, wohingegen in anderen Klimaten das anstehende Gestein millimeterweise durch die Korrasionswirkung des Geschiebetransports abgeschliffen werden muß. Der Autor spricht deshalb von einer "exzessiven Talbildung durch den Eisrindeneffekt"[7] (Büdel 1981[II], S. 81).

Tatsächlich wurden nach Büdel auf Spitzbergen Tiefenerosionswerte von 3 m pro 1000 Jahre und vereinzelt sogar 1,5 bis 2 m in 100 Jahren festgestellt. Dies entspricht in der Größenordnung der Eintiefung der Würm-Niederterrasse gegenüber der Riß-Terrasse in unseren Breiten (15-30 m in den 30-35 000 Jahren des Würm-Frühglazials).

1.2.3 Heutige Talformen

Die heutigen Talformen der Mittelbreiten sind generell als pleistozäne Vorzeitformen anzusehen. Die glaziale und periglaziale Talbildung brachte nach Büdel (1981[II]), vor allem bei den größeren Schmelzwasserflüssen, breite Talgründe hervor, die in der letzten Kaltzeit aufschotterten und anschließend holozän eingetieft wurden. Die rezente Flußdynamik vermag die heutigen Talgründe nur noch in Teilbereichen zu formen. Bremer (1989) geht sogar davon aus, daß die heutigen überbreiten Talsohlen nicht von größeren Abflußmengen, sondern lediglich von größeren Geröllfrachten herrühren; die kaltzeitlichen Hochwasserabflüsse sieht die Autorin in der gleichen Größenordnung wie heute, allerdings ohne diese Annahme näher zu belegen. Die Talgründe dieser Flußsysteme sind teilweise in unterschiedliche Terrassen oder Sedimentfolgen gegliedert (vgl.

---

[7]Der von Büdel postulierte und von Wirthmann (1964) bestätigte Eisrindeneffekt wurde in seiner Wirksamkeit von verschiedenen Autoren angezweifelt. Späth (1986) stellt heraus, daß der Eisrindeneffekt nicht auf alle Gebiete übertragen werden darf. Weitgehend verwitterungsresistente Gesteine wie Basalte und bestimmte Granite bilden beispielsweise keine Eisrinde, was jedoch schon Wirthmann auf der Edge-Insel feststellte. Reicht die sommerliche Auftaugrenze nur bis in die Flußschotter und nicht bis ins Anstehende, so ist die Sohle sogar vor Erosion geschützt, wie Stäblein (1983, zit. in Späth 1986) feststellt. Auch Weise (1983) und Semmel (1985) - wie Stäblein Teilnehmer der Spitzbergenexkursion 1967 - stellen den von Büdel sehr stark betonten Tiefenerosionseffekt in Frage. Obwohl zahlreiche Geländebeobachtungen der Büdelschen These zu widersprechen scheinen, ist ohne Zweifel in periglazialen Klimaten unter bestimmten Bedingungen auch der Talboden wirksamer Frostverwitterung ausgesetzt; bedeutende Erosionsleistungen sind vor allem dann vorstellbar, wenn ausgetrocknete Flußbetten der Gesteinsaufbereitung durch Frostsprengung unterliegen und das gelockerte Material bei größeren Abflüssen transportiert werden kann.

Kap. 1.3), wie beispielsweise Bremer (1959) für die *Weser*, Körber (1962) für den *Main* und Villinger und Werner (1985) für Teilbereiche der *Donau*[8] aufzeigen. Lithologische Unterschiede und tektonische Ereignisse führen zu Abweichungen von den pleistozänen Talbildungen. So ist in der Oberrheinebene aufgrund der Verfüllung des Bruchgrabens nur die Niederterrasse mit der rezenten *Rheinaue* ausgebildet (Illies 1967, Pflug 1982). Körber führt unter anderem die wechselnden Talbreiten des *Mains* auf die unterschiedliche Erosionsresistenz der durchflossenen Gesteinsformationen zurück; der Muschelkalk bietet dem Seitenschurf mehr Widerstand als beispielsweise Röt-Ton-Schichten des Oberen Buntsandsteins, was zu entsprechenden Weitungen oder Engstellen des *Maintals* geführt hat.

Buntsandstein-Odenwald. Die Talnetzbildung im Odenwald ist nach Briem (in Baumgart et al. 1990) mehr von tektonischen als von kaltzeitlichen Vorgängen geprägt. Mit der jungtertiären Heraushebung des Odenwalds im Zusammenhang mit dem Grabenbruch des *Oberrheins* zerbrachen die Sandsteinformationen in ein System kleinflächiger Schollen. Die damit verbundenen Störzonen, die nach Abb. 1.9 parallel zum Oberrheingraben verlaufen, bestimmten im wesentlichen die Talnetzbildung im Buntsandstein-Odenwald. Die Eintiefung des schon vor der Hebung angelegten *Neckars* (antezedente Talbildung) veranlaßte die den Verwerfungen folgenden Seitengewässer zur rückschreitenden Erosion. Die entstandenen Kerbtäler lassen auf ein Übergewicht der Tiefenerosion im Verlauf des Pleistozäns oder zumindest auf ein Gleichgewicht mit der Hangabtragung schließen. Die würmzeitliche Schuttansammlung in den Talgründen blieb bis heute weitgehend erhalten, wie die Untersuchungen am *Reisenbach* zeigen; d.h. eine weitere Einschneidung findet nur in wenigen Fällen statt. Wenn die Schuttlieferung durch die Denudation überwog, haben sich auch häufig Muldentäler entwickelt (Ungureanu 1991).

Auf den Hochflächen des Buntsandstein-Odenwalds ist mit flachen Talmulden das tertiäre Hochflächenrelief weitgehend erhalten; die Zertalung beschränkt sich demnach auf rückschreitende Erosion, ausgehend von der Erosionsbasis *Neckar/Rhein*. Die große Wasseraufnahmefähigkeit des Buntsandsteins begünstigt die Konservierung der periglazialen Landschaftsformen und ist auch für die geringe Taldichte des Buntsandstein-Odenwalds (0,6-0,7 km/km²) gegenüber dem zertalten Grundgebirgs-Odenwald (Taldichte 1,5 bis > 2 km/km²) verantwortlich.

Mittlerer und Südlicher Schwarzwald. Mäckel & Röhrig (1991) untersuchten im Rahmen eines DFG-Forschungsprogramms zur rezenten fluvialen Geomorphodynamik die Talentwicklung im Mittleren und Südlichen Schwarzwald. Sie stellen mehrere klimabedingte Einschneidungs- und Aufschotterungsphasen seit der Würmkaltzeit fest, die vermutlich analog zu den von Schirmer (1983) beschriebenen Umlagerungsphasen am *Main* zu sehen sind (vgl. Kap. 1.3.2).

Die spätglaziale, bis ins Präboreal reichende Ausräumung der würmzeitlichen Schotter führte in der Schwarzwald-Westabdachung zu einer Eintiefung von 40-60 m. Beim Übergang vom Boreal zum Atlantikum wurde in den Schwarzwaldoberläufen eine weitere Ein-

---

[8]Zur Talbildung der *Donau* siehe Kap. 6.1.

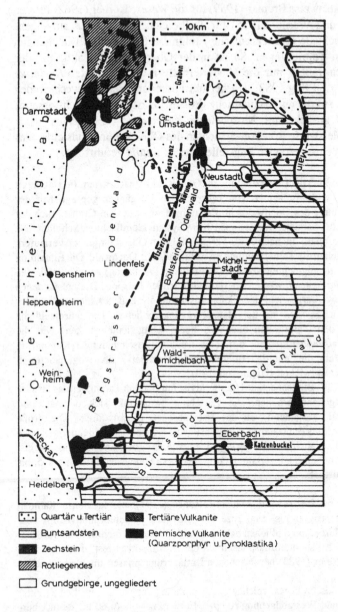

Abb. 1.9. Tektonische Störzonen im Buntsandstein-Odenwald (aus Geyer & Gwinner 1991[IV])

Quartär u. Tertiär

Buntsandstein

Zechstein

Rotliegendes

Grundgebirge, ungegliedert

Tertiäre Vulkanite

Permische Vulkanite
(Quarzporphyr u. Pyroklastika)

schneidung von wenigen Metern festgestellt und mit höheren Niederschlägen und höheren Temperaturen in Verbindung gebracht. Eine geschlossene Vegetationsdecke verhinderte weiteren Schutteintrag in die Gewässer. Im ausgehenden Atlantikum belegen Niedermoorbildungen in den Schwarzwaldflußauen eine geringe fluviale Aktivität (Ruhephase).

Zu Beginn des Subboreals war eine erneute Eintiefung mit anschließender Schotterakkumulation zu verzeichnen; Schwemmlößablagerungen am Hangfuß wurden ins jüngere Subboreal datiert, ein Zeichen für eine erhöhte Hangdynamik.

1.3 Terrassenbildung

1.3.1 Periglaziale Terrassensysteme

Wie oben erwähnt, produzierte die kaltzeitliche Frostverwitterung sehr große Schuttmassen, die über Solifluktion und/oder Runsenspülung hangabwärts in die Täler glitten. In den kurzen sommerlichen Tauperioden war folglich das Geschiebetransportvermögen der hochwasserführenden Flüsse gesättigt, und mit abnehmendem Gefälle wurden große Geschiebemengen abgelagert. Die periglazialen Flußbetten waren verzweigte "Wildflüsse" wie die heutigen unregulierten, geschiebereichen Alpenflüsse. Ihre Hauptströme pendelten in der kaltzeitlichen Akkumulationsphase von Talrand zu Talrand und sorgten für eine gleichmäßige Auffüllung des Talgrundes. Zugleich entstanden durch Unterschneidung der Talhänge breite Flußbetten.

Da die Vegetationsbedeckung in den Interglazialen den kaltzeitlich gebildeten Hangschutt weitgehend festlegte, brachten die warmzeitlichen Abflüsse weit weniger Geschiebe in die Talgründe der großen Sammelrinnen und konnten abgelagerte Gerölle aus der Sohle aufnehmen. In der Regel wurde durch das Pendeln der Flüsse die kaltzeitliche Aufschotterung des Talgrundes auf ganzer Breite erodiert und dann in die anstehende Gesteinsfolge eingeschnitten. Gelegentlich blieben jedoch Reste der alten Schotterschichten erhalten und bildeten gegenüber dem tiefergelegten Talgrund sogenannte Terrassen aus (Abb. 1.10). Bei einem erneuten Klimawechsel mit einer weiteren Aufschotterungsphase wiederholte sich dieser Vorgang, wobei die Talfüllung das ursprüngliche Niveau nicht mehr erreichte. So konnten in der kurzen Folge der kaltzeitlichen Klimawechsel mehrere Terrassenniveaus entstehen, deren Reste nur selten in vollständiger Serie erhalten sind, die aber dennoch durch Höhenvergleiche, Fossilienfunde und Analyse des Verwitterungszustands recht gut datiert werden können. Semmel (1985) warnt jedoch davor, jeder Kaltzeit ein Terrassenniveau zuzuordnen, da innerhalb einer Kaltzeit mehrere Terrassenniveaus entstanden sein können, wie auch Beobachtungen von Körber (1962) am *Main* bestätigen. Die heutigen Talgründe sind fast durchweg mit würmzeitlichen Schottern (Niederterrasse) gefüllt, in die sich im Holozän ein rezentes Tal eingeschnitten hat.

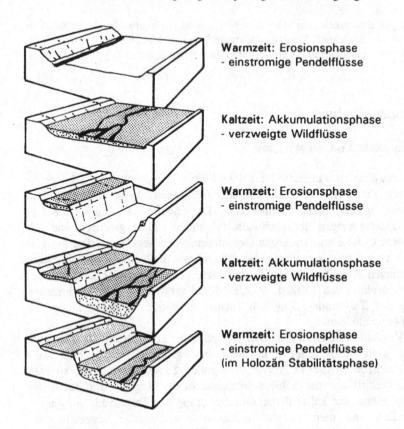

Warmzeit: Erosionsphase
- einstromige Pendelflüsse

Kaltzeit: Akkumulationsphase
- verzweigte Wildflüsse

Warmzeit: Erosionsphase
- einstromige Pendelflüsse

Kaltzeit: Akkumulationsphase
- verzweigte Wildflüsse

Warmzeit: Erosionsphase
- einstromige Pendelflüsse
(im Holozän Stabilitätsphase)

Abb. 1.10. Periglaziale Terrassenbildung (nach Graul 1983, ergänzt)

1.3.2 Holozäne Terrassensysteme nach Schirmer

Schirmer (1983) gelang es durch Analyse der Talbodensedimente an *Main* und *Regnitz*, nacheiszeitliche Ablagerungsserien zu unterscheiden (s.u.). Danach haben Klimaschwankungen im Spätglazial und im Holozän voneinander abgrenzbare Terrassenkörper hervorgebracht, die an Oberflächenformen nur noch schwach oder gar nicht erkennbar sind. Folgerichtig erweitert Schirmer den traditionellen Terrassenbegriff und unterscheidet "Treppenterrassen" und "Reihenterrassen"; letzteres sind höhengleiche Auenterrassen (Abb. 1.11).

Nach Schirmer sind die Terrassenkörper in gut unterscheidbare Sedimentfolgen ("fluviatile Serien") gegliedert, die anhand ihrer Entstehung differenziert werden können.

Tabelle 1.1 und Abb. 1.11 geben eine Vorstellung von den morphologischen Gliederungselementen dieser Terrassenschichtung. Als "Nahtrinnen" bezeichnet Schirmer die auch bei höhengleichen Reihenterrassen erkennbaren Rinnen der äußersten Mäanderbögen, die zugleich den Tiefpunkt der Terrassenfläche darstellen. Im Gelände sind sie leicht zu verwechseln mit Geländestrukturen ehemaliger Auenrinnen derselben Umlagerungs- oder Aktivitätsphase. Letztlich sind unterschiedliche Terrassenkörper vor allem durch eine andere Ausrichtung der Auenrinnen abzugrenzen, die "diskordant" auf die Nahtrinne stoßen (Abb. 1.11).

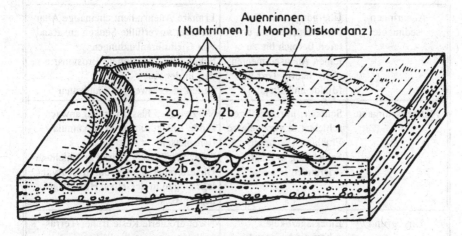

Abb. 1.11. Holozäne Terrassensysteme nach Schirmer (1983) mit (1) Treppenterrassen, (2a-c) Reihenterrassen, (3) Sockelterrasse und (4) anstehendem Gestein

Main. In einer detaillierten Studie beschrieb Körber (1962) die Terrassensysteme am *Mittel-* und *Obermaintal*. Nach Abb. 1.12 unterteilt er die Niederterrasse in eine Untere und eine Obere Niederterrasse (UNT u. ONT). Die UNT liegt 3-4, streckenweise auch 5 m über dem Mittelwasserspiegel des *Mains* und 1,5-3 m über der rezenten Überschwemmungsaue, von Körber "Hochflutbett" genannt. Die UNT wurde, zumindest vor der Stauregelung des *Mains*, von größeren Hochwassern noch überschwemmt und trägt im Gegensatz zur rezenten Aue eine 2-3 m starke, sandig-humose Auenlehmdeckschicht. Aus der Altersbestimmung von Baumstammfunden in 3-6 m Tiefe wurde eine kiesig-sandige Aufschüttung der UNT in den letzten 4000 Jahren einschließlich der Auenlehmdeckschicht ermittelt, wodurch die Erosionstätigkeit des frühen Postglazials weitgehend kompensiert wurde. Die UNT erreicht in den beckenartigen Talweitungen des *Mittelmains* 3 km Breite.

Tabelle 1.1. Gliederung holozäner Terrassenkörper nach Schirmer (1983)

Sedimentfolgen	Struktur/Art	Entstehung
Auenboden	je nach Standort; am Main Braunerde/Parabraunerde	Bodenbildung nach dem Ende regelmäßiger Überflutungen
Auensedimente	Sand und Schluff, nach oben hin feiner werdend	Hochflutablagerungen (Auenlehmbildung, s.Kap. 3.1), Unebenheiten der Auenoberfläche einebnend
Auenrinnensedimente	Übergänge von Flußbettsedimenten im unteren Bereich bis zu feinen Auensedimenten oben; häufig Torf und Mudde enthaltend	Primäre Auenrinnen: ehemalige Altarme oder unverfüllte Senken am Rand von Gleituferanlandungen Sekundäre Auenrinnen: Erosionsrinnen in der Aue Selten in verzweigten Flußbetten
Flußbettsedimente	Schotter, horizontal geschichtet in verzweigten Flußbetten, schräge Schichtung in mäandrierenden Flüssen	Verzweigte Flüsse: vertikal anwachsende Ablagerungen in Akkumulationsphasen "Mäanderflüsse": schräg geschichtete Gleituferanlandungen durch Laufverlagerungen in derselben Höhenlage des Flusses
Untergrund	Blocklage/Skelettschotter oder anstehendes Gestein	Nicht erodierte Reste früher Terrassenkörper unterschiedlicher Zusammensetzung oder anstehender Gesteinsformation

Die ONT ist bei 6-7 m, streckenweise auch 10-12 m Höhenlage über dem natürlichen *Mainwasserspiegel* hochwasserfrei; eine frühere Deckschicht aus Flugsand wurde weitgehend abgeräumt, nur streckenweise ist sie durch eine Auenlehmdeckschicht ersetzt worden. Der Terrassenkörper besteht aus sandreichen Schottern, mit einem 40-70%igen Anteil aus unverwitterten Muschelkalkgeröllen. Die Untergliederung in eine Obere und Untere Niederterrasse erklärt der Autor mit einer jungwürmzeitlichen Zerschneidung des Akkumulationskörpers der ONT mit einer anschließenden erneuten Aufschüttung in der Jüngeren Tundrenzeit. Darüber hinaus weist Körber streckenweise auch eine mehrphasige Entstehung der ONT und UNT nach.

Die Hauptterrassen OHT, MHT und UHT gehen auf drei Vereisungen im Altpleistozän zurück. Im Günz-Mindel-Interglazial erfolgte nach Abb. 1.12 sehr starke Eintiefung und anschließende Akkumulation bis zu A-Terrasse, von der die E-Terrasse durch reine Erosion um 20 m abgesetzt ist (Erosionsterrasse). Die darunter anschließenden Mittelterrassen OMT, MMT und UMT sind rißzeitliche Bildungen.

Schirmer (1983) konnte am *Ober-* und am *oberen Mittelmain* 8 spätglaziale bzw. holozäne Terrassen ausgliedern, die freilich an keiner Stelle in ganzer Folge erhalten sind (Abb. 3.3, S. 106). Die Auenterrassen sind alle in die würmzeitliche Niederterrasse eingeschachtelt. Schirmer unterscheidet fünf höhere, zwei mittlere und eine tiefere Terrasse, die als Gruppierung jeweils den älteren Terrassenkörpern aufliegen. Die höheren und mittleren Sedimentfolgen sind als Reihenterrassen anzusehen, während die Niederterrasse und die rezente Überschwemmungsaue Treppenterrassen bilden.

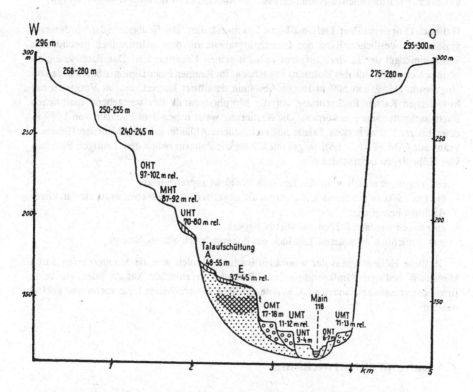

Abb. 1.12. Kaltzeitliche Terrassensysteme am *Main* (nach Körber 1962)

Die Schönbrunner T. wurde noch im ausgehenden Würmglazial gebildet und belegt in ihrem Sedimentaufbau den Übergang vom verzweigten Wildfluß zum einbahnigen Mäanderstrom. Die Ebinger T. wurde von Schirmer (1983) ebenfalls noch in die ausklingende Kaltzeit datiert. Die folgenden Terrassen bis zur Zettlitzer belegen weitgreifende, klimatisch bedingte Umlagerungsphasen bis zur Zeitenwende. Die mittleren Auenterrassen sind dagegen eng an den Flußlauf angelehnt und stammen aus Aktivitätsphasen im Frühmittelalter und im Spätmittelalter/Frühe Neuzeit (vgl. Kap. 3.1.2 *Main*).

Buntsandstein-Odenwald. Die Talsysteme im Buntsandstein-Odenwald weisen nach Briem (in Baumgart et al. 1990) nur in den Haupttälern periglazial entstandene Terrassensysteme auf. So wurden an der *Reisenbach*-Mündung, bereits zum *Ittertal* gehörend, drei Terrassenniveaus ausgemacht (Abb. 1.5, S. 15), die folgendermaßen interpretiert wurden: von der Höhenlage des pliozänen Talnetzes aus (480-m-Niveau) fand im Ältestpleistozän eine erste Einschneidung bis auf 420 m statt, wo während einer Kaltphase (Günz?) Seitenerosion vorherrschte. Nach erneuter Einschneidung bildete sich eine weitere Terrasse in 370 m Höhe (Mindel?), bis in 275 m Höhe eine rißzeitliche Terrasse entstand, von der aus bis zur würmzeitlichen Niederterrasse des *Neckars* (170 m) eingeschnitten wurde.

Heilbach (Vorderpfälzer Tiefland/Lkrs. Germersheim). Der *Heilbach* in der Vorderpfalz verläuft am westlichen Rand des Oberrheingrabens auf dem würmzeitlich geschütteten Schwemmkegel der *Lauter*, auf dem er auch seinen Ursprung hat. Das Bachsystem ist demnach erst im Laufe des Holozäns entstanden. Im Rahmen einer Diplomarbeit wurde von Ungureanu (1989) ein 500 m langer Abschnitt detailliert kartiert, um im Vergleich mit historischen Karten Rückschlüsse auf die Morphodynamik des weitgehend natürlichen Bachabschnitts ziehen zu können. Die Kartierung weist neben dem Bachlauf von 1989 in einer bis zu 120 m breiten Talaue unterschiedliche Altläufe auf verschiedenen Höhenniveaus aus (Abb. 2.4, S. 66). Insgesamt konnte die Autorin neben dem heutigen Bachlauf vier Höhenlagen unterscheiden:

- ein junges, unmittelbar an den heutigen Bachlauf angrenzendes,
- ein mit 1840 zu datierendes, das durch die bayerische Landesvermessung als damaliger Bachlauf belegt ist,
- an einigen wenigen Stellen ein älteres Niveau
- und schließlich im unteren Teilstück ein höheres, noch älteres Niveau

Ob diese Höhenniveaus der holozänen Bachaue ähnlich wie die *Mainterrassen* durch klimatisch bedingte Umlagerungs- und Ruhephasen zustande kamen oder als reine Erosionsterrassen entstanden sind, könnte nur über weitergehende Untersuchungen geklärt werden.

1.4 Längsprofilentwicklung

1.4.1 Geologische Profilentwicklung

Die gängige Einteilung von Flußsystemen in einen erodierenden Oberlauf, einen ausgeglichenen Mittellauf und einen akkumulierenden Unterlauf geht nach Louis (1979[IV]) bereits auf A. Heim (1878) zurück. Philippson (1886) ging davon aus, jeder Fluß strebe in jedem Punkt ein Endgefälle an, die sogannte Erosionsdeterminante, worauf die Tiefenerosion schließlich zum Stillstand komme. Dieser Gedanke verstößt unter anderem gegen das Prinzip der allmählichen Einebnung der Erdoberfläche bei Außerachtlassen tektonischer Vorgänge. Die Idealvorstellung von einem Flußlauf mit stetig abnehmendem Gefälle, d.h. konkavem

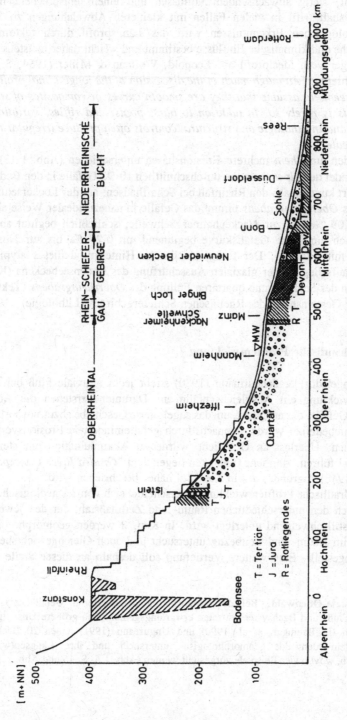

Abb. 1.13. Längenschnitt des *Rheinverlaufs* mit geologischen Formationen (nach Bundesministerium für Verkehr 1981)

Längsprofil, stetig anwachsenden Abflüssen und einem entsprechenden Geschiebehaushalt trifft in vielen Fällen mit kleineren Abweichungen zu. Nach geomorphologischen Erkenntnissen wird das Längsprofil durch tektonische, lithologische und klimatische Einflüsse bestimmt und weicht daher meistens mehr oder weniger vom Idealprofil ab. Leopold, Wolman & Miller (1964, S. 258) schreiben hierzu: *"Although much of the discussion of the longitudinal profiles of channels seems to assume that they are smooth curves or composites of smooth curves, this is rarely so. In addition to bars, pools, and riffles, variations in discharge and in lithologic and structural controls often produce irregularities of a larger scale."*

So werden am *Rhein* mehrere Erosionsbasen unterschieden (Abb. 1.13): Zunächst mündet der *Alpenrhein* mit durchschnittlich 10 ‰ Gefälle in den Bodensee und passiert kurz danach den Rheinfall bei Schaffhausen; auf der Lockersedimentstrecke des *Oberrheingrabens* nimmt das Gefälle in nahezu idealer Weise ab von 0,9 auf 0,09 ‰ bis zur Nackenheimer Schwelle; schließlich beginnt ab dem Binger Loch eine neue Gefällskurve beginnend mit 0,27 ‰ bis zur Nordseemündung mit 0,04 ‰. Der flußgeschichtliche Hintergrund dieses atypischen Längsverlaufs liegt in der glazialen Ausschürfung des Bodenseebeckens (Klimaeinfluß), in der Senkung und quartären Füllung des *Oberrheingrabens* (Tektonik) und in der Gesteinshärte des Rheinischen Schiefergebirges (Lithologie).

1.4.2 Hydraulische Profilentwicklung

Nach Mangelsdorf & Scheurmann (1980) strebt jeder alluviale Fluß bei seiner Längsentwicklung ein Ausgleichsgefälle an. Darunter verstehen die Autoren dasjenige Gefälle, das ausreicht, um das angelieferte Geschiebe abzutransportieren. Ein Geschiebedefizit würde demnach durch gefälleminderndes Erosionsvorgänge ausgeglichen; Überlast an Geschiebe würde zu Akkumuluation mit steilerem Schuttkegel führen. Ähnliche Gedanken liegen dem *"Graded River Concept"* von Mackin (1948) zugrunde, das in Kap. 2.4 näher beschrieben wird.

Die hydraulische Profilentwicklung unterscheidet sich von der geologischen vor allem durch den unterschiedlichen Raum- und Zeitmaßstab, der den jeweiligen Aussagen stillschweigend unterlegt wird. In Kap. 2 werden geomorphologische Prozesse im Raum- und Zeitbezug untersucht und auch Gleichgewichtsbetrachtungen angestellt. Eine weitere Vertiefung soll deshalb an dieser Stelle unterbleiben.

Buntsandstein-Odenwald. Bei der zwangsläufig detaillierteren Gefälleanalyse von kleineren Fluß- und Bachsystemen treten erwartungsgemäß noch größere Unstetigkeiten auf. Briem (in Baumgart et al. 1990) und Ungureanu (1991) haben 20 Bäche des Buntsandstein-Odenwalds geomorphologisch untersucht und ihre Längsentwicklung beschrieben, wovon vier Beispiele vorgestellt werden (Abb. 1.5, S. 15 und Abb. 1.14a-c).

Die ausgewählten Längsprofile verdeutlichen, daß auch innerhalb eines geologisch homogenen Naturraums große Unterschiede in den Tallängsentwicklungen auftreten können. Konkave oder konvexe Krümmungen sind vor allem von der Flußgeschichte und Eintiefungsgeschwindigkeit des Vorfluters abhängig, wie der Vergleich zwischen *Mannbach* und *Schloßbächlein* zeigt. Gesteineseigenschaften und Schichtenfolgen verstärken oder schwächen diesen Einfluß ab. Die Reliefenergie ist ein Maß für die Geschwindigkeit, mit der die Talbildung abläuft. Bei unterschiedlicher Reliefenergie sind deshalb innerhalb desselben Naturraums verschiedene Talformen vorzufinden.

Reisenbach (A_c = 37,9 km², Reliefenergie[9]: 23 m/km, Abb. 1.5, S. 15)
Das Längsprofil des ca. 15 km langen *Reisenbachs* ist weitgehend von Gesteinsunterschieden und tektonischen Verwerfungen bestimmt. Die Quellmulde auf der alt angelegten Hochfläche im Oberen Buntsandstein (so1) ist mit 14,5 ‰ für den Bergbach eine ausgesprochene Flachstrecke, die bei Übertritt in den Oberen Hauptbuntsandstein (sm2) in einem anschließenden Steilstück von fast 60 ‰ einen abrupten Knick erfährt. Kurze Steilstrecken mit ähnlichen Gefällewerten sind beim Eintritt in den Unteren Hauptbuntsandstein (sm1) sowie bei einem tektonischen "Staffelbruch" bei Fluß-km 6-7 festzustellen; das mittlere Gefälle der längeren Zwischenstücke liegt bei 22,9 ‰. Die Überwindung der Höhe in den Steilstrecken erfolgt am *Reisenbach* kaskadenartig mit kleinen Abstürzen sowie mit Stromschnellen (*riffles*).

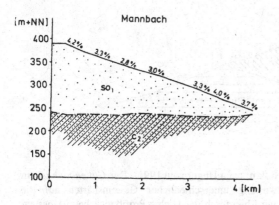

Abb. 1.14. Geologische Längenprofile von Gewässern im Buntsandstein-Odenwald

a. *Mannbach*
(A_c = 2,90 km², Reliefenergie: 34 m/km, nach Ungureanu 1991). Der kleine Bach verläuft ausschließlich im Plattensandstein des Oberen Buntsandsteins so1; sein Längsprofil ist weitgehend gerade – ein Hinweis auf gleiche Eintiefungsgeschwindigkeit des Vorfluters

---

[9]Die Reliefenergie ist keine Energieform im physikalischen Sinne; sie wird definiert als $\Delta h/\Delta l$ [m/km] und ist somit ein Gefälle.

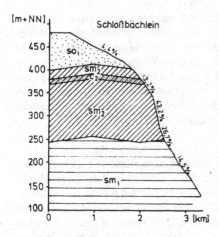

Abb. 1.14b. *Schloßbächlein*
(A_c = 3,51 km², Reliefenergie: 105 m/km, nach Ungureanu 1991). Das Längsprofil des *Schloßbächleins* ist weitgehend konvex, eine Folge der hohen Reliefenergie und der flußgeschichtlichen Entwicklung des *Neckartales*. Die mit 43 % Gefälle sehr starke Versteilung im Laufabschnitt des Oberen Hauptbuntsandsteins sm2 wurde wie beim *Gallenbach* durch die relativ erosionsresistente Zwischenschicht des Oberen Geröllhorizonts c2 verursacht. Die Gefälleabnahme beim Übertritt in den Unteren Hauptbuntsandstein sm1 ist wiederum mit dessen größerer Erosionsresistenz zu erklären

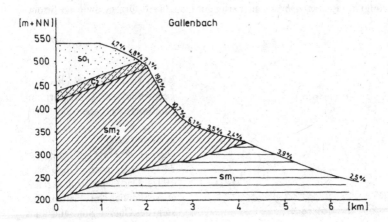

Abb. 1.14c. *Gallenbach*
(A_c = 15,14 km², Reliefenergie: 44 m/km, nach Ungureanu 1991). Der *Gallenbach* ist ein markantes Beispiel für die Auswirkung unterschiedlicher Gesteinshärten auf die Längsprofilentwicklung: zum einen wird hierdurch der leichte Profilknick beim Übertritt vom weicheren sm2 in den härteren sm1 erklärt, zum anderen führt die weitgehend erosionsresistente Schicht des Oberen Geröllhorizonts c2 zu einer erheblichen Versteilung des anschließenden Bachabschnitts im sm2; die bankartige Schicht des Geröllhorizonts wirkt gewissermaßen als lokale Erosionsbasis, die ein Einschneiden des *Gallenbachs* im Oberlauf weitgehend verhindert. Im Extremfall kann eine solche Schichtung durch rückschreitende Erosion zur Bildung eines Wasserfalls führen. Der mehrfache Gesteinswechsel hat am *Gallenbach* erst ein konvex gekrümmtes, dann ein konkaves und schließlich wieder ein leicht konvexes Längsprofil zur Folge

1.5 Laufentwicklung

Der Erforschung der Ursachen und Zusammenhänge der Laufentwicklung von Flüssen und Bächen haben sich in den vergangenen Jahrzehnten zahllose Naturwissenschaftler und Ingenieure gewidmet. Die umfangreichen Felduntersuchungen, Laborexperimente und theoretischen Abhandlungen von Luna Leopold, Walter Langbein und Koautoren aus den 50er und 60er Jahren[10] stellen auch heute noch die Grundlagen über die Kenntnisse um das Laufverhalten von Fließgewässern dar. Stellvertretend für die späteren Arbeiten seien Schumm (1969, 1977, 1983) sowie Ackers & Charlton (1970), Hey (1978), Brice (1983) und Morisawa (1985) genannt. Eine erste grundlegende Zusammenfassung flußmorphologischer Erkenntnisse in deutscher Sprache, ergänzt um eigene Erfahrungen im alpenländischen Raum, legten Mangelsdorf & Scheurmann (1980) vor.

Zur vergleichenden Beschreibung des Laufverhaltens von Fließgewässern wurden verschiedene Kenngrößen definiert. Bei der sogenannten Flußentwicklung nach Wundt (1953) wird die Flußlänge auf die Luftlinienlänge der betrachteten Strecke bezogen und beinhaltet somit auch den Verlauf des Tales. Für gestreckte oder mäandrierende Fließgewässer wird auch in der englischsprachigen Literatur die Laufentwicklung (*sinuosity*) als das Verhältnis von Flußlänge zur Tallänge bevorzugt[11].

In der klassischen Gerinnemorphologie werden "gestreckte" (*straight*), "verzweigte"[12] (*braided* oder *anastomosing*) und "gewundene" oder "mäandrierende" (*meandering*) Flüsse bzw. Flußstrecken unterschieden (Leopold, Wolman & Miller 1964; Mangelsdorf & Scheurmann 1980). Freilich gibt es neben der idealen Ausbildung Übergangs- und Zwischenformen als Ergebnis der vielfältigen Faktoren, die das Laufverhalten eines Gewässers beeinflussen.

---

[10]z.B. Leopold & Maddock (1953), Leopold & Wolman (1957, 1960), Leopold, Wolman & Miller (1964), Langbein (1964), Langbein & Leopold (1966).

[11]In der deutschen Literatur wird vom Quotienten der Wert 1 abgezogen; im folgenden wird jedoch die englische Definition s = Flußlänge/Tallänge benutzt.

[12]Die Einführung des deutschen Begriffes "verzweigt" für *braided* (=geflochten) ist etwas unglücklich, da *anabranching* (Aufteilung in feste Flußarme) am besten mit "Verzweigung" zu übersetzen wäre. Ein Ausweg wäre, das im allgemeinen Sprachgebrauch übliche "Wildfluß" oder "verzweigter Wildfluß" oder auch "Furkationsstrecke" zu benutzen.

1.5.1 Gestreckte Flüsse (*straight r.*)

Längere, wirklich gerade Flußstrecken gibt es in der Natur nicht. Nach Leopold, Wolman & Miller (1964) ist die 10fache Flußbreite etwa die längste Ausdehnung eines geraden Verlaufs. Unter gestreckten Flüssen werden jedoch auch solche mit unregelmäßigem, gewundenem, aber nicht mäandrierendem Lauf verstanden. Die oben genannten Autoren sehen eine Grenze zwischen gestreckten und mäandrierenden Flüssen bei einem Windungsgrad von s=1,5. Gestreckte Bach- und Flußläufe werden nach Mangelsdorf & Scheurmann (1980) bei hohem Gefälle in jungen Gebirgen (wie im Odenwald) und bei epigenetischen und antezedenten Talanlagen (wie beim *Neckartal* bzw. *Donaudurchbruch*) angetroffen. Auch in alluvialen Sohlentälern können bei schwach entwickeltem Geschiebetrieb kurze gerade Flußstrecken vorkommen (s. Kap. 6.3). Der Stromstrich pendelt jedoch auch in gestreckten Flüssen und führt zu wechselseitigen Ablagerungen; häufig sind in alluvialen Gewässern im Abstand der 5-7fachen Breite Schnellen (*riffles*) und Stillen (*pools*) ausgebildet (Leopold, Wolman & Miller 1964).

1.5.2   Verzweigte Wildflüsse (*braided r.*)

Zwei wichtige Voraussetzungen sind mit der Bildung von verzweigten Wildflüssen verknüpft: Geschiebetrieb und hohes Gefälle; hinzu kommen nach Wirthmann (mündl. Mitt.) große Abflußschwankungen. Leopold, Wolman & Miller (1964) nennen darüber hinaus erodierbare Ufer, da bei unterbundenem Seitenschurf vorübergehend abgelagerte Kiesbänke erodiert würden. Leopold & Maddock (1953) sehen in der Bildung von Wildflußstrecken eine Reaktion des Systems auf Geschiebefrachten, die in einem unverzweigten Gerinne nicht transportiert werden könnten. Bei Geschiebeüberlastung kommt es zur Aufhöhung der Talsohle, wie es während der Kaltzeiten in allen periglazialen Flüssen der Fall war. Eine ausgeprägte Breitenentwicklung ist durch die überlieferten Talformen ebenfalls nachgewiesen. Die periglazialen Flußbetten waren somit typische Beispiele verzweigter Wildflüsse (vgl. Kap. 1.2.2). Bei einem bestimmten Verhältnis von Geschiebeeintrag und Gefälle ist jedoch auch ein Gleichgewichtszustand in einer Wildflußstrecke denkbar. Die *Oberrheinstrecke* von Basel bis etwa Straßburg war vor der Korrektion vermutlich hierfür ein Beispiel. Mangelsdorf & Scheurmann (1980) haben im alpinen Bereich häufig Wildflußstrecken oberhalb von Engstellen wie Felsengen, Brücken, Wehranlagen, Buhnen u.ä. ausgemacht. Rückstau führte in diesen Fällen zu temporären Schuttablagerungen, von den Autoren mit langgestreckten Schotterfächern verglichen, die bei Hochwasser stoßartig abtransportiert werden, wodurch die mittlere Sohlenlage erhalten bleibt. Mangelsdorf & Scheurmann nennen diese Sonderform der Wildflußverzweigung deshalb Umlagerungsstrecken; sie befinden sich ebenfalls im Gleichgewicht.

Schon eine geringe Änderung im Geschiebehaushalt durch natürliche oder anthropogene Einflüsse kann zur Umbildung einer Verzweigungsstrecke in eine gestreckte oder gewundene Flußstrecke führen. Bei verringertem Geschiebenachschub, z.B. durch Talsperren, bildet sich ein Hauptgerinne aus, welches das Geschiebedefizit durch Sohlenerosion ausgleicht, wie Mangelsdorf & Scheurmann vielfach bei Alpenflüssen beobachtet haben (vgl. Kap. 4.5). Mit dem gleichen Mechanismus wurden in den Interglazialen die kaltzeitlichen Aufschotterungen bis auf Terrassenreste erodiert; d.h. in den Warmzeiten des Pleistozäns waren die periglazialen Flüsse i.d.R. unverzweigte, pendelnde Gerinne.

1.5.3 Flußverzweigungen (*anabranching r.*)

Als eine Zwischenform zwischen Wildflüssen und gewundenen Flüssen können Flußverzweigungen angesehen werden, die dauerhafte, bewachsene Inseln einschließen, obwohl, wie unten gezeigt wird, nach der Auffassung von Brice (1983) Spaltungsbereiche (*anabranching*) in jedem Flußtyp auftreten können. Zugleich ist mit einer solchen Verzweigung eine bedeutende Zunahme des Gesamtquerschnitts und eine Absenkung des Wasserspiegels verbunden.

1.5.4 Gewundene oder Mäanderflüsse (*meandering r.*)

Gewundene oder Mäanderflüsse haben schon Generationen von Forschern fasziniert, und doch gelang es bis heute nicht, die Ursachen und Zusammenhänge der Mäanderentstehung vollständig zu ergründen. Eine Zusammenfassung der bedeutendsten Mäanderbildungstheorien geben Mangelsdorf & Scheurmann (1980).

Es sind frei bewegliche, alluviale Flußmäander von in Gestein eingeschnittenen Talmäandern zu unterscheiden; die Entstehung der letzteren ist ebenfalls noch umstritten. Die Erforschung der Flußmäander konzentrierte sich zunächst auf die Ermittlung von Kennwerten der Mäandergeometrie. So fanden Leopold, Wolman & Miller (1964) einen engen Zusammenhang zwischen Mäanderradius und Flußbreite: bei 50 Flüssen unterschiedlicher Größe lagen 2/3 der Verhältniszahlen von Bogenradius zu Flußbreite zwischen 1,5 und 4,3 bei einem Mittelwert von 2,7. Es ist dieser geometrischen Ähnlichkeit zu verdanken, daß Luftbildaufnahmen großer, mäandrierender Ströme kaum von denen kleinster Rinnsale zu unterscheiden sind.

Eine Voraussetzung für die Bildung von Mäandern ist niedriges Gefälle; Leopold & Wolman (1957) konnten nachweisen, daß mit steigenden Abflüssen kleinere Gefälle zur Mäanderbildung erforderlich sind Abb. 1.15). Die Unschärfe der Trennung gegenüber den gestreckten Flüssen zeigt jedoch, daß noch weitere Kriterien zur Mäanderentstehung erfüllt sein müssen. Welche Bedeutung dem

Geschiebetransport zukommt, scheint noch nicht endgültig geklärt zu sein; so wurden nach Mangelsdorf & Scheurmann (1980) Abhängigkeiten der Mäandergeometrie von Geschiebeführung und Sedimentdurchmesser festgestellt. Andererseits führen Leopold, Wolman & Miller mäandrierende Rinnen in Gletschereis an, die keinen nennenswerten Geschiebetrieb aufweisen. Diese Tatsache ist ein deutlicher Hinweis darauf, daß die Mäanderbildung an sich ein von Untergrund und Transportmechanismen unabhängiges Strömungsproblem ist.

Daß die Mäanderströmung die Fließform mit dem geringsten Energieverbrauch darstellt und deshalb am stabilsten ist, hat schon Wundt (1941) erkannt. Langbein & Leopold (1966) stellen zudem fest, daß bei der Mäanderströmung wichtige Parameter wie Geschwindigkeit, Gefälle und Reibung gegenüber der geradlinigen Strömung die geringsten Schwankungen aufweisen, und daß die ideale Mäanderbahn mit einer sinuserzeugten Kurve zu beschreiben ist. Letzteres wird auch durch die Beobachtungen von Brice (1983) bestätigt. Daneben führt Chang (1987) auch die Spiralströmung als die eigentliche Ursache für Mäandrieren an.

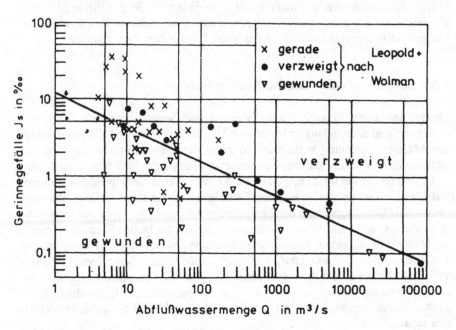

Abb. 1.15. Beziehung zwischen Gefälle und bordvollem Abfluß bei verschiedenen Laufentwicklungen (nach Leopold & Wolman 1967, aus Mangelsdorf & Scheurmann 1980)

Die Mäanderausprägung und vor allem die Verlagerungsgeschwindigkeit ist von der Erosionsresistenz der Ufer abhängig. Je höher der Ton- und Schluffanteil im anstehenden Boden ist, desto geringer ist der Seitenschurf. Allerdings können Bäche in Keupergebieten selbst dann ausgeprägte Mäander aufweisen, wenn sie in Auenlehmablagerungen mit sehr hohem Tonanteil verlaufen (Briem & Kern 1989). Der Einfluß des anstehenden Bodens auf die Flußgeometrie wird auch aus den unten angegebenen Definitionen von Brice (1983) erkennbar. Dieser Faktor wird in neueren Arbeiten auch von anderen Autoren betont; Carson & LaPointe (1983) sind sogar der Ansicht, daß erst die Inhomogenität des anstehenden Uferbodens zu symmetrischen Mäandern führt, während bei homogenem Untergrund asymmetrische Mäanderbögen ausgebildet werden. Brice (1983, S. 6) schreibt hierzu: *"No specific model for meander geometry or evolution applies to all meanders, presumably because the 'true' meander form is distorted by a prevailing nonuniformity in bank erodibility, flow, or some other condition."*

1.5.5 Beschränkte Mäander (*confined meanders*)

Wenn mäandrierende Flüsse in ihrer Entfaltung durch den Talrand behindert werden, bilden sich ganz andere Laufformen heraus. Solche "Zwangsmäander" (*confined meanders*) oder besser "beschränkte Mäander" wurden z.B. von Lewin & Brindle (1977), Milne (1979) und Hooke & Harvey (1983) in Mittelengland untersucht. Lewin & Brindle (1977) sehen nicht nur in den Talflanken eine Begrenzung, sondern auch in den Terrassensystemen aufgeschotterter Talsohlen. Für Glazial- und Periglazialgebiete sind daher nach Meinung der Autoren diese Einengungen der Mäanderentwicklung viel bedeutender als die Inhomogenitäten alluvialer Ablagerungen. Diese Feststellung trifft sicherlich auch auf die meisten Flußbettbildungen der periglazial angelegten Täler unserer Breiten zu (vgl. Kap. 6.3).

Lewin & Brindle (1977) unterscheiden beidseitige Begrenzungen, bei denen die Talsohle schmäler ist als die theoretische Mäanderamplitude, von einseitigen Begrenzungen in weiten Überschwemmungsebenen. Bei letzteren stellten sie häufig fest, daß der Fluß im Abstand einer Mäanderwellenlänge an die Begrenzung stieß; unregelmäßige Formen sind jedoch ebenfalls oft anzutreffen. Oft fließen die Gewässer auf längeren Strecken die Begrenzung entlang. In weiten Talsohlen sind nach Lewin & Brindle unabhängig vom Untergrund häufiger Mäanderdurchbrüche zu beobachten als in beidseitig begrenzten Auen. Insbesondere der Seitenschurf an Terrassenkanten sorgt für kräftigen Geschiebeeintrag, wodurch regelmäßig Ablagerungen am Gleitufer, aber auch im Fluß entstehen.

1.5.6 Flußtypen nach Brice

Die oben beschriebene klassische Dreiteilung in "gestreckte", "gewundene" Flüsse und "verzweigte Wildflüsse" spiegelt das Bemühen wider, aus der Vielfalt der Erscheinungsformen von Flußbildungen "Idealformen" herauszufiltern.

Tabelle 1.2. Flußtypen nach Brice (1983)

Typus	Gefälle	Sediment	Morphodynamik
Gestreckter Wildfluß (*nonsinuous braided*)	steil	sehr viel Grobgeschiebe mit geringem Feinanteil	mäßiger Seitenschurf, gelegentliche Wechsel des Hauptstroms, keine Gleituferbildung in Flußarmen
Gewundener Wildfluß (*sinuous braided*)	weniger steil	viel Geschiebe, vorwiegend Grobsedimente, wenig Feinanteile	rasche Seitenerosion, rascher Wechsel des Hauptstroms, Gleituferbildung mit zunehmender Unregelmäßigkeit bei steigender Verzweigung
Gewundener Gleituferfluß (*sinuous point bar*)	flach	Sand und Kies	rascher Seitenschurf, hohe Breitenvarianz, breite Gleituferablagerungen, mit zunehmendem Kiesanteil Krümmungen unregelmäßiger
Gewundener Auenlehmfluß[13] (*sinuous canaliform*)	flach	vorwiegend Sand und Lehm, auch Kies möglich	geringe Seitenentwicklung aufgrund tonig-lehmiger Ufersedimente, schmales Bett bei gleichmäßiger Breite, schmale Gleituferablagerungen, mäßiger bis großer Windungsgrad

---

[13]Der Übersetzungsvorschlag berücksichtigt die Hauptverbreitung dieses Flußtyps: kohäsive Aueböden; "gewundener Kanalfluß" oder "gewundener kanalartiger Fluß" klingt im Deutschen zu sehr nach Regelprofil.

Neuerdings wurde von Brice (1983) eine Typenreihe vorgestellt, die mehr Differenzierungen zuläßt. Der Autor orientiert sich an vier Hauptmerkmalen der Flußbettentwicklung, die auch in Luftbildern gut auszumachen sind: Windungsgrad (*sinuosity*), Gleituferbildung (*point bars*[14]), Wildflußbildung und Verzweigung. Von diesen Merkmalen ausgehend unterscheidet Brice vier Hauptflußtypen, deren Übergänge fließend sind (Tabelle 1.2).

Wie die Grundrisse in Tabelle 1.2 zeigen, können alle oben beschriebenen Typen auch Flußverzweigungen (*anabranching*) aufweisen, die nach Brice (1983) durch örtliche Störungen wie Eisversatz, Felsriegel, aber auch durch Überlaufen des Hauptstromes in das Bett einmündender Seitengewässer verursacht werden; die Reihe wird dadurch erweitert, wie etwa durch "Verzweigter, gewundener Gleituferfluß" (*sinuous point bar anabranched*) oder "Verzweigter, gewundener Auenlehmfluß" (*sinuous canaliform anabranched*).

Eine beispielhafte Besprechung der *Donaumorphologie* von Donaueschingen bis Ulm befindet sich im Kap. 6.3.

Main. Die von Becker (1983) vorgenommenen Altersdatierungen von Baumstammablagerungen ("Rannen") am *Main* und an der *Regnitz* (Abb. 1.16) ergaben eine Phase recht gleichmäßiger Einschotterungen bis zum Atlantikum, eine intensivere Phase im Subboreal, eine weitgehende Ruhephase von 1600 bis ca. 300 v.Chr., eine starke Intensivierung um die Zeitenwende im Subatlantikum und eine weitere Spitze im frühen Mittelalter von 550 bis 750. Dendrologische Untersuchungen ergaben einen Anstieg des Baumalters von 100 bis 200 Jahre alten Stämmen im 2.Jh.v.Chr. auf fast 400 Jahre im ausgehenden 1.Jh.n.Chr. Der *Main* begann demnach in diesem Zeitraum immer entferntere Auenbereiche zu erodieren. Schirmer (1983) stellte weit ausgreifende Flußumlagerungen bis zur Eisen-

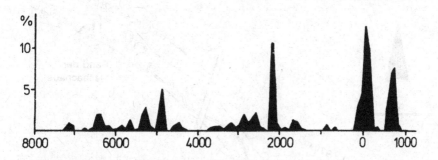

Abb. 1.16. Häufigkeit postglazialer Eichen-Stammablagerungen in *Main* und *Regnitz* (nach Becker 1983)

---

[14]Einen passenden deutschen Begriff für *point bars* gibt es leider nicht; "Gleituferbildung" trifft den präziseren englischen nicht ganz.

Römer-Zeit fest, danach beschränkten sich die Laufverlagerungen auf den engeren - Flußbereich. Ob das Ausbleiben weiterer Ranneneinlagerungen am *Main* nach dem Frühmittelalter auf Rodungen in der Aue zurückzuführen ist, ist nicht bekannt, aber angesichts der spätmittelalterlichen Holzknappheit wahrscheinlich.

Heilbach/Vorderpfalz (Vorderpfälzer Tiefland/Lkrs. Germersheim). Der auf dem ehemaligen Schwemmfächer der *Lauter* angelegte *Heilbach* zeigt nach Ungureanu (1989) auffallende Veränderungen im Laufverhalten entlang seines Fließwegs. Entgegen den üblichen Vorstellungen beginnt der Bachlauf nach einer *Erhöhung* des Gefälles stark zu mäandrieren (Abb. 1.17). Die Mäanderbögen werden offensichtlich durch die Talränder der *Heilbachaue* nicht beeinflußt. Sie weisen keine "Deformationen" auf, die auf Inhomogenitäten des Untergrunds schließen ließen. Kornanalysen zeigen auch, daß auf der Untersuchungsstrecke die Zusammensetzung der Kornfraktionen nur wenig schwankt, da auf der gesamten Strecke leicht erodierbares, sandig-kiesiges Material ansteht und somit ständig nachgeliefert wird.

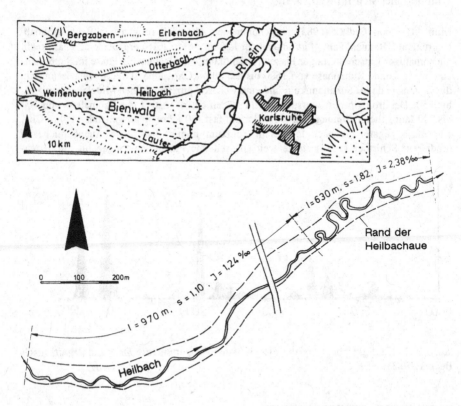

Abb. 1.17. Übergang vom gestreckten zum mäandrierenden *Heilbach* (nach einer Kartierung von Ungureanu 1989)

1.6 Querschnittsentwicklung

Die Querschnittsform ist eine Funktion der Strömungskräfte, die auf den benetzten Umfang wirken, sowie des Erosionswiderstands, den dieser den Angriffen entgegensetzt. Daneben können auch nichtfluviale Einwirkungen die Profilform beeinflussen. Es sollen hier nur kurz die grundlegendsten Erkenntnisse aus geomorphologischer Sicht dargestellt werden.

Die rechnerische Idealform im kohäsionslosen Sandbett würde nach Leopold, Wolman & Miller (1964) eine sinusförmige Profilform mit stetig abnehmender Böschungsneigung bis zum tiefsten Profilpunkt ergeben (Abb. 1.18). Querschnitte aus Laborversuchen zeigen etwas flachere Böschungsneigungen mit der Ausbildung eines horizontalen Bettes und ähneln damit Naturprofilen bei entsprechenden Randbedingungen.

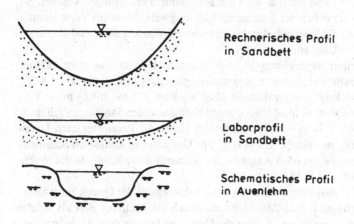

Rechnerisches Profil
in Sandbett

Laborprofil
in Sandbett

Schematisches Profil
in Auenlehm

Abb. 1.18. Querprofilformen und Untergrund (obere nach Leopold, Wolman & Miller 1964)

Schumm (1960) untersuchte die Querschnittsform von 25 alluvialen Flußsystemen in Abhängigkeit von den Sedimenteigenschaften. Er setzte dabei das Breiten-Tiefen-Verhältnis in Beziehung zum gewichteten Anteil der Feinsedimente Schluff und Ton (d < 0,074 mm) in der Sohle und im Uferbereich. Das Ergebnis aus 69 Profilmessungen ergab eine überraschend enge Korrelation (Abb. 1.19), obwohl eine große Spanne von Gewässergrößen einbezogen war (1,7 bis 24 900 mi²). Nach Schumm (1960) hat die Einbeziehung der Abflußgrößen MQ und MHQ keinen Einfluß auf das Ergebnis, obwohl generell mit zunehmendem

Abfluß eine größere Zunahme der Breite als der Tiefe festgestellt wird (Leopold, Wolman & Miller 1964).

Je höher der Feinanteil im Boden, desto mehr überwiegen die molekularen Bindungskräfte über die Schwerkraft und die Strömungskräfte. Kohäsive Sedimente bieten deshalb eine erheblich höhere Erosionsresistenz als kohäsionslose Sande und Kiese. Sand- und kiesführende Flüsse, die in ihren eigenen Aufschüttungen verlaufen, sind deshalb breit und flach, wie die kaltzeitlichen, verzweigten Wildflüsse der Periglazialgebiete. Auenlehmflüsse dagegen haben schmale und tiefe Betten, zumal bei kohäsionslosem Sohlenmaterial der Tiefenschurf durch die Einengung gefördert wird.

Schumm (1960) kommt unter Einbeziehung weiterer Daten sogar zu dem Schluß, daß die Lage der Meßpunkte in Abb. 1.19 Auskunft über die Stabilität des Gewässerbereiches geben; so sollen Auflandungsprofile größere F-Werte ergeben und Erosionsquerschnitte kleinere, als ihnen nach der Regressionsbeziehung zukommt. Dabei läßt der Autor außer acht, daß Inhomogenitäten des Sedimentkörpers, Einflüsse der Vegetation u.a. die Querschnittsform beeinflussen können. So führt Richards (1982) neben der Sedimentschichtung beispielsweise Verwitterung durch Frostwechsel, Gleitbrüche durch wechselnden Wassergehalt und saisonale Durchfeuchtung der Ufer an.

Über die Kontinuitätsgleichung ist die Querschnittsform mit dem Abfluß verknüpft; empirische Parameter in Regressionsgleichungen der Art $w = a \cdot Q^b$, $d = c \cdot Q^f$ und $v = k \cdot Q^m$ stehen deshalb über $a \cdot c \cdot k = 1$ bzw. $b + f + m = 1$ in Beziehung. Für Gewässer in ideal homogenen, kohäsionslosen Sandbetten gilt nach Richards (1982) $b = f = m = 0,33$; tatsächlich liegen die Parameter nach Daten aus Knighton (1984) zwischen 0,2 und 0,5. Für Gewässer in kohäsiven Sedimenten mit steilen Ufern liegen nach Angaben aus Richards bzw. Knighton die Werte für b zwischen 0,05 und 0,14.

Nach Knighton (1984) beeinflußt auch das Abflußregime die Querschnittsform. Gewässer mit häufigen, hohen Abflußspitzen haben ein breiteres Bett als solche mit seltenen Hochwasserspitzen, da sich die Querschnittsform dem Abflußgeschehen rasch anpaßt. So kann ein Fluß seine Querschnittsform nach Breitenerosion durch ein Katastrophenhochwasser innerhalb von Jahrzehnten an das "Normalgeschehen" anpassen (vgl. Kap. 2).

Gewässer mit hoher Geschiebeführung, wie verzweigte Wildflüsse, haben ein größeres Breiten/Tiefen-Verhältnis als vergleichbare mäandrierende oder gestreckte Flüsse (Knighton 1984). Letztere weisen typische asymmetrische Krümmungsprofile auf.

Insbesondere bei kleineren Flüssen und Bächen spielt der stabilisierende Einfluß der Vegetation eine große Rolle. Zimmerman, Goodlett & Comer (1967) stellten bei einer Untersuchung von Wiesen- und Waldbächen im Einzugsgebiet des *Sleeper r.*, Nord Vermont, fest, daß gehölzfreie Wiesenbäche durch Verwurzelung der Grasufer schmalere, tiefere und weniger strukturreiche Betten haben als Waldbäche, zumal bei den letzteren Fallholz und Baumstämme zu einem erheblichen Teil die Bettbildungsprozesse kontrollieren können. In Bächen mit Einzugsgebieten < 0,5-2 km² waren die Form, Größe und Lage der Gerinne nicht vom fluvialen Geschehen abhängig, sondern von der lebenden und abgestorbenen Vegetation, einzelnen Steinblöcken etc. Über 10-15 km² ging der Einfluß der Ufervegetation zurück. Bis 2-3 km² Einzugsgebietsgröße wurden die Gewässersohlen noch vollständig durchwurzelt; bis 10 km² gab es noch durchgehende Treibholzsperren.

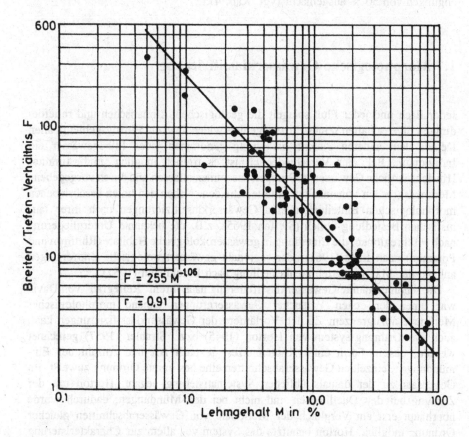

Abb. 1.19. Abhängigkeit des Breiten-Tiefen-Verhältnisses vom Lehmgehalt in Sohle und Ufer (Lehmfraktion d < 0,074 mm) (nach Schumm 1960)

Nach Otto (1991) sind Wiesenbäche nur ein Drittel bis halb so breit wie Auenbäche im Wald bei dreifacher Tiefe. Otto führt vor allem die Stabilisierungsfunktion der Wurzeln von Röhrichten und Gräsern an, die durch Beschattung im Wald weitgehend verdrängt werden. Diese nahezu gehölzfreien Wiesenbäche sind auch in ihrem Bett wesentlich strukturärmer als Bäche, deren Ufer in der freien Landschaft mit Gehölzen bestanden sind.

Die vergleichsweise rasche Anpassung der Querschnittsform an Änderungen der kontrollierenden Einflußgrößen ist auch bei anthropogenen Einwirkungen auf das Abfluß- und Geschieberegime oder auf die Erosionsresistenz der Ufer festzustellen. So wurden nach Petts (1984) unterhalb von Speichern häufig Querschnittsverengungen von 50 % ausgemacht (vgl. Kap. 4).

1.7 Morphologische Gewässerklassifizierung

Jeder Bach und jeder Fluß spiegelt die geologischen, klimatischen und reliefbedingten Eigenschaften seines Einzugsgebiets wider. Da kein Einzugsgebiet in allen Details dem anderen gleicht, ist streng genommen jedes Fließgewässer ein Individuum. Bei aller Verschiedenheit ist es freilich möglich, in bestimmter Hinsicht ähnliche Gewässer in Gruppen zusammenzufassen und durch vorgegebene Merkmalsgrenzen voneinander zu unterscheiden. Neben den unten beschriebenen morphologischen Einteilungen sind Gewässerklassifizierungen nach ihrer faunistischen Besiedlung üblich (Steffan 1965), z.B. die bekannte Untergliederung nach Fischregionen, die Einteilung in gewässerökologische Habitate (Rhithron und Potamon) nach Illies (1961) oder regionale gewässertypologische Zuordnungen anhand der Makroinvertebratenbesiedlung nach Braukmann (1987).

Die schon erwähnte Gewässerklassifizierung nach ihrem "Reifegrad" von Davis war einer der ersten Versuche, Gewässergruppen anhand morphologischer Merkmale abzugrenzen. Zu den Vorläufern der Gewässerklassifizierungen kann auch das Ordnungssystem von Horton (1945) bzw. Strahler (1957) gerechnet werden, das in Form eines Knotennetzes, je nach Art und Anzahl der Einmündungen, einzelnen Gewässerabschnitten eine bestimmte Ordnung zuweist. Im Gegensatz zu der damals üblichen Systematisierung begann Horton mit der Zählung bei den Quellbächen und nicht bei den Mündungen; dadurch wurde überhaupt erst ein Vergleich der Merkmale von Gewässerabschnitten gleicher Ordnung möglich. Horton benutzte das System vor allem zur Charakterisierung des Gewässernetzes, wie Gewässerdichte, Anzahl der Verzweigungen, Länge der einzelnen Strecken etc. Da nach Illies & Botosaneanu (1963) am Zusammenfluß gleichrangiger Gewässer meist sprunghafte Änderungen hydromorphologischer Eigenschaften wie Gefälle, Breite, Abfluß, Sediment- und Strömungsverhältnisse, Licht- und Stoffhaushalt, u.U. auch der Temperatur auftreten, wird dieses Ordnungssystem gerne benutzt, um gewässerökologische Untersuchungen vergleichen zu können (z.B. Vannote et al. 1980, Braukmann 1987, Ness 1989,

1991). Naimann et al. (1992) weisen jedoch darauf hin, daß die klimatisch und geologisch bedingten Abflußunterschiede überregionale Vergleiche in Frage stellen.

1.7.1 Alluviale und nichtalluviale Gewässer

Unter alluvialen Gewässern werden in der Geomorphologie alle Gewässer verstanden, die in ihrer eigenen, jüngsten Aufschüttung verlaufen (Louis 1979[IV]). Unter nichtalluvialen Gewässern werden in erster Linie Gerinne verstanden, die in das anstehende Gestein einschneiden, wie viele Gebirgsbäche im Alpenraum[15]. Zu den nichtalluvialen Gewässern sind jedoch auch all diejenigen zu rechnen, deren Talsedimente unter anderen Klimabedingungen abgelagert wurden. Die früher übliche Bezeichnung "Diluvium" für pleistozäne Ablagerungen (Wagner 1958) ergäbe hier eine durchaus sinnvolle begriffliche Unterscheidung. "Diluviale Gewässer" wären dann alle, die vorwiegend über Sedimente aus kaltzeitlichem Hangabtrag verlaufen, wie viele Mittelgebirgsbäche (vgl. Kap.1.2.1), oder deren Talauensedimente überwiegend aus kaltzeitlich fluvial verfrachteten Ablagerungen stammen (vgl. Abb. 1.6, S. 18).

Aus flußmorphologischer/flußbaulicher Sicht liegt eine sinnvolle Unterscheidung darin, ob die Sedimente unter den derzeitigen Klimabedingungen durch die Strömung umgelagert werden können (bei alluvialen Gewässern wird genau das vorausgesetzt).

1.7.2 Morphologische Bachtypologie nach Otto

Neuere Ansätze der morphologischen Gewässerklassifizierung gehen von den geologischen, klimatischen und reliefbedingten Gegebenheiten aus. Otto & Braukmann (1983) entwickelten aus Untersuchungen von Bächen in den naturräumlichen Regionen des damaligen Bundesgebiets eine Bachtypenreihe mit drei morphologischen Grundtypen: Gebirgsbäche, Bergbäche und Flachlandbäche. Diese wurden zur Berücksichtigung des Klimaeinflusses jeweils in zwei Höhenstufen differenziert und zusätzlich nach der geochemischen Prägung in Silikat- und Karbonatgewässer unterteilt. Die vollständige Reihe umfaßt somit 12 Bachtypen. Die Untersuchungen basieren ebenfalls auf der Einteilung des von Horton vorgeschlagenen Konfluenzsystems. Im einzelnen konnten signifikante Unterscheidungsgrenzen hinsichtlich folgender Parameter gewonnen werden: Korngröße und -verteilung, Rauheit, Fließgeschwindigkeit, Talgefälle, Leitfähig-

---

[15]Daher auch der englische Begriff *bedrock channel*.

keit und Höhenerstreckung. Braukmann (1987) untersuchte darüber hinaus schwerpunktmäßig die Verbreitung und Zuordnung von Makroinvertebratengemeinschaften der einzelnen Bachtypen in einer erweiterten Stichprobe.

Eine Weiterentwicklung der morphologischen Typenreihe stellte Otto (1991) vor. Ausgehend von der geomorphologischen Talentwicklung unterteilt der Autor die Berg- oder Mittelgebirgsbäche in Talbäche und Auebäche (Tabelle 1.3).

Seltener verlaufen *Mittelgebirgs-Talbäche* auf dem anstehenden Gestein und schneiden unter den gegenwärtigen Klimaverhältnissen in dieses ein; meist liegt ihr Bett vollständig im Hangschutt, der durch Solifluktion den Talgrund verfüllt hat (vgl. Kap. 1.2.2). In jedem Fall bestimmen die Talform und die Verwitterungsprodukte der Hangdenudation die Enwicklungsmöglichkeiten der Bäche. Die Laufentwicklung ist dementsprechend eingeschränkt; die Längsprofilentwicklung wird weitgehend von den Gesteinsverhältnissen und der Reliefenergie bestimmt (vgl. Kap. 1.4 *"Buntsandstein-Odenwald"*). Die Geschiebeaufnahme erfolgt fast ausschließlich aus Hangschuttmaterial, das den Talbächen des Mittelgebirges im unmittelbaren Uferbereich zur Verfügung steht. Otto unterscheidet Klamm-, Kerbtal-, Mäandertal- und Muldentalbäche, die in dieser Reihenfolge seinen Untersuchungen zufolge eine geschlossene Typenreihe bilden; d.h. wesentliche Merkmale, wie Gefälle, Laufentwicklung, Geschiebeführung u.a., nehmen durchlaufend zu oder ab, so daß auch Mischformen und Sondertypen in dieses Grundschema eingeordnet werden können.

Die *Mittelgebirgs-Auebäche* sind alluviale Fließgewässer, die in einem Sohlental ausschließlich auf alluvialen Ablagerungen verlaufen und keinen Kontakt zum anstehenden Fels haben. Da sie in ihrer Laufentwicklung nur auf kurzen Strecken den Hangfuß am Talrand berühren, stammen ihre Sedimente fast ganz aus fluvialem Transport. Otto unterscheidet Steinauebäche und Sandauebäche.

Während Otto (1991) die Untergliederung der Bergbäche im obigen Sinne ausführt, läßt er die Differenzierung von Gebirgs- und Flachlandbächen offen. In einem Diagramm zur Gewässersystematik (Otto 1991, S.29) ordnet er den Flachlandbächen die Untergliederung "Hügellandbäche" zu, während er an anderer Stelle (S. 55) von Hügelland-Talbächen, Hügelland-Muldentalbächen und Hügelland-Auebächen spricht, Hügellandbäche also begrifflich den Grundtypen zuordnet. Nach eigenen Erkenntnissen ist es erforderlich, diese Ergänzung der Grundtypen zwischen Bergbächen und Flachlandbächen vorzunehmen, wie auch schon für baden-württembergische Bäche vorgeschlagen wurde (Kern, Bostelmann & Hinsenkamp 1992).

Tabelle 1.3. Morphologische Bergbachtypen nach Otto (1991)

Talform	Bachtyp/ Gefälle	Sedimente	Morphodynamik	
	Klamm(tal)-bach; Gefälle > 10 %	Felsensohle, streckenweise ohne Sediment-bedeckung	Enge, oft wandartige Begrenzung erlaubt kaum Entwicklungsmöglichkeiten	
	Kerbtalbach; Gefälle 1-10 %	Blöcke und Gerölle aus Hangschutt überwiegen, Sohle i.d.R. sedimentbedeckt	Bachbett grenzt unmittelbar an die Hänge; daher nur geringer Spielraum zur eigenständigen Bettbildung; Talmorphologie und Größe der Hanggerölle bestimmen weitgehend das Laufverhalten	
	Mäandertalbach (meist schon Fluß-charakter); flacher	vorwiegend transportierte Sedimente des jeweiligen (Fluß-)Typs	Seitenschurf am Prallhang trägt zur Talentwicklung bei; Mäanderbögen weitgehend ortsfest; Talböden ohne Auenstrukturen, da i.d.R. nicht überflutet	
	Muldentalbach; i.d.R. flacher als Kerbtalbäche	verlaufen voll-ständig in Hang-schuttmaterial und eigenen Aufschüttungen	Seitenschurf an den Talablagerungen erlaubt insbesondere in flachen Talmulden eine laterale Gewässerentwicklung; Überschwemmungen sind auf den bachnahen Bereich beschränkt	
	Steinauebach; i.d.R. flacher	Deckschicht aus Grobgeröllen über feinkörnigen Sedimenten	Akkumulation alluvialer Sedimente führte zu einer ebenen Talsohle; nur bei Berührung des Talrandes Aufnahme von Hangschuttmaterial; Seitenentwicklung von Auenlehmdecke und Bewuchs abhängig	bei größerem Gefälle nur geringe Verlagerungstendenz
	Sandauebach; flacher	vorwiegend Sand und Kies unterschiedlicher Fraktionen, je nach Geologie		rasche Verlagerung mit Bildung typischer Auenstrukturen

1.7.3 US-amerikanische Klassifizierungsansätze

Naiman et al. (1992) geben einen Überblick über die jüngsten Entwicklungen auf dem Gebiet der Gewässerklassifizierung in den USA. Sie unterscheiden einskalige und hierarchische Klassifizierungskonzepte. Zu den einskaligen zählen die Autoren neben den klassischen Ansätzen von Horton (1945) und Strahler (1957) auch neuere Entwicklungen, in denen sogenannte "*ecoregions*" definiert werden auf der Basis von Klima, Physiographie und Vegetation (Bailey 1978, Rohm et al. 1987, zit. in Naiman et al. 1992). Unter *ecoregions* sind Naturrraumtypen zu verstehen und keine festen naturräumlichen Einheiten in unserem Sinne; Bailey schlug lediglich 11 *ecoregions* für das Gebiet der USA vor. Untersuchungen in drei Gebieten der USA zeigten, daß gewässerökologische Merkmale wie Chemismus, Riffle-Pool-Bildung und Fischpopulation in gleichen Naturraumtypen übereinstimmten. Das Ecoregionkonzept ist allerdings nur vergleichend in großen Gebieten anwendbar, also in einem großräumigen Maßstab (deshalb einskalig), da innerhalb eines Naturraumtyps lokale Einflüsse differenzierend wirken, wie Naiman et al. anmerken.

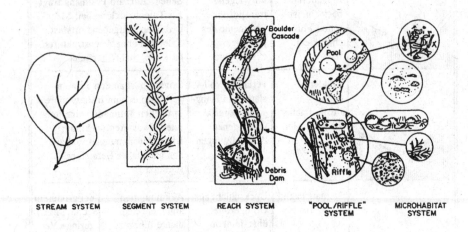

STREAM SYSTEM   SEGMENT SYSTEM   REACH SYSTEM   "POOL/RIFFLE"   MICROHABITAT
                                                    SYSTEM   SYSTEM

Abb. 1.20. Hierarchisches Klassifizierungssystem für die Morphologie von Bergbächen der 2. bis 3.Strahler-Ordnung (nach Frissell et al. 1986)

Bei hierarchischen Klassifizierungen werden die Gewässersysteme in unterschiedlicher räumlicher Auflösung betrachtet. Warren (1979, zit. in Naiman et al. 1992) unterschied 11 Maßstabsebenen, von der Region (> 100 km^2) bis zum Mikrohabitat (< 1 m^2), die auf der Grundlage von 5 Parametern definiert wurden (Klima, Chemismus, Substrat, biologische Besiedlung und Kultureinflüsse).

Weiterentwicklungen durch Frissell et al. (1986) unterschieden folgende Raumeinheiten: Einzugsgebiet, Bachsystem, Talabschnitt, Gewässerstrecke, Riffle-Pool-
Struktur als Makrohabitat, Mikrohabitat (Abb. 1.20). Da die Autoren auch den
zeitlichen Bezug über Entwicklungsprozesse berücksichtigen und die verschiedenen
Maßstabsebenen vernetzt sind, erlaubt dieses Klassifizierungssystem eine Prognose
über die Auswirkung von Eingriffen (z.B. Entwaldung, Änderungen im
Abflußregime) oder von naturgegebenen langfristigen Veränderungen (z.B. Klimawechsel).

Weitere hierarchische Systeme wurden nach Naiman et al. von Brussock et al.
(1985), Rosgen (1985) und Cupp (1989) entwickelt. Ebenfalls zu den hierarchischen Systemen zu zählen ist das Klassifizierungssystem des US Fish and
Wildlife Service für Feuchtgebietslebensräume (Cowardin et al. 1979).

Interessanterweise wurde in der praktischen Anwendung (im Staat Washington)
des Ansatzes von Frissell et al. bzw. darauf aufbauend von Cupp das Klassifizie-
rungsmerkmal "Talform" gewählt, – analog und unabhängig zum oben beschriebenen Ansatz von Otto (1991). Entsprechend den naturräumlichen Gegebenheiten
Washingtons wurden 18 Talformen unterschieden, die von steilen Hochgebirg-
stälern bis zur Küstendelta-Formation reichen (Naiman et al. 1992). Laufende
Untersuchungen in Baden-Württemberg (Forschungsgruppe Fließgewässer 1993)
sind in metho-discher Hinsicht zu den hierarchischen Ansätzen zu rechnen, da zum
einen regionale Gewässertypen definiert und abgegrenzt werden sollen (Bachsy-
stem-Ebene), zum anderen aber auch eine möglichst genaue Beschreibung der
charakteristischen morphologischen Strukturen (Makrohabitat) beabsichtigt ist.

2 Raum-Zeit-System der Gewässerentwicklung

2.1 Zeitbegriffe

Schumm & Lichty (1965) unterscheiden für die geomorphologischen Veränderungen in einem Einzugsgebiet drei Zeitmaßstäbe: *cyclic, graded* und *steady time spans* (Tabelle 2.1, Abb. 2.1). Der erste Zeitbegriff lehnt sich an die Davissche Vorstellung eines Erosionszyklus an; d.h. es ist darunter die Zeitspanne von der Hebung eines Gebirgsstockes bis zum gedachten vollständigen Abtrag zu verstehen, ein Prozeß, der Jahrmillionen in Anspruch nimmt und von Hickin (1983) als geologischer Zeitmaßstab betrachtet wird.

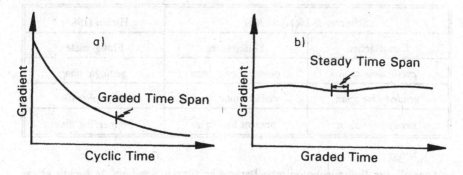

Abb. 2.1. Geomorphologische Zeitbegriffe (nach Schumm & Lichty 1965)

Der Begriff *graded (time span)* geht auf eine Begriffsbildung von Mackin (1948) zurück, der sich mit Gleichgewichtsfragen in der Flußentwicklung befaßt hat. Während dieser Zeitspanne herrscht dynamisches Gleichgewicht (vgl. Kap. 2.5); die kontinuierliche Veränderung der Landflächen im geologischen Zeitrahmen erscheint in diesem eingeengten Zeitmaßstab als eine Reihe von Fluktuationen oder eine Annäherung an einen stabilen Zustand. Eine Größenordnung wird von den Autoren nicht angegeben. Geschiebegleichgewicht bzw. ein unverändertes Längsprofil kann über Jahrzehnte und Jahrhunderte vorliegen, ja sogar Jahrtausende, wie Untersuchungen von Bremer (1959) an der *Weser* gezeigt haben.

Steady (time span) ist eine strömungstechnische Definition und bezieht sich auf die hydraulischen Randbedingungen des gleichförmigen Abflusses. Folglich ist darunter die Zeitspanne zu verstehen, in der sich weder das Abfluß- noch das Geschieberegime oder die Flußmorphologie ändern; als abhängige Variable bleibt jedoch der Durchfluß. Da die Gerinnemorphologie als unveränderlich betrachtet wird, ist hier von einem Zeitraum von Monaten oder allenfalls Jahren auszugehen.

Schumm & Lichty (1965) gehen in ihrem grundlegenden Beitrag vor allem auf die zeitabhängige Veränderlichkeit von Abhängigkeit und Unabhängigkeit geomorphologischer Parameter ein. Während Klima und Geologie in allen Zeitmaßstäben als unabhängige Variable anzusehen sind, werden bei einer engeren Zeitbetrachtung die Vegetation und das Abflußgeschehen von abhängigen zu unabhängigen Parametern. Die Gerinnemorphologie beispielsweise wird in der *graded time span* unter anderem vom Abflußregime bestimmt, ist jedoch bei der engsten Betrachtung unabhängiger Eingangsparameter für die Strömung und den Abfluß.

Tabelle 2.1. Geologisch-geomorphologische Zeitbegriffe

Schumm & Lichty (1965)		Hickin (1983)
Landflächen	**Flußgebiete**	**Flußgebiete**
cyclic time span	*geologic time span*	*geologic time*
graded time span	*modern time span*	*geomorphic time*
steady time span	*present time span*	*engineering time*

Speziell für flußmorphologische Parameter führen Schumm & Lichty etwas abgewandelte Zeitbegriffe ein (Tabelle 2.1): *geologic, modern* und *present time spans*. Vor dem Hintergrund der pleistozänen Talbildung (vgl. Kap. 1.2.2) definieren sie den geologischen Zeitrahmen als die letzte Million Jahre bis vor etwa 5-10 000 Jahren. Als *modern* sehen sie etwa die letzten tausend Jahre an, in denen die Talformen sowie das Abflußgeschehen und die Geschiebezufuhr als unabhängige Parameter anzusehen sind. Dieser Zeitrahmen entspricht weitgehend der Definition der *graded time span*. Für *present time span* geben die Autoren weitgehend dieselbe Erklärung wie für *steady time span* und schränken den Geltungszeitraum auf ein Jahr oder weniger ein.

Hickin (1983) schlägt eine nahezu deckungsgleiche Maßstabsfolge vor (Tabelle 2.1): *geologic, geomorphic* und *engineering time*. Wie oben erwähnt, entspricht seine erste Definition der *cyclic time span* von Schumm & Lichty. Den Motor der Veränderungen in diesem Zeitrahmen sieht Hickin vor allem in der Gebirgsbildung durch die Plattentektonik mit dem daraus folgenden Klima-, Verwitterungs- und Abtragsgeschehen.

Mit dem geomorphologischen Zeitrahmen deckt Hickin wie ihrerseits Schumm & Lichty mit der (für flußmorphologische Systeme modifizierten) *geologic time span* das Eiszeitalter mit seinen geomorphologisch bedeutsamen Klimaschwankungen ab. Als Geltungsbereich gibt der Autor die Größenordnung von einigen hunderttausend Jahren an.

Für die *engineering time* gibt Hickin ähnliche Definitionen wie Schumm & Lichty für die *present* oder *steady time span*: die im größeren Zeitrahmen veränderlichen morphologischen Parameter sind als konstant anzusehen, so daß lediglich der Abfluß und das Geschiebeaufkommen Schwankungen unterliegt. Als Zeitraum gibt der Autor einige Jahre bis Jahrzehnte an.

2.2 Raum-Zeit-Bezug

Die korrekte Bestimmung des Zeitrahmens für geomorphologische Prozesse ist vom räumlichen Bezug abhängig. Das haben schon Schumm & Lichty (1965) herausgestellt; so können ganze Einzugsgebiete nur in der *cyclic time span* betrachtet werden.

In einem dynamischen Gleichgewicht befinden sich allenfalls Flußabschnitte oder Hangpartien, da auch während der *graded time span* Oberflächenabtrag stattfindet und Material aus dem Gebiet ausgetragen wird. So unterliegen die Gewässeroberläufe, wie bei den Berg- und Gebirgsbächen beobachtet werden kann, auch in der *graded time span* kontinuierlicher Einschneidung (*cyclic erosion*).

Noch weiter einzuengen ist der räumliche Geltungsbereich der *steady time span*: keiner im hydraulischen Sinne wesentlichen morphologischen Veränderung unterliegen nur sehr kurze Abschnitte alluvialer Gerinne; bei Gewässern mit Felsuntergrund oder weitgehend unbeweglichem Schotterbett aus Hangschuttmaterial, wie bei vielen Odenwaldbächen, können auch längere Strecken ohne wesentliche Ablagerungen den Randbedingungen der *steady time span* genügen.

In neueren Arbeiten wird versucht, das hintere Ende der Zeitskala zu differenzieren und insbesondere den räumlichen Bezug genauer herzustellen. Knighton (1984) analysiert den Raum-Zeit-Bezug für Gewässerstrukturen bei einer Längenerstreckung von 10^{-1} bis 10^5 m und einer Zeitskala von 10^{-1} bis 10^4 Jahren (Abb.

2.2)[16]. Den rasch veränderlichen Bettstrukturen von Sandbächen räumt er hierbei den kleinsten und kurzlebigsten Entwicklungsraum ein (< 10 m, < 10 Jahre); der Längsprofilentwicklung ordnet er den längsten Zeitraum (10^2 bis 10^4 Jahre) und die größte Längenerstreckung (10^3 bis 10^5 km) zu. Dazwischen reiht er die Querprofilform mit Breite und Tiefe ein, die Bettstrukturen von Kiesbetten, die Mäanderlänge und das Gefälle einer Gewässerstrecke.

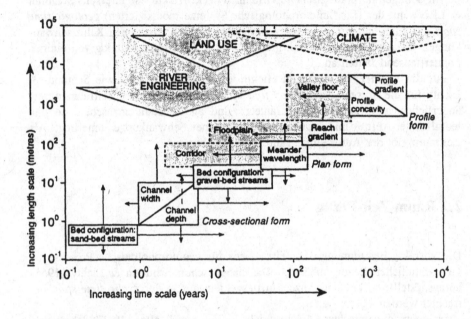

Abb. 2.2. Raum-Zeit-Bezug von Gewässerstrukturen nach Knighton (1984), ergänzt von Newson & Sear (im Druck)

Newson & Sear (in Druck) ergänzen die Darstellung von Knighton mit der Zuordnung der Raumeinheiten Korridor[17] (50 bis 10^2 m, 1 bis 10^2 Jahre), Über-

---

[16]Die angegebenen Grenzen sind als Größenordnungen zu verstehen, da die Gewässerentwicklung - und damit die Landschaftsveränderung - je nach geologischen und klimatischen Verhältnissen und abhängig von der Gewässergröße unterschiedlich schnell und in verschiedenen Raumbezügen vonstatten geht (vgl. Tabelle 2.2, S. 59).

[17]Für den englischen Begriff "corridor" gibt es keine adäquate deutsche Entsprechung; unter "Flußschlauch" wird im Deutschen aus hydraul. Sicht das Hauptgerinne im Unterschied zu den Vorländern bezeichnet. Im Englischen sind jedoch die Uferbereiche mit ihren landschaftlichen und ökologischen Funktionen einbezogen (vgl. Larsen, im Druck).

schwemmungsaue (*floodplain*; 10^2 bis 10^3 m, 10 bis 10^2 Jahre) und Talboden (1 bis 10 km, 10^2 bis 10^3 Jahre). Der Korridor wird in seiner Form von der Breitenentwicklung und der Veränderung des Mäandergürtels beeinflußt, die Ausdehnung und Veränderung der Überschwemmungsaue durch Änderungen der Flußmorphologie einschließlich des örtlichen Gefälles und der Talboden durch die langfristige Entwicklung des Längsprofils.

Den flußbaulichen Eingriffen ordnet Knighton eine Einflußzeit bis 10^2 Jahre zu, wobei er den Einflüssen der Landnutzung auf das Gewässersystem nur wenig mehr Spielraum gibt – eine sicherlich unzulässige Eingrenzung, wie in Kap. 4 gezeigt wird.

Frissell et al. (1986) erstellten für Bergbäche bis zur dritten Strahler-Ordnung ein hierarchisches System, das räumliche und zeitliche geomorphologische Prozesse zueinander in Beziehung setzt. Im folgenden wird auf dieser Grundlage ein räumlich-zeitliches Modell für die morphologische Entwicklung von Fließgewässern erstellt, das als Ausgangsbasis für weitere Ableitungen dient.

2.3 Raum-Zeit-Modell der morphologischen Gewässerentwicklung

Die für Bergbäche gültige Matrix von Frissell et al. (1986) wird auf kleine Fließgewässer generalisiert und nach eigenen Erfahrungen verändert und ergänzt. Zugleich wird ein analoges Beziehungssystem für Flüsse erstellt, und beide Systeme werden für definierte Raumeinheiten anhand von Beispielen erläutert und diskutiert.

Abb. 2.3 erläutert das Funktionsprinzip des gedanklichen Entwicklungsmodells. Die räumlichen Einheiten beinhalten jeweils die lineare Erstreckung und die Flächen- bzw. Breitenausdehnung. So umfaßt die oberste räumliche Ebene das Einzugsgebiet und das Gewässernetz, die nächste Raumeinheit das Tal bzw. den Talgrund und das eigentliche Gewässer mit einer weiteren Unterteilung bei Flüssen, dann den Überschwemmungsbereich und die Gewässerstrecke. Erst bei kleinräumiger Betrachtung auf der Ebene der Teillebensräume mit Makro- und Mikrostrukturen ist diese Unterscheidung aufgehoben.

Die Abgrenzung der Raumeinheiten (*Längenausdehnung, räumlicher Geltungsbereich*) erfolgt entsprechend ihren unterschiedlichen Entwicklungszeiträumen, die durch die Angabe eines *Zeitrahmens* definiert werden; so ist beispielsweise beim "Gewässerabschnitt" der gesamte Talboden einzubeziehen, der im vorgegebenen Zeitrahmen gebildet wird, während auf der folgenden Ebene lediglich der überschwemmte Bereich des Talgrundes zu betrachten ist.

Unter *äußeren Einwirkungen* sind Prozesse zu verstehen, die im jeweiligen Zeitrahmen die (Landschafts-)Entwicklung der Raumeinheit steuern. Äußere

Einwirkungen können endogene oder exogene Prozesse sein. Die morphologischen Abläufe innerhalb einer Raumeinheit sind immer auch zugleich äußere Einwirkungen bezüglich der nachgeordneten Ebene.

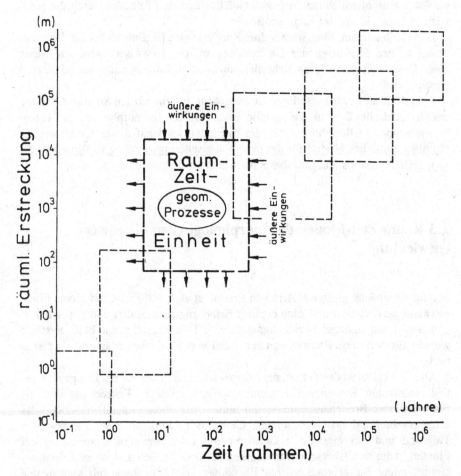

Abb. 2.3. Funktionsschema des Raum-Zeit-Modells der morphologischen Entwicklung von Fließgewässern

Die morphologischen Veränderungen innerhalb der zeitlich und räumlich abgegrenzten Teilsysteme werden schließlich als *geomorphologische Prozesse* bezeichnet. Mitunter mag es schwierig erscheinen, diese beiden Vorgänge voneinander zu trennen; so werden auf der Ebene "Bettstrukturen/Auenhabitate" Uferabbrü-

che, die schließlich auch zur Bildung neuer Bettstrukturen führen, zu den äußeren
Einwirkungen gerechnet; zugleich sind Uferausschürfungen geomorphologische
Prozesse innerhalb dieses Teilsystems.

Zum besseren Verständnis der Längen- und Zeitangaben werden in Tabelle 2.2
Grenzen definiert.

m bzw. a	Längen	Zeiten	Tabelle 2.2.
10^6	500 - 5000 km	500 000 - 5 Mio. a	Definition der Größen-ordnung von Längen-und Zeitangaben
10^5	50 - 500 km	50 000 - 500 000 a	
10^4	5 - 50 km	5000 - 50 000 a	
10^3	500 m - 5 km	500 - 5000 a	aber:
10^2	50 - 500 m	50 - 500 a	
10^1	5 - 50 m	5 - 50 a	$10^2/10^3 =$ 100 - 1000
10^0	50 cm - 5 m	Monate - 5 a	
10^{-1}	5 - 50 cm	Wochen - Monate	

In den nachstehenden Beschreibungen geomorphologischer Prozeßabläufe
werden Bäche und Flüsse unterschieden. Die morphologische Trennung von
Bächen und Flüssen könnte, wie auch von Otto (1991) vorgeschlagen, in der
Sicherungswirkung der Ufervegetation gesehen werden. Bei zu großer Wassertiefe
können die Wurzeln der Ufergehölze dem Seitenschurf keinen nennenswerten
Widerstand mehr entgegensetzen. Wenn die morphologische Entwicklung nicht
mehr von der Vegetation beeinflußt wird, wäre von einem Fluß zu sprechen.
Welcher Strahler-Ordnung diese Abgrenzung entspricht und inwieweit diese
Definition mit limnologischen Kriterien übereinstimmt, bleibt zu untersuchen.

2.3.1 Gewässersystem/Einzugsgebiet

Der Zeitrahmen für die oberste Raumeinheit "Gewässersystem/Einzugsgebiet"
wurde für Bäche etwas enger gefaßt als für Flüsse, da die Entwicklung kleiner
Gewässersysteme rascher vonstatten geht als von Flußsystemen; so wurde das
Donausystem schon im Pliozän angelegt, während beispielsweise der *Heilbach* erst
auf dem würmzeitlichen Schwemmkegel der *Lauter* angelegt wurde. Die Längenausdehnung wurde naturgemäß für Flußsysteme etwas größer angesetzt.

Die Entwicklung der Gewässernetze unterliegt tektonischen Einflüssen und Klimaschwankungen, aber auch Änderungen der Meeresspiegellage, wie in Untersuchungen aus Großbritannien oft betont wird (z.B. Rose u.a. 1980). Flußanzapfungen werden für Bachsysteme als äußere Einwirkungen aufgefaßt, die das ganze System betreffen, während sie für Flußsysteme als ein interner Prozeß bei der Bildung des Flußgebiets gesehen werden.

	Bäche	Flüsse
Zeitrahmen	10^4 bis $10^5/10^6$ Jahre	10^5 bis 10^6 Jahre
Längenausdehnung	10^4 bis 10^5 m	10^5 bis 10^6 m
Räumlicher Geltungsbereich	von der höchsten Erstreckung bis zur Erosionsbasis (i.d.R. Vorfluter, seitlich: Wasserscheiden der Seitentäler)	von der höchsten Erstreckung bis zur Erosionsbasis (Hauptfluß oder Meer); seitlich: Hauptwasserscheiden zu anderen Flußgebieten
Äußere Einwirkungen	Tektonik (Hebung, Senkung, Schrägstellung, Verwerfung, Grabenbildung), Meeresspiegelschwankungen, Klimaänderungen mit Vergletscherung, Flußanzapfungen	Tektonik, Meeresspiegelschwankungen, Klimaänderungen mit Vergletscherung
Geomorphologische Prozesse	Einebnung, Abtrag, Entwicklung des Gewässernetzes, Talbildung, Hangschuttbildung, Wechsel von Aufschotterung und Einschneidung	Einebnung, Abtrag, Hangschuttbildung, Entwicklung des Gewässernetzes (u.U. mit mehrfacher Umbildung), Talbildung, Veränderung der Wasserscheiden, Flußanzapfung, Ablagerung von Bekkentonen (bei Gletscherstau)

Verwitterung, Abtrag und Transport bestimmen die systeminternen Prozesse bei der Bildung des Gewässernetzes und der Talformen. Vergletscherungen können Einzugsgebiete stark überformen, wie das Beispiel der *Donau* zeigt (Kap. 6.1); der Wechsel von Aufschotterung und Einschneidung wird in dieser Raumeinheit wegen der kürzeren Entwicklungszeit nur den kleineren Gewässersystemen zugeordnet.

2.3.2   Flußabteilung[18]/Flußtal

	Flüsse
Zeitrahmen	10^4 bis 10^5 Jahre
Längenausdeh- nung	10^4 bis 10^5 m
Räumlicher Geltungsbereich	großräumig bedeutende Gefälleänderungen (z.B. Unterteilung in Oberlauf, Mittellauf, Unterlauf, Mündungsbereich), Grenzen naturräumlicher Großlandschaften (z.B. Alpen, Mittelgebirge, Küstentiefländer); seitlich: Wasserscheiden der begleitenden Randhöhen
Äußere Einwirkungen	Vergletscherung, Veränderung der Geschiebezufuhr bei verändertem Abflußregime durch Klimaschwankungen
Geomorphologische Prozesse	Talausformung (Talbodenausweitungen durch Seitenschurf, Aufschotterungsphasen während Kaltzeiten, Einschneidung mit Terrassenbildung in Warmzeiten), Änderung des Längsprofilgefälles, u.U. Änderung des Flußtyps (z.B. vom Gestreckten zum Gewundenen Wildfluß oder zum Gewundenen Gleituferfluß), Lößauswehungen und -ablagerung

Auf der nächsten Ebene wurde für Flüsse eine zusätzliche Raumeinheit eingefügt, um großen landschaftlichen Einheiten gerecht zu werden, wie z.B. *Alpenrhein, Hochrhein, Ober-, Mittel-* und *Niederrhein*, aber auch um Ober-, Mittel-

---

[18]Ins Englische mit *division* zu übersetzen.

und Unterläufe von Flüssen abzugrenzen, wenn deutliche Gefälleunterschiede eine solche Unterteilung rechtfertigen.

Abgesehen von direkter Gletschereinwirkung kommt im angegebenen Zeitrahmen vor allem eine veränderte Geschiebezufuhr durch Klimaschwankungen als äußere Einwirkung in Betracht. Das Abflußgeschehen als solches ist in diesem Zeitrahmen irrelevant. Während die Anlage des Tales im übergeordneten Zeitrahmen erfolgte, wird nun das Tal ausgeformt durch Gletscherschub, Seitenschurf, Aufschotterung und Einschneidung, wodurch sich auch Änderungen im Längsprofil ergeben. Je nach Klimaphase und Geschiebezufuhr ändert sich der jeweilige Flußtyp.

2.3.3 Gewässerabschnitt/Talboden

Die Begrenzung der Raumeinheit ist in Längsrichtung durch größere Zuflüsse zu sehen, deren zusätzliche Wasser- und Geschiebemenge oftmals auch morphologische Änderungen im Bett bewirken. Ein Wechsel des anstehenden Gesteins kann auch eine sinnvolle Begrenzung sein; ggf. auch ein größerer Wasserfall (oft auch mit Gesteinswechsel verbunden). Innerhalb des Abschnitts sind jedoch Gefälleänderungen möglich, es sei denn, diese führen zu einer merklichen Änderung des Fluß- oder Bachtyps. Die seitliche Begrenzung ist durch die Talform oder durch Terrassenkanten gegeben.

Geschiebeeintrag und Katastrophenabflüsse sind die wichtigsten Einwirkungen von außen auf den Gewässer- bzw. Flußabschnitt; Hangrutschungen im größeren Maß und Bergstürze können erhebliche Geschiebestöße verursachen, bei Blockieren des Tales auch Katastrophenabflüsse auslösen. Auf dieser Ebene wirken erstmals anthropogene Einflüsse auf das System ein; Rodungen seit Beginn des Neolithikums vor 6000 Jahren führten zu erhöhtem Schwebstoffeintrag mit der Folge von Auenlehmbildungen in vielen Talböden (vgl. Kap. 3).

Während insbesondere bei Bergbächen durch Einschneiden und Seitenschurf die Talausformung im vorgegebenen Zeitrahmen merklich fortschreitet, findet bei Flüssen eine Konsolidierung des jeweiligen Flußtyps statt, konstante Klimabedingungen vorausgesetzt; wie Mäckel & Röhrig (1991) für Täler des Mittleren und Südlichen Schwarzwalds beschreiben, hatten holozäne Klimaschwankungen allerdings bedeutende Einschneidungs- und Aufschotterungsphasen zur Folge.

	Bäche	Flüsse
Zeitrahmen	10^3 bis 10^4 Jahre	10^3 bis 10^4 Jahre
Längenausdehnung	10^3 bis 10^4 m	10^3 bis $10^4/10^5$ m
Räumlicher Geltungsbereich	Gewässerabschnitte zwischen Zuflüssen, Wasserfällen oder Gesteinswechseln, Änderung des Bachtyps; seitlich: Talhänge (Kerb- und Sohlentäler), Felswände (Klammtäler), Solifluktionsschutt am Hangfuß (Muldentäler), Terrassenkanten (Sohlentäler)	Flußabschnitte zwischen großen Zuflüssen, Wasserfällen oder Gesteinswechseln, Änderungen des Flußtyps, Wechsel der Talbreite; seitlich: Talhänge, Terrassenkanten (heute: der Niederterrasse)
Äußere Einwirkungen	Geschiebeeintrag, große Rutschungen und Bergstürze, Katastrophenabflüsse, alluviale oder kolluviale Talfüllungen, Rodungen, Klimaschwankungen	Geschiebeeintrag, Bergstürze, große Rutschungen, Katastrophenabflüsse, Rodungen, Klimaschwankungen
Geomorphologische Prozesse	Verlegung von Einmündungen und Gefällestufen, Bildung neuer Zuflüsse, Wechsel von Einschneidungs-und Aufschotterungsphasen bei Klimaschwankungen, Änderung des Längsprofilgefälles, Umlagerung von Sedimenten durch Laufverlegung (Sohlentäler), schlagartige Bettumbildungen bei Überschreitung von Schwellenwerten mit erneuter Stabilisierung, Bildung von Auenlehmdecken	Konsolidierung des jeweiligen Flußtyps bei gleichbleibenden Klimaverhältnissen, Wechsel von Einschneidungs- und Aufschotterungsphasen bei Klimaschwankungen, Änderung des Gefälles, Umlagerung von Sedimenten auf der ganzen Breite der rezenten Aue mit Anschneiden der Terrassen (Gewundene Wild- und Gleituferflüsse), Erosion, Akkumulation (dynamisches Geschiebegleichgewicht, vgl. Kap. 2.5), Bildung von mächtigen Auenlehmdeckschichten (Auenlehmflüsse)

2.3.4 Gewässerstrecke/Überschwemmungsaue

Die Raumeinheit "Gewässerstrecke/Überschwemmungsaue" wird in der Längsrichtung vor allem durch Änderungen im Gefälle abgegrenzt; daneben sind markante morphologische Strukturen für die Streckeneinteilung bedeutend, insbesondere wenn sie einen längeren Rückstau erzeugen. Generell sind morphologisch unterschiedliche Strecken voneinander abzugrenzen. Seitlich ist auch die selten überflutete Aue einzubeziehen.

Zu den äußeren Einwirkungen zählen im Zeitrahmen seltene Hochwasserabflüsse mit entsprechendem Geschiebeeintrag, oft verstärkt durch lokale Hangrutschungen, bei Gebirgsbächen auch Murgänge. Eisversatz in Flüssen kann ebenfalls morphologisch wirksame Hochwasserwellen auslösen. Gewässerausbau und -nutzungen verändern den morphologischen Charakter im vorgegebenen Zeitrahmen. Zu den geomorphologischen Prozessen gehören die beobachtbaren Veränderungen der Flußmorphologie mit Geschiebeumlagerungen, Seitenschurf, Laufänderungen sowie anthropogen bedingte Akkumulation und Erosion.

Diese rezente Morphodynamik ist in einer unübersehbaren Menge an Literatur belegt, z.B. Gregory (1977); Baker, Kochel & Patton (1988); Beven & Carling (1989); Petts, Möller & Roux (1989) und Carling & Petts (1992). Im folgenden Exkurs soll kurz auf die in diesem Zeitrahmen feststellbaren morphologischen Veränderungen des *Heilbachs* eingegangen werden; zur Morphodynamik der *Donau* siehe Kap. 6.4.

Heilbach (Vorderpfälzer Tiefland/Lkrs. Germersheim). Die Morphodynamik des *Heilbachs* in der Vorderpfalz konnte aufgrund einer genauen Kartierung des Bachlaufs im Jahre 1840 durch die damalige Landesvermessung recht gut untersucht werden. Allerdings fehlt eine spätere oder aktuelle Aufnahme; die heutigen topographischen Karten stellen noch den damals vermessenen Bachlauf dar. Neben einer etwa 10 km langen Strecke wurde von Ungureanu (1989) ein 465 m langer Abschnitt aus der Mäanderstrecke im Maßstab 1:500 detailliert kartiert, der einen Vergleich der Laufentwicklung ermöglicht.

Es konnte eindeutig festgestellt werden, daß in diesem Zeitraum auf der oberen, mit 2,8 ‰ geneigten Mäanderstrecke keine Laufverlegungen stattfanden, die Mäander also "inaktiv" waren, während auf den unteren Abschnitten zum Teil große Verlagerungen auftraten.

Die im Detail vermessene Strecke (Abb. 2.4) hatte 1840 eine Lauflänge von 886 m und hat sich seither auf 672 m verkürzt; dies entspricht einer Abnahme der Laufentwicklung von $s = 1,90$ auf 1,44 und einer Gefällezunahme von 2,15 ‰ auf 2,55 ‰. Erreicht wurde diese enorme Laufverkürzung durch die fluviale Durchschneidung mehrerer Mäander mit großer Amplitude; die danach neu entwickelten Mäanderbögen haben fast durchweg kleinere Amplituden und kürzere Wellenlängen. Der Rücksprung von Mäandern durch solche Bypass-Entwicklungen kann auch heute an vielen Bögen beobachtet werden, so daß zu vermuten ist, daß der Verkürzungsprozeß noch andauert.

	Bäche	Flüsse
Zeitrahmen	10^1 bis $10^2/10^3$ Jahre	10^1 bis $10^2/10^3$ Jahre
Längenausdehnung	10^2 bis 10^3 m	10^2 bis 10^4 m
Räumlicher Geltungsbereich	Gewässerstrecken zwischen Gefälleknickpunkten oder gewässermorphologisch bedeutsamen Bettstrukturen (z.B. Sohlenstufen, Geschiebeansammlungen hinter Treibholzsperren, Bachverzweigungen), Änderung der Bettstruktur (z.B. verblockte Strecke, steinige oder überwiegend sandig-kiesige Sohle, Ausbaustrecken); seitlich: Talhänge, Terrassenkanten, 10^2-jährliche[19] Überschwemmungsgrenzen	Flußstrecken zwischen Gefälleknickpunkten, Felsriegeln als lokale Erosionsbasen, örtlichen Engstellen, künstlichen Einbauten und Ausbaustrecken; seitlich: 10^2jährliche Überschwemmungsgrenzen
Äußere Einwirkungen	10^1- bis 10^2jährliche Hochwasserereignisse mit entsprechendem Geschiebeeintrag in Gebirgsbächen, Murgänge, Treibholzzu- oder -abgang, Hangrutschungen, Gewässerausbau, Gewässernutzungen	10^1- bis 10^2jährliche Hochwasserereignisse, Geschiebeeintrag, Eisversatz, Flußbau, Gewässernutzungen
Geomorphologische Prozesse	Sedimentation oder Erosion durch morphologisch bedeutende, temporäre Sperren (z.B. Treibholz), Seitenschurf mit Laufverlagerung, Deckschichtbildung durch selektiven Transport unterhalb bestimmter Schwellenwerte (Steinauebäche), Verlandung von Altarmen und Altwassern (Sohlentäler), Wirkungen durch menschliche Eingriffe (vgl. Kap. 4)	Geschiebeumlagerung und Wechsel des Hauptstroms in Wildflüssen, Seitenschurf und Gleituferauflandung in Gewundenen Flüssen bei kleineren Hochwasserabflüssen, Neubildung von Flußstrecken bei großen Hochwassern, Entstehung von Inseln, Altarmen, Altwassern etc., durch anthropogene Eingriffe: verstärkte Erosion und Akkumulation (vermehrte Auenlehmbildung)

---

[19]Auch hier als Größenordnung zu verstehen.

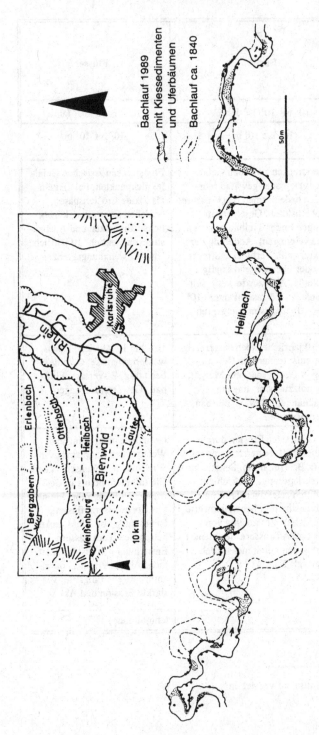

Abb. 2.4. Mäanderentwicklung am *Heilbach* zwischen 1840 und 1989 (nach Ungureanu 1989)

Die festgestellten Laufveränderungen und die augenscheinliche Gewässerdynamik vor Ort dürfen nicht darüber hinwegtäuschen, daß die tatsächlichen Verlagerungsvorgänge sehr langsam vonstatten gehen. Immerhin liegen die Kartierungen 150 Jahre auseinander. Nach Angaben von Ortskundigen (z.B. Ness, mündl. Mitt.) zeigten scheinbar kurz vor dem Durchbruch stehende Mäanderhälse über 20 Jahre hinweg keine merkliche Veränderung.

2.3.5 Bettstrukturen/Auenhabitate

	Bäche	Flüsse
Zeitrahmen	10^0 bis 10^1 Jahre	10^0 bis 10^1 Jahre
Längenausdehnung	10^0 bis 10^1 m	10^1 bis 10^2 m
Räumlicher Geltungsbereich	Riffle-Pool-Bereiche mit den durch Gewässerbettstrukturen vorgegebenen Abgrenzungen (z.B. Engstellen, Aufweitungen, Treibholzsperren, Geschiebeansammlungen), Bachverzweigungen, Inselbereiche, Kiesbänke, Kolke, Buchten, Altarme und Altwasser	Teillebensräume, die gleichartigen Umwelteinwirkungen unterliegen (z.B. Tief- und Flachwasserzonen, schnell und langsam durchströmte Bereiche, Kiesflächen, bewachsene Inseln, Steilufer, Gleitufer, Trockenstandorte, Hart- und Weichholzauen unterschiedlicher Ausprägung, Altwasser und Altarme)
Äußere Einwirkungen	mittlere bis 10^1jährliche Hochwasserereignisse, Eintrag von Geschiebe, Treibholz o.ä., Uferabbrüche, Veränderungen des Stromstriches	mittlere bis 10^1jährliche Hochwasserereignisse, Eintrag von Feststoffen, Wechsel des Hauptstroms bei Wildflüssen, Änderung des Stromstriches bei Gewundenen Flüssen
Geomorphologische Prozesse	kleinere Uferausschürfungen und geringe Änderungen in der Sohlenlage, Umlagerung von Sedimenten (Auskolkungen, Auflandungen) mit Neuklassierung	lokale Uferabbrüche, Auflandungen, Überkiesungen, lokale Auskolkungen, Wanderung von Kiesbänken, Freispülen von Uferbäumen, Verlandung von Auengewässern

Die Raumeinheit "Bettstrukturen/Auenhabitate" wird weniger von den morphologischen Gegebenheiten als von gleichartigen Lebensraumansprüchen bestimmt. Bei Bächen sind dies hauptsächlich die charakteristischen Strukturelemente der Riffle-Pool-Bereiche, aber auch Inseln, Kiesbänke, Buchten, Kolke, Flach- und Steilufer. In Flüssen ist dieses Mosaik der Teillebensräume großflächiger und mitunter weniger differenziert.

Die Bildung und Weiterentwicklung – nicht Zerstörung – dieser Teil(lebens)räume erfolgt im vorgegebenen Zeitrahmen durch die Strömungskraft und den Feststoffeintrag mittlerer bis großer Hochwasser. Die vollständige Zerstörung und Neubildung von Teillebensräumen ist dagegen ein Katastrophenereignis, das in den übergeordneten Zeitrahmen zu stellen ist (vgl. Kap. 2.8).

Zu den geomorphologischen Prozessen zählt die allmähliche Entwicklung durch mehr oder weniger kontinuierliche Auskolkung, Auflandung und Verwurzelung (vgl. Abb. 2.13, S. 94). Uferabbrüche, die im Vergleich zur normalen Sedimentführung in Bächen zu größerem Geschiebeeintrag und neuen Bettstrukturen führen, können als äußere Einwirkung betrachtet werden, während sie bei Flüssen zu den internen Prozessen zu rechnen sind.

2.3.6 Mikrohabitate

Die unterste Ebene "Mikrohabitate" wird durch Lebensraumansprüche im engeren Sinne definiert. Hierunter sind in erster Linie Bereiche gleicher Korngrößen zu verstehen, die aus strömungsbedingter Kornklassierung entstanden sind, nach Steffan (1965) auch Choriotope genannt. Die Sedimentgrößen des Mikrohabitats reichen vom anstehenden Fels über Blöcke in Berg- und Gebirgsgewässern bis zu Schlamm; zu den Siedlungssubstraten des Mikrohabitats gehört jedoch auch totes und lebendes Pflanzenmaterial. In Zusammensetzung und Arealgröße unterscheiden sich die Choriotope von Flüssen und Bächen (Abb. 2.5); ein Bergbach hat ein differenzierteres, kleinräumigeres Choriotopgefüge als ein Flachlandfluß. Die Lebensbedingungen des Mikrohabitats sind von Erosions- und Sedimentationsvorgängen bei wechselnden Strömungsverhältnissen geprägt.

Zu den äußeren Einwirkungen gehören erhöhte Abflüsse, die zu mehr oder weniger großen Sedimentumlagerungen im Substratmosaik führen. Geringe Änderungen der Strömungsverhältnisse und der Wassertiefe durch Auflandung oder Auskolkung gehören zum systeminternen Prozeßgeschehen. Erhebliche Geschiebebewegungen mit Zerstörung und Neubildung des Substratmosaiks sind dagegen den Katastrophenereignissen zuzurechnen.

	Bäche	Flüsse
Zeitrahmen	10^{-1} bis 10^{0} Jahre	- wie Bäche -
Längenausdehnung	10^{-1} bis 10^{0} m	10^{-1} bis 10^{1} m (vgl. Abb. 2.5)
Räumlicher Geltungsbereich	Bereiche gleicher Substrattypen und -größen (Steine, Kies, Sand, Schlamm, Wurzeln, Treibholz, Pflanzenstengel und -blätter)	- wie Bäche -
Äußere Einwirkungen	saisonale Abflußschwankungen bis zum jährlichen Hochwasser, Zu- und Abfuhr von Sedimenten und organischem Material, kleinere Auskolkungen, saisonales Wachstum von Wasserpflanzen	"
Geomorphologische Prozesse	Änderung der Fließgeschwindigkeit und der Wassertiefe, geringfügige Umlagerung von Sedimenten, Anlandung und Austrag von Feinmaterial	"

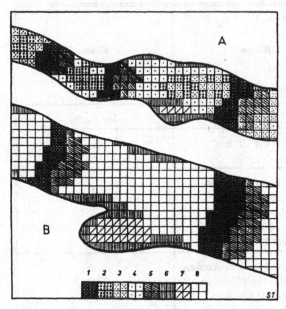

Legende:
1 Wasserschnellen
2 steinig/felsig
3 kiesig
4 sandig
5 flutende Wasserpflanzen
6 Uferröhrichte
7 schlammig (Stillwasser)
8 tonig

Abb. 2.5. Choriotopgefüge eines Bergbaches (A, Forellenregion) und eines Fluß-Unterlaufs (B, Barbenregion) (aus Steffan 1965)

2.4 Gleichgewichtskonzepte in der Geomorphologie

Eines der grundlegenden Gleichgewichtskonzepte in der fluvialen Geomorphologie stammt von Mackin (1948), das bis heute von vielen Autoren kontrovers diskutiert wird und als *"Graded River Concept"* in die Literatur einging. Für Mackin steht das Gefälle und die Geschiebefracht in einer bestimmten Gleichgewichtsbeziehung, die er so beschreibt (Mackin 1948, S. 471): *"A graded stream is one in which, over a period of years, slope is delicately adjusted to provide, with available discharge and with prevailing channel characteristics, just the velocity required for the transportation of the load supplied from the drainage basin. The graded stream is a system in equilibrium; its diagnostic characteristic is that any change in any of the controlling factors will cause a displacement of the equilibrium in a direction that will tend to absorb the effect of the change."* In dieser Definition werden explizit lediglich zwei Parameter in Beziehung gesetzt, die Geschiebefracht als unabhängige und das Gefälle als abhängige Variable. Eine Erweiterung der Parameterliste schlagen Leopold & Bull (1979) bzw. Bull (1988, S. 157) vor mit folgender Ergänzung der Mackinschen Definition: *"A graded stream is one in which over a period of years, slope, velocity, depth, width, roughness, pattern, and channel morphology delicately and mutually adjust to provide the power and efficiency necessary to transport the load supplied from the drainage basin without aggradation or degradation of the channels".*

Wie schon Schumm & Lichty (1965) anmerken, bleibt der zeitliche Geltungsbereich recht unscharf; außerdem geht aus den Mackinschen Ausführungen nicht eindeutig hervor, ob mit *"period of years"* die Anpassungszeit des Systems gemeint ist oder der Zeitrahmen, in dem das Gleichgewicht Bestand haben soll – vermutlich ist das erstere gemeint. Offen bleibt außerdem der räumliche Geltungsbereich; aus den übrigen Angaben des Autors ist zu vermuten, daß nicht nur einzelne Gewässerstrecken, sondern der ganze Gewässerlauf angesprochen wird.

Howard (1982, 1988) schlägt vor, *"period of years"* durch die Anpassungszeit des Flußgefälles zu ersetzen. Außerdem sieht er die Gleichgewichtsbedingungen nur für kurze Gewässerstrecken erfüllt, keinesfalls für ganze Gewässersysteme. Zugleich jedoch betont er, wie viele andere Autoren nach Mackin, daß ein Fluß auf eine Störung im Geschiebe- oder Abflußregime auch mit einer Änderung der Querschnittsform und des Laufverhaltens reagieren kann. Diese Kritik ist als ein zentraler Angriff auf die Thesen von Mackin zu sehen, die zu sehr auf den Zusammenhang zwischen zwei Systemkomponenten fixiert sind.

Ahnert (1973) sieht ein wesentliches Merkmal morphologischer Vorgänge im Bestreben, ein dynamisches Gleichgewicht[20] durch eine ausgeglichene Massenbilanz zu erreichen. Als Beispiel führt er das System der Schuttlieferung von Hängen und des Geschiebetransports von Flüssen an, da jede Störung dieses Gleichgewichtssystems eine negative Rückkopplung zur Wiederherstellung des Ausgangszustands habe. So kann der Schwemmfächer eines Nebenflusses zu einer Engstelle im Hauptstrom (mit erhöhter Fließgeschwindigkeit) führen oder auch zu einer lokalen Erhöhung des Gefälles mit dem gleichen Effekt.

Während Rohdenburg (1971) die Existenz von ausgeglichenen Flußstrecken (*graded rivers*) anzweifelt, da generell Eintiefung herrsche, bestätigt zwar Bremer (1984, 1989), daß bei strenger Betrachtung der Sedimenttransport immer auch den Untergrund korradiert, betont jedoch zugleich, daß in Gleichgewichtskonzepten die angesprochenen Zeitabschnitte und Reliefelemente (Flächenbezug) genau definiert werden müssen. Die Autorin sieht im dynamischen Gleichgewicht eine Fluktuation um einen mittleren Zustand, der sich langsamer ändert als die einzelnen Ausschläge. Aus diesem Grund hält sie die Feststellung eines Gleichgewichtszustands nur auf dem Wege der Reliefanalyse und der geologischen Datierung über Veränderungen in Jahrtausenden für möglich. Aus kurzfristigen Prozessen ist nach Bremer (1989) kein langfristiger Trend ableitbar.

---

[20]Ob Ahnert im "dynamischen Gleichgewicht" ebenso wie Chorley & Kennedy (1971) einen langfristigen Trend sieht, geht aus seinem Aufsatz nicht hervor.

2.5 Systemanalytische Betrachtung von Gleichgewichten

Während Mackin (1948) den Gleichgewichtsbegriff recht pragmatisch auf das von ihm postulierte Ausgleichsgefälle bezog, versuchten spätere Autoren systemanalytisch die Existenz von Gleichgewichtsbeziehungen in der Geomorphologie zu ergründen. Chorley & Kennedy (1971) definierten eine Reihe von Gleichgewichtszuständen (Abb. 2.6), von denen jedoch lediglich das gleichförmige, das dynamische und das metastabile dynamische Gleichgewicht in der Geomorphologie vorkommen dürften.

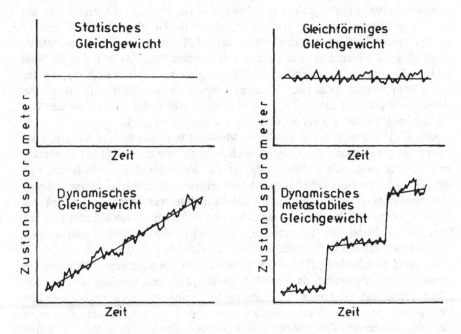

Abb. 2.6. Gleichgewichtsbegriffe nach Chorley & Kennedy (1971)

Nach Abb. 2.7 können drei Zeitperioden bei Gleichgewichtssystemen unterschieden werden (Chorley & Kennedy 1971, Knighton 1984):

- *Reaktionszeit*: Zeitspanne vom Beginn der Änderung eines kontrollierenden Faktors (Input) bis zum Beginn der Systemänderung (Output);
- *Relaxationszeit* (Anpassungszeit): Zeitspanne, während der das System auf die Änderung eines Input-Faktors reagiert, bis der ursprüngliche oder ein neuer Gleichgewichtszustand erreicht ist;

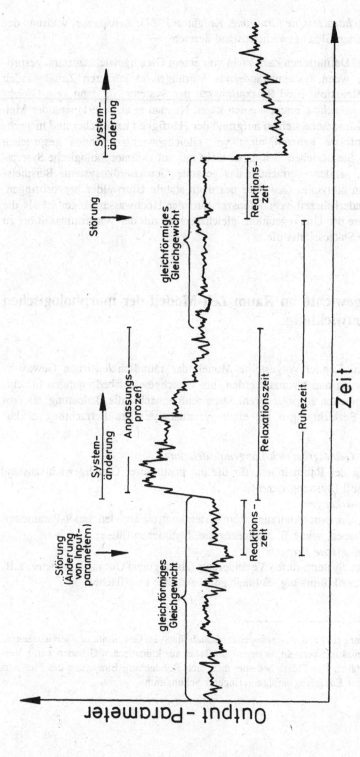

Abb. 2.7. Gleichgewichtssystem in der Geomorphologie

– *Ruhezeit*[21] (*characteristic form time*, Knighton 1984): Zeitspanne, während der ein ungestörter Gleichgewichtszustand herrscht.

Nach diesen Definitionen kann nicht von einem Gleichgewichtszustand gesprochen werden, wenn systemverändernde Störungen in kürzeren Zeitabständen auftreten als Reaktions- und Relaxationszeit des Systems, da dann kein Gleichgewichtszustand mehr erreicht werden kann. Naiman et al. (1991) sind der Meinung, daß in Gewässersystemen aufgrund der Häufigkeit natürlicher und menschlicher Störeinflüsse generell nicht von Gleichgewichtszuständen gesprochen werden kann. Sie beziehen sich dabei nicht nur auf flußmorphologische Systemkomponenten, sondern betrachten das gesamte Gewässerökosystem. Beispielsweise wird ein alluviales Gewässer nur dann stabile Uferwälder hervorbringen, wenn die Wiederkehrzeit vegetationszerstörender Hochwasser länger ist als die Erholungsphase der Ufervegetation, gleichzusetzen mit der Wachstumszeit bis zu einer höheren Sukzessionsstufe.

2.6 Gleichgewichte im Raum-Zeit-Modell der morphologischen Gewässerentwicklung

Das in diesem Kapitel vorgestellte Modell der räumlich-zeitlichen Gewässerentwicklung kann nun benutzt werden, um Gleichgewichtsbedingungen für einzelne Raumeinheiten zu präzisieren. Dazu muß zunächst die Bedeutung der dort verwendeten Bezeichnungen bei einer systemanalytischen Betrachtung geklärt werden:

– *räumlicher Geltungsbereich/Längenausdehnung*
  Abgrenzung der Raumeinheit, für die ein postulierter Gleichgewichtszustand herrschen soll (Systemgrenzen);
– *äußere Einwirkungen*
  Ereignisse, die eine Änderung von systemkontrollierenden Input-Parametern zur Folge haben, wie z.B. Abflußregime, Sedimentzuflüsse;
– *geomorphologische Prozesse*
  Reaktion des Systems durch Veränderung (abhängiger) Output-Parameter, z.B. Gradient, Laufkrümmung, Sohlenlage, Kolktiefe, Inselfläche;

---

[21]Rohdenburg (1971) definiert sogenannte Stabilitäts- im Gegensatz zu Aktivitätszeiten, worunter er Zeiträume versteht, in denen das Relief aus klimatischen Gründen wenig Veränderungen erfährt. Für Flüsse bedeutet dies nach Rohdenburg Einengung des Flußbetts bei gleichzeitiger Eintiefung infolge geringerer Schuttzufuhr.

- *Zeitrahmen*

  Zeitspanne (Größenordnung), während der die genannten Input-Parameter die geomorphologische Entwicklung der umgrenzten Raumeinheit kontrollieren.

Mit Hilfe der oben definierten Begriffe kann nun im Rahmen eines Gleichgewichtskonzeptes für jede Raumeinheit die Relaxationszeit abgeschätzt werden; das ist diejenige Zeitspanne, die die Raumeinheit nach einer Änderung der Input-Parameter benötigt, um zu einem Gleichgewicht zurückzufinden. Als Raumeinheiten werden die in Kap. 2.3 umgrenzten Teilräume vom Einzugsgebiet bis zum Mikrohabitat verwendet. Für jede Raumeinheit werden zunächst "Gleichgewichtsprozesse" beschrieben, die nach Abb. 2.6 einem gleichförmigen oder dynamischen Gleichgewicht entsprechen. Die "Ruhezeit" ist dann höchstens gleich dem Zeitrahmen und gibt an, wie lange ein störungsfreies Gleichgewicht in der jeweiligen Raumeinheit existiert; "störungsfrei" soll heißen, ohne bedeutende Veränderungen der Input-Parameter. Entsprechend wird unter einer "Störung" die das Gleichgewicht störende Veränderung von Input-Parametern verstanden; hierbei kann es zu Überschreitung von Schwellenwerten kommen. Unter "Anpassungsprozeß" wird die Veränderung der Output-Parameter verstanden zur Wiederherstellung eines (neuen) Gleichgewichtszustands. Bei der folgenden Darstellung wird auf die Unterscheidung von Bächen und Flüssen verzichtet.

2.6.1 Gewässersystem/Einzugsgebiet und Flußabteilung/Flußtal

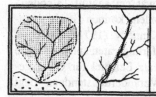 Kein Gleichgewicht vorhanden; geomorphologische Veränderungen im Erosionszyklus durch Tektonik, Meeresspiegelschwankungen, Klimaveränderungen mit Vergletscherungen, Flußanzapfungen

Auf der großräumigen Ebene "Gewässersystem/Einzugsgebiet" sind im zugehörigen Entwicklungszeitraum 10^4 bis 10^6 Jahre keine dauerhaften Gleichgewichtsprozesse vorstellbar. Die Bildung des Reliefs und des Entwässerungsnetzes unterliegt den Einflüssen tektonischer Hebung und Senkung der Landmassen sowie dem klimagesteuerten Abtrag und Transport der Verwitterungsprodukte. Ebenso einzuordnen sind die Talbildungsprozesse auf der Ebene "Flußabteilung/Flußtal". Ein Beharren in Gleichgewichtszuständen ist nur in kürzeren Zeiträumen anzunehmen.

2.6.2 Gewässerabschnitt/Talboden

	Bäche / Flüsse
Gleichgewichtsprozesse	Dynamisches Gleichgewicht durch a) allmähliche Auflandung oder Erosion der Sohle mit Änderung des Gradienten b) Lieferung und fluvialen Transport des Hangschutts
Ruhezeit	$10^3/10^4$ Jahre
Störung	Änderung des Abflußregimes und des Geschiebehaushalts durch Klimawechsel; rasche tektonische Lageänderung
Anpassungsprozeß	Konsolidierung eines den veränderten Bedingungen im Abflußregime und Geschiebehaushalt entsprechenden Gewässertyps
Relaxationszeit	$10^2/10^3$ Jahre

Die Sedimentumlagerungen in der Raumeinheit "Gewässerabschnitt/Talboden" mit allmählicher Akkumulation oder Erosion des Talbodens können als ein dynamisches Gleichgewicht im Sinne von Chorley & Kennedy (1971) betrachtet werden (Abb. 2.6). Ebenso einzuordnen ist der den Lieferungsraten entsprechende Abtransport von Hangschutt, der von Ahnert (1973) als Beispiel für Gleichgewichtsprozesse angeführt wurde; die langfristige Veränderungstendenz liegt hierbei in der hangparallelen Denudation.

Die ungestörte Dauer dieser Prozesse mag in der Größenordnung des Entwicklungszeitrahmens liegen. Die Störung erfolgt vor allem durch Klimaschwankungen, mit denen morphologisch bedeutende Veränderungen im Geschiebehaushalt und im Abflußregime verbunden sind, und die dadurch neue Veränderungstendenzen in der Entwicklung des Talbodens begründen können. Hier sind nicht nur die pleistozänen Klimaveränderungen zu sehen, sondern auch früher schon erwähnte holozäne Klimaschwankungen, die nach Mäckel & Röhrig (1991) in Schwarzwaldgewässern zu Einschneidungs- und Akkumulationsphasen geführt haben. Hinzu kommen rasche tektonische Hebungen und Senkungen, die nach Pitty

(1971) beträchtliche Raten erreichen können[22]. Der Anpassungsprozeß liegt in der erneuten Konsolidierung der Fluß- und Talmorphologie, bis wieder ein dynamisches Gleichgewicht erreicht ist.

Murr (Neckarbecken/Lkrs. Ludwigsburg). Als Beispiel für eine tektonische Störung in der Flußentwicklung kann die von Wurm (1991) berichtete Ausbildung des unteren *Murrtales* angesehen werden[23] (Abb. 2.8). Hier verursachte die das *Murrtal* querende, tektonisch angelegte *Neckar-Jagst*-Furche örtliche Schichtverbiegungen, Einbrüche und Aufpressungen mit deutlichen Einflüssen auf die Längsprofilentwicklung des *Murrtales*. Die Gefälleänderungen drücken sich nach Wurm & Kobler (1991) im Wechsel der Korngrößen des abgelagerten Sediments aus, eine aus hydraulischer Sicht selbstverständliche Folge der Gefälleverhältnisse. Diese vermutlich noch andauernden tektonischen Vertikalbewegungen verhindern die fluviale Ausbildung eines dynamisch ausgeglichenen Unterlaufgefälles der *Murr* und führen zugleich zu einem ungewöhnlich kleinräumigen Wechsel von Mäandrierungs- und Verzweigungsstrecken (Bürkle 1991). Die Anpassung des Längsprofils durch Geschiebeumlagerungen und Sohlenvertiefung nach dem Ende tektonischer Veränderungen wären in einem Zeitraum von 10^3 Jahren vorstellbar.

2.6.3 Gewässerstrecke/Überschwemmungsaue

Auf der nächsten Raum-Zeit-Ebene "Gewässerstrecke/Überschwemmungsaue" entsprechen sich Ein- und Austrag von Feststoffen. Es herrscht folglich gleichförmiges Gleichgewicht, bei dem temporäre Ablagerungen und Auskolkungen zum ureigensten morphologischen Geschehen zählen, aber über den Gesamtzeitraum betrachtet keine Änderung der Sohlenlage eintritt.

Mit der Seitenentwicklung in Sohlentälern kann die Entstehung und Verlandung von Altarmen verbunden sein, was durchaus als ein Teilaspekt dieses Gleichgewichtsprozesses aufzufassen ist. Dieser Gleichgewichtszustand wird durch ein Katastrophenhochwasser unterbrochen, bei dem die Normalabflüssen angepaßte Bettmorphologie weitgehend zerstört wird und sich in Jahrzehnten wieder regenerieren muß.

---

[22]Pitty (1971, S. 43ff) gibt Hebungen durch Plattentektonik an von 0,9-2,8 m/1000 a für die Atlantikküste Frankreichs, 1,2-1,3 m für Teile Großbritanniens, 5 m für Puerto Rico, 4 m für Regionen bei Los Angeles und 16 m beim Kaspischen Meer. Isostatische Landhebungen nach Abschmelzen von Eiskappen können weit größere Hebungen bedingen, so wurden in Spitzbergen 29 m/1000 a rekonstruiert, in Grönland 40 m, in Boston und Nordost-Kanada gar um die 70 m. In Nordschweden werden 10 m und in Mittelschweden 5 m Anhebung in 1000 a gemessen (Larsen, mündl. Mitt.).

[23]Die Untersuchungen an der *Murr* wurden von Dipl.-Ing. F. Bürkle angeregt und koordiniert.

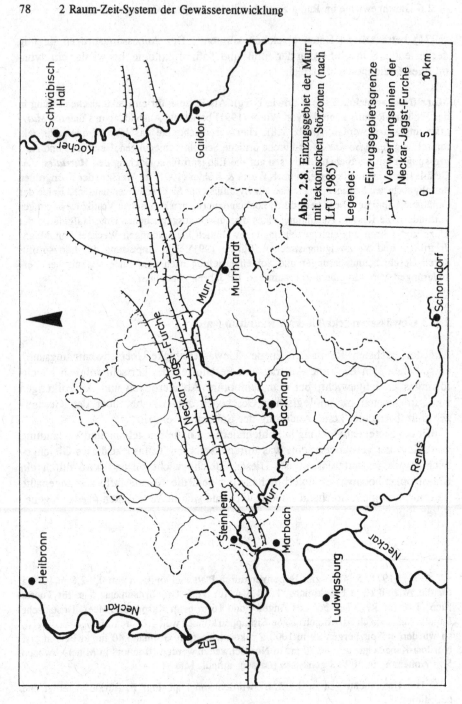

Abb. 2.8. Einzugsgebiet der Murr mit tektonischen Störzonen (nach LfU 1985)

Legende:

- - - - - Einzugsgebietsgrenze

↓↓↓↓↓ Verwerfungslinien der Neckar-Jagst-Furche

0   5   10 km

	Bäche / Flüsse
Gleichgewichtsprozesse	Gleichförmiges Gleichgewicht durch a) Ein- und Austrag von Sedimenten und Treibholz b) Fluktuationen der Sohlenlage durch Geschiebeumlagerungen und temporäre Sperren (z.B. Treibholz) c) Flußbettverlagerungen durch Seitenschurf und Gleituferauflandung d) Entstehung und Verlandung von Altarmen
Ruhezeit	$10^2/10^3$ Jahre
Störung	Gewässerbettzerstörende Hochwasser (T = $10^2/10^3$ Jahre) mit Aufreißen von Deckschichten, Bildung neuer Abflußrinnen, Fortspülen von Ufer- und Auengehölzen; lokale Hangrutschungen und Murgänge
Anpassungsprozeß	Neueinregelung eines an kleinere Abflüsse (T < 10^2 Jahre) angepaßten Gewässerbettes
Relaxationszeit	$10^1/10^2$ Jahre

Störungen fluvialer Gleichgewichte in Südwestdeutschland. Spektakuläre Beispiele für solche Katastrophenereignisse in der Schweiz werden im Kap. 2.8.3 beschrieben. Es sind jedoch in den letzten 10 Jahren auch im Schwarzwald mehrere große Hochwasser abgelaufen, die zu bedeutenden Erosionen und Umlagerungen in den Gewässerbetten geführt haben. So traten im Juli 1987 im *Brettenbach* (Südschwarzwald) vermutlich durch ein lokales Gewitter erhebliche Bettzerstörungen auf, die später streckenweise durch einen Neubau des Bachbettes beseitigt wurden (Nadolny, mündl. Mitt.; Röhrig, in Vorbereitung).

Im Februar 1990 waren landesweit schwere Hochwasserschäden zu verzeichnen – katastrophale Bettzerstörungen ereigneten sich hierbei in den Donauquellflüssen *Brigach* und *Breg*. Dieselbe Wetterlage verursachte bedeutende Schäden an der *Gutach* und an den ausgebauten Abschnitten des *Kinzigmittellaufes*. Streckenweise wurden die *Kinzigvorländer* erodiert sowie die Ufersicherungen des Mittelwasserbettes unterspült und weggerissen; zugleich verlandete das Mittelwasserbett auf längeren Strecken. Die flußbaulichen Schäden beliefen sich am *Kinziglauf* auf ca. 4 Mio. DM. Ähnliche Auswirkungen hatte ein weiteres Hochwasser an der *Kinzig* im Dezember 1991. Beide Ereignisse wurden nach der Hochwasserstatistik am *Kinzigpegel* Schwaibach als etwa 30jährliche Abflüsse eingestuft. In Seitengewässern wurden im Dezember 1991 teilweise 100jährliche Abflüsse überschritten. Am *Harmersbach* kam es zu Gewässerbettverlegungen. Die Gesamtschäden an den Kinzigzuflüssen betrugen ca. 11 Mio. DM (WBA Offenburg, mündl. Mitt.).

2.6.4 Bettstrukturen/Auenhabitate

	Bäche / Flüsse
Gleichgewichtsprozesse	Gleichförmiges oder dynamisches Gleichgewicht durch a) Ein- und Austrag von Sedimenten und Geschwemmsel b) örtliche Auskolkungen und Auflandungen, kleinere Uferabbrüche und -anlandungen c) Umlagerung von Kiesbänken
Ruhezeit	10^1 Jahre
Störung	Größere Sedimentumlagerungen und Uferangriffe mit Neubildung von Fluß- bzw. Bachbettstrukturen bei Abflüssen von $T > 10^1$ Jahre
Anpassungsprozeß	Neueinregelung eines an kleinere Abflüsse ($T < 10^1$ Jahre) angepaßten Gewässerbettes
Relaxationszeit	$10^0/10^1$ Jahre

Auf der Ebene "Bettstrukturen/Auenhabitate" kann die allmähliche Veränderung von Strukturelementen durch Auskolkung und Auflandung als ein gleichförmiges oder auch als ein dynamisches Gleichgewicht aufgefaßt werden. Die Störung liegt bei größeren Umlagerungen und Uferangriffen durch seltenere Abflüsse, die als Katastrophen einzuordnen sind (vgl. Kap. 2.8). Die Anpassung der Bettstrukturen an kleinere Abflüsse erfolgt recht schnell, wie auch die Veränderungen der Inselbereiche an der unteren *Murr* gezeigt haben (Müller 1985, 1991; vgl. Kap. 2.8.4 und Abb. 2.12, S. 92/93).

2.6.5 Mikrohabitate

Auf der Betrachtungsebene "Mikrohabitate" ist der Gleichgewichtsprozeß in dem Ein- und Austrag von Feinsedimenten und Detritus zu sehen, der den jahreszeitlichen Abflußschwankungen unterliegt. Dabei kann es in geringfügigem Umfang zu Sedimentumlagerungen kommen, ohne daß die Lebensbedingungen der Wassertiere bedeutend geändert werden, solange sich die Gesamtstruktur des Choriotopmosaiks nicht wesentlich ändert. Es ist deshalb eher von einem gleichförmigen Gleichgewicht auszugehen ohne langfristige Veränderungstendenz. Die Störung erfolgt durch Katastrophenabflüsse, die Neuklassierung bereits bei ablaufender Hochwasserwelle.

	Bäche / Flüsse
Gleichgewichtsprozesse	Gleichförmiges Gleichgewicht durch Ein- und Austrag von Feinsedimenten und Detritus mit den jahreszeitlichen Abflußschwankungen mit geringfügigen Umlagerungen
Ruhezeit	10^0 Jahre
Störung	Umlagerung von Sedimenten und Auskolkungen durch Abflüsse mit $T > 10^0$ Jahre
Anpassungsprozeß	Klassierung von Sedimenten bei schwächer werdender Strömung der ablaufenden Hochwasserwelle
Relaxationszeit	Stunden bis Tage (bezüglich Kornklassierung)

2.7 Bedeutung von Schwellenwerten und Katastrophen

Die Veränderung der Erdoberfläche durch Abtrag und Transport ist ein diskontinuierlicher Prozeß, wie Bremer (1989) betont. Die meist in m/1000 a gemessenen Raten von Denudation und linearer Erosion sind einerseits das Ergebnis eines mehr oder weniger stetigen Abtrags, andererseits aber auch die Folge von singulären Extremereignissen. So wurden am *Goldersbach* bei einem etwa 100-jährlichen Hochwasser innerhalb von 24 Stunden vermutlich mehr als 10mal so viel Schwebstoffe ausgetragen wie sonst im Jahresmittel (vgl. Kap. 1.1.2 *Goldersbac*h).

Die Frage, welcher Prozeß auf die Gestaltung der Erdoberfläche größeren Einfluß hat, führte in der Geomorphologie zu zwei verschiedenen Auffassungen (Pitty 1971); einmal wird den kleineren und mittleren Ereignissen im "Normalgeschehen" größere Bedeutung zugemessen (*"uniformitarianism"*), zum anderen wird in den außergewöhnlichen, seltenen Extremereignissen die Hauptursache für die Veränderung der Erdoberfläche gesehen (*"catastrophism"*).

Häufig werden die morphologischen Beobachtungen von Wolman & Miller (1960) bei bordvollen Abflußereignissen als Beleg für die erstgenannte These angeführt. Die Autoren stützen ihre Aussage vor allem auf die Tatsache, daß in vielen Gewässern mindestens 90 % der Schwebstofffracht durch die regelmäßigen Hochwasserabflüsse bis zum 5jährlichen Ereignis transportiert werden, und die spektakulären Katastrophenabflüsse folglich keinen wesentlichen Beitrag zur Formung der Erdoberfläche leisten. Diese auf reine Transportraten bezogene These untermauern Wolman & Miller durch Beobachtungen an bettbildenden Abflußprozessen; so ordnen sie den Hauptanteil der Auenablagerungen den Gleituferauflandungen bei maximal bordvollen Abflüssen zu und nicht der Sedimentation durch Auenüberflutung – zwei Prozesse, die je nach Abflußregime jedoch beide mehr oder weniger zu Auenentwicklung beitragen (Brakenridge 1988). Spätere Beobachtungen veranlaßten Wolman, seine Aussagen zur geomorphologischen Effektivität von Abflußereignissen teilweise zu revidieren (Wolman & Gerson 1978); hier sehen die Autoren die tatsächliche Formänderung der Landoberfläche als das Maß geomorphologischer Arbeit an und messen den Auswirkungen von Katastrophenabflüssen, aber auch den "Erholungszeiträumen" größere Bedeutung bei. Außerdem differenzieren sie die geomorphologische Effizienz nach Klimaräumen.

Die meisten Autoren sehen, daß Katastrophenereignisse in einen Zeitrahmen gestellt werden müssen (Chorley & Kennedy 1971, Pitty 1971, Beaty 1974, Starkel 1976, Bremer 1989); dennoch bleiben die diesbezüglichen Aussagen recht vage. Pitty sieht in den kaltzeitlichen Vergletscherungen kurzzeitige Extremereignisse, wenn der geologische Zeitrahmen als Bezug gewählt wird. Starkel grenzt Extremereignisse vom Normalgeschehen als nicht alljährlich auftretende Ereignisse ab, bei denen das dynamische Gleichgewicht nach Chorley & Kennedy (1971) gestört wird. Ereignisse, die 5- bis 10mal pro Jahrhundert auftreten, betrachtet Starkel als Extremereignisse, wobei er die rezente Hangentwicklung untersucht, für die ein Zeitrahmen von $10^2/10^3$ Jahren unterstellt werden kann.

Beaty (1974) diskutiert eingehend die Einordnung von katastrophalen Murgängen in kalifornischen Gebirgsbächen der White Mountains. Die beobachteten Abflüsse in den weitgehend ungestörten Einzugsgebieten führten bei ursprünglich kleinen Bächen in wenigen Stunden stellenweise zu schluchtartigen Erosionsrinnen von über 10 m Tiefe bei annähernd gleicher Breite. Zweifelsfrei wird nach Beaty die Gewässerentwicklung in den White Mountains durch diese alle 5 bis 10 Jahre auftretenden Extremereignisse bestimmt, während das "Normalgeschehen" nur untergeordnete Bedeutung für die Reliefentwicklung hat. Dennoch kommt Beaty zu dem Schluß, daß die Extremereignisse als das "Normalgeschehen" anzusehen sind und folglich nicht im Widerspruch zur Theorie des *uniformitarianism* stehen, insbesondere wenn ein Zeitrahmen von 10^4 bis 10^5 Jahren betrachtet wird. Auf Jahrzehnte bezogen sind diese Abflüsse seiner Meinung nach in der Tat Katastrophenereignisse.

Daß Katastrophenereignisse auch in einem räumlichen Bezug gesehen werden müssen (Abb. 2.9), wurde von keinem der zitierten Autoren hervorgehoben. Beaty (1974) diskutiert zwar unterschiedliche Zeitrahmen für die bettzerstörenden

chen Grenzen an. Er geht jedoch bei seiner Erörterung über die Häufigkeit dieser Ereignisse nicht von einzelnen Bächen aus, sondern betrachtet die gesamte Region; d.h. alle 5 bis 10 Jahre ereignet sich irgendwo in den White Mountains ein bettzerstörender Abfluß. Nur in diesem regionalen Zusammenhang ist die Angabe eines Entwicklungszeitraums von $10^4/10^5$ Jahre überhaupt sinnvoll. Da einzelne Bachstrecken innerhalb eines solchen Zeitrahmens sich stark verändern oder auch neu entstehen können, muß zwangsläufig der Katastrophenbegriff in diesem Fall zeitlich eingeengt werden, wie es ja auch Beaty vorgeschlagen hat.

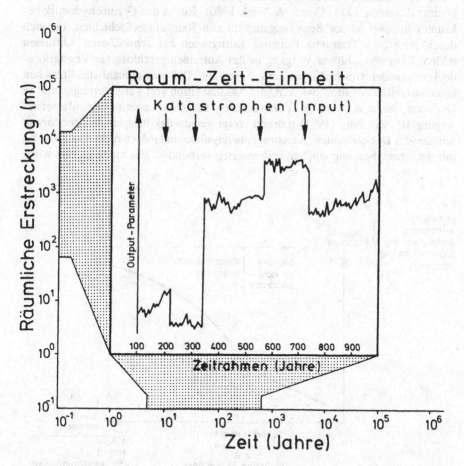

Abb. 2.9. Katastrophen im Raum-Zeit-Modell der morphologischen Entwicklung von Fließgewässern (vgl. Abb. 2.3, S. 58)

Aus diesen Erwägungen heraus wird hier für Katastrophenereignisse in der (fluvialen) Geomorphologie folgende Definition vorgeschlagen:

Katastrophenereignisse sind Materialbewegungen in einer gegenüber dem betrachteten Zeitrahmen kurzen Periode, die ein Vielfaches über den durchschnittlichen Transportraten liegen und die Morphologie eines abgegrenzten Gebietes im gegebenen Zeitrahmen nachhaltig verändern.

Oft müssen beim Ablauf von Katastrophenereignissen spezifische Schwellenwerte überschritten werden (Abb. 2.10), damit eine Massenbewegung in Gang kommt (Schumm 1973, Coates & Vitek 1980). Ein in der Gerinnehydraulik bekanntes Beispiel ist der Bewegungsbeginn von Sedimentdeckschichten, die sich durch selektiven Transport kleinerer Korngrößen bei schwächeren Abflüssen bilden. Ein vergleichbarer Vorgang ist das Aufreißen geschlossener Vegetationsdecken von der Grasnarbe bis zum Auenwald. Daß das allmähliche Entstehen einer instabilen Situation, wie z.B. die Akkumulation von Verwitterungsschutt in Gerinnen, nicht notwendige Voraussetzung für eine katastrophale Massenbewegung ist, wie Pitty (1971) schreibt, zeigt gerade das Beispiel der Zerstörung schützender Deckschichten. Katastrophenereignisse sind jedoch nicht zwangsläufig mit der Überschreitung von Schwellenwerten verbunden, wie unten gezeigt wird.

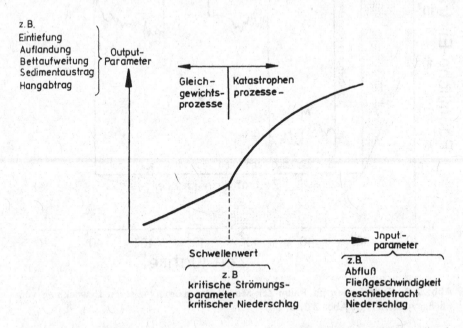

Abb. 2.10. Übergang von Gleichgewichtsprozessen zu Katastrophenereignissen durch Überschreitung von Schwellenwerten

2.8 Katastrophenereignisse im Raum-Zeit-Modell der morphologischen Gewässerentwicklung

Im folgenden soll nun versucht werden, Katastrophenereignisse und die Überschreitung von Schwellenwerten dem Raum-Zeit-System der Gewässerentwicklung zuzuordnen.

2.8.1 Gewässersystem/Einzugsgebiet und Flußabteilung/Flußtal

	Bäche/Flüsse		
Zeitrahmen	10^5 bis 10^6 Jahre		
Katastrophen	Vergletscherung (Dauer: 10^4 bis 10^5 Jahre)	Bildung von Eisstauseen, evt. Überlauf über die Wasserscheide (Dauer: wie oben)	Flußanzapfung
Geomorph. Prozesse	Ausschürfung von Tälern, intensive Frostverwitterung, Ablagerung von Moränen, Akkumulation von Sedimenten in Flußtälern, Bildung von Terrassen bei späterer Einschneidung	vorübergehende Veränderung des Gewässersystems im Zeitrahmen 10^4 bis 10^5 Jahre, Ablagerung von Beckentonen, u.U. schlagartiger Ausbruch mit Flutwelle	Tiefenerosion durch schlagartige Änderung der Abflußmengen im vergrößerten Gewässernetz
Schwellenwerte	keine	keine	keine

In den größten Raumeinheiten sind Ereignisse als Katastrophen anzusehen, die z.B. dauerhaft die Einzugsgebietsgrenzen verändern, zu neuen Gewässersystemen führen oder bei der Talbildung mitwirken. Wie auch Pitty (1971) meint, können die kaltzeitlichen Vergletscherungen in einem Zeitrahmen von 10^5 bis 10^6 Jahren durchaus als Katastrophen angesehen werden. Tatsächlich waren die pleistozänen

Kaltzeiten teilweise auf wenige zehntausend Jahre beschränkt und wirkten dennoch stark landschaftsverändernd. Unter direktem Gletschereinfluß wurden Trogtäler ausgeformt sowie Moränendecken und -hügel hinterlassen. In den Talgründen der Periglazialgebiete wurden große Geschiebemengen abgelagert und in den Warmzeiten wieder ausgeräumt (vgl. Kap. 1.2.2 und 1.3). Die schon früher erwähnte Überfahrung der *Donau* durch den Rheingletscher beispielsweise führte zur Anlage neuer Täler, aber auch zur Bildung eines riesigen Stausees mit einem Überlauf in den *Neckar*.

Als plötzliche Katastrophenereignisse sind auch Flußanzapfungen zu sehen, bei denen durch ein einzelnes Hochwasser die Einzugsgebietsgrenzen zweier Flußgebiete großräumig verschoben werden können, wie beispielsweise bei der Anzapfung der *"Feldbergdonau"* durch die heutige *Wutach*, wodurch die *Donau* den größten Teil ihres Schwarzwaldeinzugsgebiets verlor. Ursache war nach Geyer & Gwinner (1991[IV]) nicht nur rückschreitende Erosion durch den *Rheinzufluß Wutach*, sondern auch Aufschotterungen im ehemaligen *Donauquellfluß*. Das Einschneiden der Wutachschlucht war eine Folge der Vergrößerung des Einzugsgebiets.

Eine Überschreitung geomorphologischer Schwellenwerte kann in all diesen Fällen nicht festgestellt werden. Das Überschreiten eines bestimmten Wasserstandes bei Überlauf eines Stausees oder eines Gewässers über die Wasserscheide ist nicht als geomorphologischer Schwellenwert zu sehen.

2.8.2 Gewässerabschnitt/Talboden

Zu den Katastrophen der Raumeinheit "Gewässerabschnitt/Talboden" gehören große Hangrutschungen und Bergstürze, die selbst große Flüsse aufstauen können, um dann zu einer bettzerstörenden Flutwelle zu führen. Aber auch ohne temporäre Abdämmung des Gewässers können mit dem Geschiebeeintrag von Hangrutschungen bedeutende morphologische Änderungen im Gewässerlauf verbunden sein. Mit dem Abrutschen von Gesteinsmassen ist in jedem Fall die Überschreitung von Schwellenwerten verbunden.

Hochwasserabflüsse, die im betrachteten Zeitrahmen sehr selten sind und zu neuen, dauerhaften Abflußrinnen führen, zählen ebenfalls zu den Katastrophenereignissen. Laufänderungen durch Mäandermigration, Seitenschurf, Mäanderdurchbrüche und Flutrinnenerosionen sind jedoch im Zeitrahmen von 10^3 bis 10^4 Jahren zum Normalgeschehen zu rechnen. Entsprechend hoch sind die Schwellenwerte für diese Ereignisse anzusetzen; während bei Laufänderungen im Normalgeschehen nur kleinflächig Vegetationsbestände ausgespült werden, bieten dem Strömungsangriff dieser Katastrophenabflüsse auch alte Auwaldbestände keinen Schutz.

	Bäche/Flüsse		
Zeitrahmen	10^3 bis 10^4 Jahre		
Katastrophen	große Rutschungen, Bergstürze	Abflußereignisse mit $T = 10^3$ Jahre	Rodungen (Dauer: 10^1 bis 10^2 Jahre)
Geomorph. Prozesse	Gewässerverlegungen, u.U. mit Ablauf einer Flutwelle bei Ausbruch	plötzliche Neubildung von Abflußrinnen	Vervielfachung des Bodenabtrags; Auenlehmbildung auf Talböden
Schwellenwerte	Überschreiten von Schwellenwerten an Rutschhängen und Felspartien (z.B. eines bestimmten Wassergehaltes)	Aufreißen ausgewachsener Auwaldbestände in Flußauen	Überschreiten bestimmter Niederschlagsintensitäten

Ein extremes Abflußereignis, das vermutlich in diese Kategorie einzuordnen ist, wurde von Bork (1988) beschrieben (vgl. Kap. 3.1.3). Eine kurzzeitige Klimaschwankung im 14. Jh. führte im Jahre 1342 zu zwei in historischer Zeit unübertroffenen Hochwasserereignissen, die in ganz Mitteleuropa erhebliche Zerstörungen verursachten. Bork schreibt diesen Ereignissen den größten Teil der jungholozänen Bodenumlagerungen infolge Zerrunsung und Zerkerbung der Ackerflächen zu; es ist anzunehmen, daß auch in den Bach- und Flußbetten größere Umbildungen stattfanden, zumal nach Bork bekannt ist, daß viele feste Brücken zerstört wurden.

Rodungen seit Beginn des Neolithikums führten zu mächtigen Auenlehmablagerungen in den Flußauen (vgl. Kap. 3.1.2). Im Vergleich zum betrachteten Zeitrahmen erfolgten die Rodungen in kurzen Perioden von Jahrzehnten oder Jahrhunderten, hatten jedoch langfristige Folgen für die Landschaftsentwicklung der Flußniederungen; folglich zählen auch sie zu den Katastrophenereignissen. Schwellenwerte sind in der Überschreitung bestimmter Niederschlagsintensitäten zu sehen, die nach Starkel (1976) regional sehr unterschiedlich sein können.

2.8.3 Gewässerstrecke/Überschwemmungsaue

In der Raumeinheit "Gewässerstrecke/Überschwemmungsaue" sind solche Abflußereignisse als Katastrophen anzusehen, die zu einer völligen Zerstörung des

	Bäche/Flüsse		
Zeitrahmen	10^1 bis $10^2/10^3$ Jahre		
Katastrophen	Abflußereignisse mit $T = 10^2/10^3$ Jahre	Murgänge und lokale Hangrutschungen bei Berg- und Gebirgs- bächen	Flutwelle durch Eisversatz bei Flüs- sen
Geomorph. Prozesse	Zerstörung vorhan- dener Bettstrukturen bzw. Bildung neuer Abflußrinnen	Geschiebeakkumula- tion und -transport	u.U. bettzerstören- de Flutwelle bei Durchbruch des Eisversatzes
Schwellenwerte	Aufreißen schützen- der Sohlendeck- schichten und Vege- tationsdecken	Überschreiten von Schwellenwerten an rutschgefährdeten Hängen und Bö- schungen; Über- schreiten bestimmter Niederschlagsinten- sitäten zur Auslösung von Murgängen	Zerstörung des Eis- versatzes bei Er- reichen eines kriti- schen Strömungs- drucks, dann Auf- reißen von Deck- schichten und Vegetationsdecken

vorhandenen Gewässerbettes führen. Bei Bergbächen und -flüssen kann es zu erheblichen Aufweitungen des Querschnitts bei vollständiger Uferzerstörung kommen, in Gebirgsbächen zu enormen Tiefenerosionen. Sohlendeckschichten werden aufgerissen, und große Sedimentmengen werden aufgenommen und trans- portiert. Inseln werden weggerissen, neue Schwemmkegel aufgeschüttet. In verzweigten Wildflüssen entstehen neue Hauptströme, und in Gewundenen Flüs- sen kommt es zu abrupten Laufverlagerungen.

Die nachfolgenden Beispiele aus der Schweiz zeigen, daß Katastrophenereig- nisse in dieser Betrachtungsebene in bedeutendem Maß zur Landschaftsentwick- lung beitragen können – werden mitunter doch enorme Schuttmassen bewegt, die ansonsten über Jahrzehnte oder Jahrhunderte immobil bleiben.

Katastrophenereignisse des Jahres 1987 in der Schweiz. Eine ganze Serie solcher Extremereignisse ereignete sich im Sommer 1987 in der Schweiz (Zeller & Röthlisberger 1988). Lang anhaltende, ergiebige Niederschläge hoher, aber nicht extremer Intensität führten bei ungünstiger räumlicher Verteilung zu einer Vielzahl von Extremereignissen, sowohl was das Abflußgeschehen als auch die Geschiebebewegung angeht. In einigen Fällen wurden anschließend die Spitzenabflüsse und die Geschiebebewegungen anhand von (lückenhaften) Pegelaufzeichnungen, Wasserspiegellagen, Erosionsschäden und Geschiebeanhäufungen rekonstruiert.

Mehrere Murgänge führten zur völligen Zerstörung des Gebirgsbaches *Varuna* im Kanton Graubünden (Paravicini 1990). Das Bachbett wurde auf 1600 m Länge bis zu 10 m tief erodiert und 300 m³/m ausgetragen, was wiederum zu einer Destabilisierung der Talflanken führte (Naef et al. 1988). Untersuchungen historischer Ereignisse ergaben allerdings, daß schon in vergangenen Jahrhunderten ähnlich verheerende Abflußereignisse stattgefunden haben, zuletzt im Jahre 1934.

Das Bett der *Reuss*, so berichten Naef & Jäggi (1990), wies streckenweise eine Deckschicht auf, die bis zu einem Abfluß von 300 bis 400 m³/s stabil war. Die Spitzenabflüsse lagen jedoch im Sommer 1987 bei 500 bis 600 m³/s, wodurch auf einer längeren Strecke die Sohle aufgerissen wurde. Die beginnende Sohlenerosion führte rasch zum Kollaps der Ufer, die nur leicht gesichert waren, so daß reichlich Moränen- oder Hangschuttmaterial eingetragen werden konnte. Die Folge war eine Verbreiterung des *Reussbettes* auf das Doppelte bis Dreifache bei gleichzeitiger Entlastung der Sohle (Abb. 2.11); generelle Tiefenerosion war – letzten Endes auch als Folge des Geschiebeeintrags aus den Uferbereichen – nicht festzustellen.

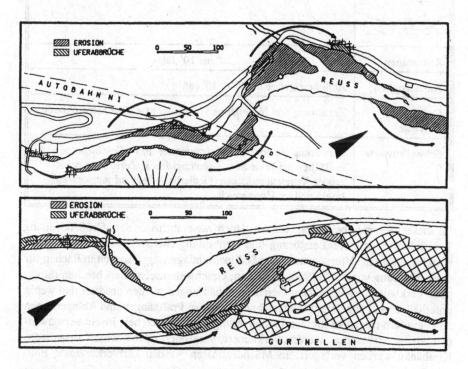

Abb. 2.11. Verbreiterung und beginnende Mäanderbildung durch Ufererosion an der *Reuss* (aus Naef & Jäggi 1990)

In Lockermaterial war eine Tendenz zur Mäandrierung zu beobachten. Das aufgenommene Geschiebe stammte vorwiegend aus dieser Breitenerosion, ein Teil auch aus Seitenbächen, wo über Jahrzehnte hinweg Verwitterungsschutt akkumulierte – ganz ähnlich wie Pitty (1971) das Zustandekommen katastrophaler Geschiebebewegungen beschrieb. Das jeweils aufgenommene Geschiebe wurde nur kurze Strecken transportiert und dann abgelagert, so daß die *Reuss* selbst als Geschiebespeicher fungierte und keineswegs den Unterlauf belastete, wie dies anfangs angenommen wurde. Die Geschiebeumlagerungen waren auf kurze Flußstrecken begrenzt. Die Wiederholungszeitspanne für das Katastrophenereignis an der *Reuss* wurde von Schaub, Horat & Naef (1990) mit 150 bis 300 Jahre angegeben.

2.8.4 Bettstrukturen/Auenhabitate

	Bäche/Flüsse
Zeitrahmen	10^0 bis 10^1 Jahre
Katastrophen	Abflußereignisse mit T $= 10^1$ Jahre
Geomorph. Prozesse	Zerstörung und Neubildung von Bach- bzw. Flußbettstrukturen
Schwellenwerte	Zerstörung temporärer Geschwemmsel- bzw. Geschiebesperren in Bächen bei kritischem Strömungsdruck; Zerstörung schützender Vegetationsdecken (Pionierbesiedler) auf temporären Inseln und im Uferbereich

In dieser Raumeinheit sind es die Hochwasserabflüsse der Größenordnung $T = 10^1$ Jahre[24], die zur Zerstörung und Neubildung charakteristischer Gewässerstrukturen führen. Uferanbrüche und Sedimentumlagerungen sorgen in Bächen für die Umbildung von Riffle-Pool-Systemen; Geschwemmselsperren brechen durch, neue Verklausungen entstehen, Geschiebeanhäufungen werden erodiert und wenig unterhalb erneut abgelagert. Unterschneidungen an Prallhängen und Ablagerungen an Gleitufern tragen zu kleinen Laufänderungen in Flüssen bei. Inseln verschwinden oder entstehen neu, werden verkleinert, vergrößert oder wachsen zusammen, Kiesbänke werden verlagert. In Mäanderflüssen werden laufverkürzende Flut-

---

[24] vgl. Tabelle 2.2, S. 59.

rinnen weitergebildet und Umlaufrinnen durch Sedimentablagerungen weiter abge-
schnürt. In ufernahen Auenbereichen werden Sand- und Kiesmaterial abgelagert,
Schwebstoffe werden in der uferfernen Aue deponiert, große Geschwemmselmen-
gen werden von der Ufer- und Auenvegetation aufgenommen und an anderer
Stelle wieder ausgekämmt.

Murr (Neckarbecken/Lkrs. Ludwigsburg). Die morphologische Entwicklung von
Strukturelementen wurde von Arnold (1991) an der unteren *Murr* für den Zeitraum von
1977 -1990 dokumentiert. Im Zuge von Ausbaumaßnahmen in den Jahren 1976/77 sowie
1978/80 entstanden an der *Murr* mehrere auf Mittelwasserniveau angelegte Buchten und
eine Inselgruppe. Dazwischen wurde der Fluß mit einem einfachen bzw. leicht gegliederter-
ten Trapezprofil ausgebaut (Schade 1985).

Der Beobachtungszeitraum war von zwei herausragenden Hochwasserabflüssen gekennzeichnet; unmittelbar nach dem Ausbau lief im Mai 1978 ein als 30- bis 50jährlich einge-
stuftes Hochwasser ab, das im Februar 1990 von einem weiteren Hochwasser vermutlich
leicht übertroffen wurde (Arnold 1991). Dazwischen wurden mehrere 2- bis 5jährliche Abflüsse verzeichnet. Insbesondere das erste Hochwasserereignis verursachte große morphologische Änderungen in den Buchten und Inselbereichen. Eine am Innenufer gelegene
Bucht landete vornehmlich mit Feinsand bis zu einem Meter hoch auf. Zugleich verengte
sich der Abflußquerschnitt durch Ablagerungen vor dieser Bucht von 14 auf 9,5 m;
nachfolgende kleinere Hochwasserabflüsse stellten jedoch die ursprüngliche Bettbreite
wieder her (Müller 1991).

Ein Bereich mit drei Inseln veränderte sich im Laufe des Beobachtungszeitraums sehr
stark (Abb. 2.12); die morphologischen Veränderungen durch das 78er-Ereignis waren
geprägt durch Erosionen am Außenufer und Auflandungen am Gleitufer und zwischen den
Inseln. Die dabei geschaffene Verbindung zwischen den unteren beiden Inseln wurde von
späteren kleineren Hochwasserabflüssen wieder erodiert, während aufgelandete Kiesbänke
Ausgangspunkt für die Entwicklung neuer Inseln wurde. Insel 4, die in den Folgejahren
stark auflandete und bereits ein initiales Korbweidengebüsch trug (Müller 1985, 1991),
wurde ab 1986 durch Erosionen verkleinert und nach Arnold (1991) beim Winterhoch-
wasser 1990 ganz weggerissen.

Die Veränderungen der Inselflächen (Abb. 2.13) sind ein Beispiel für die morphologische Entwicklung von Bettstrukturen. Insel 1 und 2 befinden sich demnach in einem
gleichförmigen Gleichgewicht, während Insel 3 und 4 und die Gleituferanlandung einen
Anpassungsprozeß durchmachen (dynamisches Gleichgewicht). Entgegen den Erwartungen
korrelieren die Veränderungen der Inselflächen (Output) nicht mit dem Abflußgeschehen
(Input). So erfolgten die durchgängigen Veränderungen von 1984-86 in mittleren bis
abflußarmen Jahren.

Die in den *Murr*-Untersuchungen beobachteten morphologischen Veränderungen verdeutlichen die von Schumm & Lichty (1965) betonten wechselseitigen Abhängigkeiten von
Strömung und Bettmorphologie. Anfänglich rasche Auflandungen von Buchten und Inseln,
auch mit Grobmaterial, führten zur Einengung des Abflußquerschnitts, wodurch wiederum
stärkerer Seitenschurf oder die Bildung von Erosionsrinnen gefördert wird. Je höher die
Auflandung, desto seltener die Überflutung (und entsprechend langsamer die Auflandungen) und desto feiner sind die Ablagerungen (Kobler & Ganzhorn 1985, Wurm & Kobler
1991).

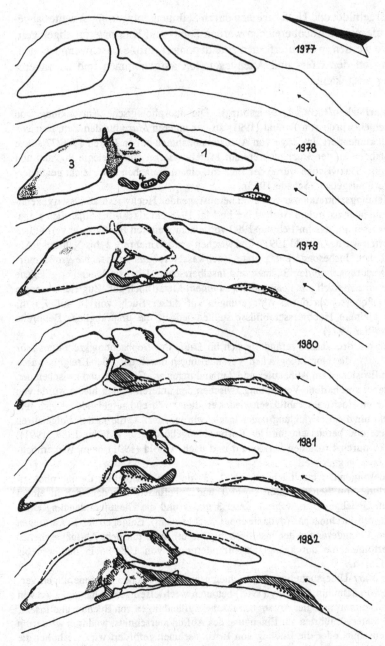

Abb. 2.12. Veränderungen des Inselbereiches an der *Murr* bei Steinheim (nach Vegetationskartierungen von Müller 1985, 1991)

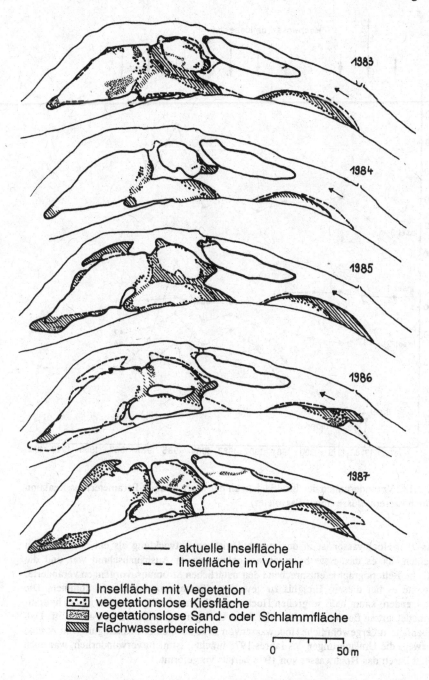

1983

1984

1985

1986

1987

—— aktuelle Inselfläche
--- Inselfläche im Vorjahr

☐ Inselfläche mit Vegetation
∴ vegetationslose Kiesfläche
▨ vegetationslose Sand- oder Schlammfläche
▨ Flachwasserbereiche

0   50 m

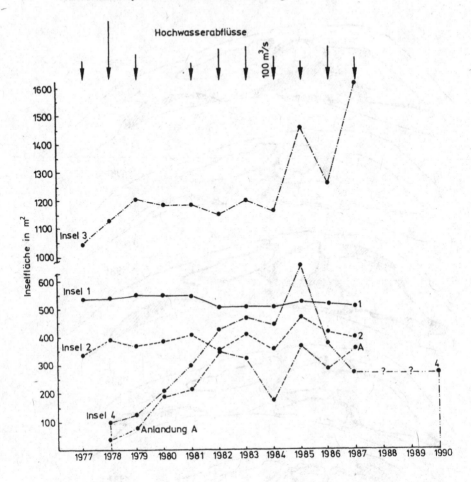

Abb. 2.13. Veränderungen der Inselflächen an der *Murr* (Output-Parameter) als Reaktion auf Hochwasserabflüsse (Input-Parameter)

Das 78er-Hochwasser ist in der morphologischen Entwicklung als ein Sonderfall zu betrachten, da es das erste bedeutende Hochwasser im Ausbauabschnitt war und die künstliche Bettopographie entsprechend den natürlichen Strömungsvorgängen veränderte. So konnte es bei diesem Ereignis zu gewaltigen Sedimentumlagerungen kommen. Die nachfolgenden, kaum halb so großen Hochwasserabflüsse liefen bereits in einem hydraulisch modelliertem Bett und brachten mit ihren Umlagerungen eher einen Feinschliff. Daß das ebenfalls außergewöhnliche Hochwasser von 1990 nach einer Besichtigung von Arnold keineswegs die Umlagerungen des Jahres 1978 brachte, ist nicht verwunderlich, war doch das Bett durch das Hochwasser von 1978 bereits vorgeformt.

2.8.5 Mikrohabitate

	Bäche/Flüsse
Zeitrahmen	10^{-1} bis 10^0 Jahre
Katastrophen	Abflußereignisse mit T = 10^0 Jahre
Geomorph. Prozesse	Umlagerung von Sedimenten
Schwellenwerte	Überschreiten kritischer Strömungsparameter für den Bewegungsbeginn habitatspezifischer Korngrößen

In der Raumeinheit "Mikrohabitate" sind es die regelmäßig wiederkehrenden Hochwasserabflüsse, die mit ihren kleinen Sedimentverlagerungen das Choriotopgefüge in seiner räumlichen Zuordnung verändern. Die Abflüsse unterhalb dieses Katastrophenereignisses sind ebenfalls mit Sedimentbewegungen verbunden, belassen jedoch im großen und ganzen die Sedimentstruktur des Habitats. Als Schwellenwert kann der Beginn der Sedimentbewegung desjenigen Substrats angesehen werden, durch das eine nachhaltige Umordnung des Choriotopgefüges eintritt.

Eine Analogie dieser Massenbewegung von Sedimenten findet sich im strömungsbedingten, massenhaften Abdriften von Wirbellosen in Fließgewässern. Auch hier wird ein Normalgeschehen als artspezifische Driftraten im Tagesgang unterschieden von einer sogenannten Katastrophendrift (Hynes 1970, Pechlaner 1986). Eine Katastrophendrift kann ausgelöst werden durch mechanische Störungen, wie z.B. Betreten des Bachbettes, Baggerarbeiten, aber auch durch Temperatur- und pH-Schwankungen sowie durch Belastungsstöße; Hauptursache sind jedoch Abflußerhöhungen. Auslöser für die erhöhte Drift von Makroinvertebraten sind im letzten Fall die Sedimentbewegung, unter Umständen auch die Trübung. Folglich verursachen auch kleine Hochwasser, die noch nicht zur Veränderung des Choriotopgefüges führen, katastrophale Driftraten. Die "Driftkatastrophe" tritt also eher bei T = 10^{-1} Jahren ein.

2.9 Diskussion

Das vorgestellte Entwicklungsmodell ist ein empirischer Ansatz, der im wesentlichen auf Literaturangaben und eigenen Beobachtungen beruht. Insbesondere die vorgeschlagenen zeitlichen Abgrenzungen und Auftretenswahrscheinlichkeiten sind als Orientierungswerte aufzufassen, die bei gebietsspezifischer Anwendung kritisch zu überprüfen sind. Das Modell ist darüber hinaus stark generalisierend und berücksichtigt weder klimatische noch geologische Unterschiede der Gewässerentwicklung. Es wurde in erster Linie aus Beobachtungen der Gewässer- und Landschaftsentwicklung in den gemäßigten Breiten nach glazialer und periglazialer Prägung abgeleitet.

Die Frage des Regenerationsverhaltens von Gewässerbetten nach Katastrophenereignissen, insbesondere die Zeit bis zum Erreichen eines bestimmten Gleichgewichtszustands (Relaxationszeit), ist für spätere Überlegungen zur naturnahen Gewässergestaltung (Kap. 5) von besonderer Bedeutung, da davon die Reversibilität/Irreversibilität von Eingriffen sowie die Entwicklungszeiten nach Gewässerumgestaltungen abgeleitet werden können.

Ein bedeutender Unterschied im Regenerationsverhalten von alluvialen und nichtalluvialen Gerinnen (vgl. Kap. 1.7.1) wird von Kochel (1988) angeführt. Die letzteren erfahren durch extreme Abflüsse zwar vergleichsweise geringe Änderungen, erholen sich jedoch sehr viel langsamer als die alluvialen Flußbetten, da die kleineren Ereignisse nicht die Kraft haben, alle Materialgrößen zu bewegen, die im Ausnahmefall transportiert werden konnten. Aus dem gleichen Grund sehen Wolman & Gerson (1978) auch einen Unterschied im Regenerationsverhalten zwischen Bächen und Flüssen: in Bächen sind nur Hochwasserabflüsse in der Lage, Grobsedimente zu verfrachten, während in Flüssen das Geschiebe häufig schon bei mittleren Abflüssen bewegt werden kann.

Mehrere Autoren betonen die Bedeutung der zeitlichen Abläufe in Einzugsgebieten für die Vorhersage von gewässermorphologischen Hochwasserwirkungen (Newson 1980, Bull 1988, Kochel 1988). Abflüsse der gleichen Größenordnung im selben Einzugsgebiet können ganz unterschiedliche Auswirkungen haben; so war nach Newson ein Hochwasser in der Severn-Region 1973 mit zahlreichen Rutschungen im Oberlauf, jedoch ohne besondere Gerinneveränderungen im Unterlauf verbunden. Ein ähnliches Ereignis vier Jahre später hatte nur eine Rutschung zur Folge, aber große Bettveränderungen im Unterlauf. Der Autor schließt daraus, daß 1973 viel Hangschutt in das Gerinne gelangte, jedoch nicht abgeführt werden konnte, während 1977 dieser Geschiebevorrat in Bewegung geriet. Ähnliche Beobachtungen wurden auch im Zusammenhang mit der Schweizer Unwetterkatastrophe 1987 gemacht (vgl. Kap. 2.8.3).

Unter aridem und semiaridem Klimaeinfluß sind ganz andere Gesetzmäßigkeiten der Gewässerentwicklung zu beobachten. So hängt in semiariden Gebieten die

Relaxationszeit nach einem bettverändernden Katastrophenabfluß vor allem von den nachfolgenden Witterungsverhältnissen ab (Wolman & Gerson 1978): in nassen Perioden wird das breit erodierte Flußbett durch die aufkommende Vegetation zunehmend eingeengt, da einerseits die Pflanzen die Sedimentationsraten erhöhen und andererseits frische Anlandungen durch Verwurzelung festgelegt werden; in trockenen Perioden dagegen kann sich das Bett erneut ausweiten. So ist in semiariden Gebieten ein regelrechtes Fluktuieren der Flußbettbreiten mit den kurzfristigen Schwankungen des Klimas zu beobachten.

In ariden Gebieten dagegen ist nach Wolman & Gerson (1978) gar keine Erholung des Flußbettes nach extremen Abflußereignissen festzustellen, was in erster Linie auf das geringe Abflußaufkommen und in zweiter Linie auf die fehlende Vegetationsbedeckung zurückzuführen ist.

Hinweise über die langfristige Regeneration von Gewässern nach seltenen, bettverändernden Abflüssen sind aus paläohydrologischen Untersuchungen zu erwarten, wie sie seit einigen Jahren im englischen Sprachraum unternommen werden (z.B. Gregory 1983; Baker, Kochel & Patton 1988; Baker 1989; Brown & Keough 1992).

3 Abriß der kulturhistorischen Gewässer- und Landschaftsentwicklung

3.1 Frühgeschichtliche und mittelalterliche Einwirkungen auf den Landschaftshaushalt

3.1.1 Frühe Hochkulturen im Mittelmeerraum

Lange bevor Mitteleuropa dichter besiedelt war, entwickelten sich in China, am *Indus* und im Mittelmeerraum Hochkulturen, deren Aufstieg eng mit der Beherrschung der bedrohlichen Naturgewalten und der Nutzung des segensreichen Wasserdargebots großer Flüsse verbunden war (Garbrecht 1987a). Der Klimaumschwung im Altholozän führte zu einer Austrocknung ehemaliger Savannengebiete in Nordafrika und im Nahen Osten und zwang die Nomaden im 5. und 6. Jahrtausend v.Chr. zur allmählichen Besiedelung der großen Flußniederungen. Voraussetzung für die dauerhafte Ansiedlung einer stark anwachsenden Bevölkerung in den Stromgebieten von *Euphrat* und *Tigris* sowie des *Nils* war die Entwicklung von Hochwasserschutzanlagen und ausgeklügelten Be- und Entwässerungssystemen. Im Zweistromland Mesopotamien hatten die Sumerer 3000-2000 v.Chr. schon 30 000 km² kultiviert. Große Bewässerungskanäle und Wasserhebeanlagen erlaubten schließlich noch in vorchristlicher Zeit eine Ausdehnung der bewirtschafteten Fläche auf 40 000 km², die schließlich die Ernährung von 25 Millionen Menschen ermöglichte. Die umfangreichen Schiffahrtskanäle, Be- und Entwässerungsanlagen, Hochwasserschutzdeiche und Flußumleitungen wurden im Laufe der wechselvollen Eroberungsgeschichte durch Perser, Parther, Römer und Araber weiter ausgebaut oder zumindest erhalten, bis schließlich im Jahre 1265 n.Chr. die einfallenden Mongolen nahezu alle wasserbaulichen Anlagen und somit die Lebensgrundlage für die Bevölkerung zerstörten, die daraufhin auf 1,5 Millionen zurückfiel. Der Wiederaufbau der Bewässerungsanlagen unterblieb bis ins 20. Jahrhundert.

Wie in Mesopotamien setzte auch in Ägypten die optimale Ausnutzung der *Nilfluten* einen hohen gesellschaftlichen Organisationsgrad voraus. Die gottgleichen Herrscher erließen Verordnungen und Gesetze, in Mesopotamien durch Hammurabi (um 1700 v.Chr.), die auch wasserrechtliche Belange regelten. Da am *Nil* die Höhe der sommerlichen Hochwasserstände über die Größe der An-

bauflächen entscheidet, wurden schon in vorchristlicher Zeit die ersten Pegel-
anlagen eingerichtet. Um die Anbauflächen zu vergrößern, wurde 2000-1730
v.Chr. die Fayum-Senke durch die Räumung eines alten Flußarms, den Bau eines
Absperrdamms, der Anlage eines Speichersees und die Installation von Be- und
Entwässerungsanlagen kultiviert. Der älteste Staudamm der Welt ist nach Garbrecht (1987c) der Sadd-el-Kafara-Damm bei Kairo, der, 110 m lang und 14 m
hoch, schon 2700-2600 v.Chr. gebaut wurde (Abb. 3.1). Kleinere Stauanlagen
sind nach Schnitter (1987) schon aus dem 3. und 4. Jahrtausend v.Chr. aus
Armenien und Jordanien bekannt.

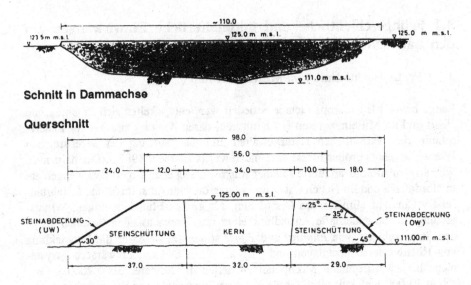

Abb. 3.1. Querschnitt und Ansicht des rekonstruierten Sadd-el-Kafara-Damms bei Kairo
(aus Garbrecht 1987c)

   Nach Davidson (1980) gab es in Griechenland von 6500-3000 v.Chr. blühende
neolithische Siedlungen, bis schließlich die Minoer auf Kreta und den umliegen-
den Inseln in der Bronzezeit die ersten Städte gründeten. Geomorphologische
Untersuchungen von Davidson im Zusammenhang mit archäologischen Grabungen
bestätigen die schon früher geäußerte Ansicht, daß eine frühgeschichtliche Sedimentationsphase von einer späteren unterschieden werden kann, die im 2./3. Jh.
n.Chr. einsetzte und bis heute andauert. Stratigraphische Untersuchungen auf
Melos zeigten, daß die Hangerosion schon im 2. Jahrtausend v.Chr. einsetzte und
im 1. Jahrtausend v.Chr. verstärkt wurde. Ein gewaltiger Vulkanausbruch auf
Santorini im Jahre 1470 v.Chr. zerstörte die minoische Kultur und formte Teile

der Insel um. Aus der Tatsache, daß unter den somit genau datierbaren Bimsstein-schichten, die die Insel bedecken, nur ein schwach entwickelter fossiler Boden zu finden ist, schließt Davidson, daß in der minoischen Zeit erhebliche Bodenerosion stattfand.

Nach Davidson (1980) wurde in Spanien eine Bodenerosionsphase von 700 v.Chr. bis 100 n.Chr. ausgemacht und ebenfalls menschlichen Einwirkungen zugeschrieben. Auf Sizilien kann eine vorchristliche Erosionsphase von 800 bis 325 v.Chr. und eine mittelalterliche unterschieden werden.

3.1.2 Siedlungsgeschichte und Auenlehmbildung in Deutschland

Während im Mittelmeerraum schon in vorchristlicher Zeit gravierende Eingriffe in den Landschaftshaushalt erfolgten, wurde in Mittel- und Westeuropa erst sehr viel später nachhaltig in die Flußlandschaften eingegriffen. Auch zur Zeit der römischen Besatzung waren nach Hasel (1985) noch großflächige, unberührte Waldgebiete vorhanden, die lediglich entlang des Limes durch römische Truppen aufgelichtet wurden.

Auf die frühen menschlichen Eingriffe in die Naturlandschaft im Gebiet der heutigen Bundesrepublik weisen zahlreiche stratigraphische Analysen von Auense-dimenten im Verbund mit unterschiedlichen Datierungsmethoden hin. Die Ergeb-nisse dieser sogenannten "Auenlehmforschung"[25] wurden von Reichelt (1953) bis zur ersten Nachkriegszeit zusammengefaßt; danach sind vor allem die Arbeiten von Lüttig (1960), Strautz (1962) und Jäger (1962) zu erwähnen, die aufbauend auf Mensching (1958) die Auenlehmschichtungen in norddeutschen Flußgebieten untersuchten. Direkt mit historischen Bodenerosionsvorgängen befaßte sich Bork (1988) in Südniedersachsen. Im Rahmen der vorliegenden Arbeit interessieren die anthropogen bedingte oder verstärkte Bodenabspülung und Sedimentation inso-weit, wie dadurch in den Bach- und Flußauen folgenreiche morphologische Ver-änderungen eintraten. Da das Ausmaß und die Folgen der Auensedimentation in der Flußmorphologie wenig bekannt ist, wird dieser Komplex weiter vertieft als die Gewässerregulierungen der Neuzeit.

Reichelt (1953) definiert Auenlehm als feinkörnige Hochwasserablagerungen aus Feinsand (0,2-0,02 mm), Schluff (0,02-0,002 mm) und Ton (<0,002 mm). Mensching (1951) weist darauf hin, daß Lößgebiete die Hauptlieferanten der Auensedimente sind und in den Flußniederungen lößfreier Gebiete, wie *Hunte* und *Hase*, auch keine Auenlehmdecken zu finden sind. Allerdings können alle feinkör-

---

[25]In der zitierten Literatur i.d.R. "Auelehm", seltener "Aulehm" genannt; die ver-wendete Bezeichnung "Auenlehm" orientiert sich an bodenkundlichen Begriffsbestimmun-gen (Scheffer et al. 1984). Als Synonyme können die Bezeichnungen "Hochflutlehm" (Strautz 1962) und "Hochflutsediment" (Bork 1988) angesehen werden.

nig verwitternden Gesteinsarten zur Auenlehmbildung beitragen; ein herausragendes Beispiel ist der Gipskeuper, wie an der *Speltach* im Kap. 1.1.2 gezeigt wurde, wo mehrere Meter mächtige Auenlehmschichten im Mittel- und Unterlauf erbohrt wurden.

Neben dem Vorkommen lehmig-toniger Verwitterungsprodukte im Einzugsgebiet nennt Reichelt als weitere Faktoren der Auenlehmbildung geringe Erosionsresistenz des Bodens, Überflutung der Aue und, übereinstimmend mit Mensching (1958), ein Höchstgefälle der Aue von 0,1%. Die Ablagerung der Hochflutsedimente beginnt nach Strautz (1962) ab dem Mittelwasserniveau und reicht bis zur Höhe des Mittleren Hochwassers; die Häufigkeit und die Dauer der Höchstwasserstände ist bei selteneren Hochwassern zu gering, um nennenswerte Schwebstoffablagerungen zu ermöglichen.

Oft konnten mehrere Sedimentationsfolgen unterschieden werden, die von Strautz (1962) als Erosions-Sedimentations-Zyklen und von Schirmer (1983) als fluviatile Serien mit der Bildung holozäner Terrassen bezeichnet wurden (Kap. 1.3.2). An die Hochflutsedimentation schließt demnach jeweils eine Erosions- und Umlagerungsphase an, die zumindest Teile der ursprünglichen Auenablagerungen wieder ausräumt.

Die Sedimentation der Hochflutlehme erreichte nach Strautz (1962) an *Elbe* und *Weser* in der Hauptbildungsphase bis zu 1 Meter in 100 Jahren, während später nur noch 2-5 cm im gleichen Zeitraum abgelagert wurden. Diese starke Abnahme ist vor allem darin begründet, daß mit dem Anwachsen des Auenniveaus die Häufigkeit und die Dauer der Überflutungen abnimmt, da die Flußsohle diese Anhebung nicht mitvollzieht. Zugleich steigt damit die Schleppkraft im Flußbett, wodurch zusätzliche Tiefenerosion ausgelöst werden kann, also ein selbstverstärkender Prozeß eintritt, wie Natermann (1941, zit. in Reichelt 1953) vermutet. Die Beobachtung Menschings (1951), daß die Auensedimente in Richtung Unterlauf feinkörniger werden, wurde von Natermann bestritten; übereinstimmend stellten die Autoren allerdings fest, daß im allgemeinen die Mächtigkeit der Auenlehmdecke im Unterlauf zunimmt.

Elbe und Weser. Bereits im Neolithikum wurde nach Strautz (1962) das *Elbe-* und *Wesergebiet* (Abb. 3.2) in unterschiedlicher Dichte von Band- und Schnurkeramikern besiedelt. Die von Kernsiedlungen ausgehenden Rodungen erreichten jedoch bei weitem nicht den Umfang der mittelalterlichen Kahlschläge. Erst in der Bronzezeit nahm die Siedlungsdichte erheblich zu (Reichelt 1953), und es kam zu umfangreichen Rodungen, die nach pollenanalytischen Untersuchungen jedoch nicht das mittelalterliche Ausmaß erreichten. Teilweise konnte sich der Waldbestand bei zurückgehender Siedlungsdichte auch wieder erholen.

An der *Weser* konnten Lüttig (1960) und Strautz (1962), wie schon Hövermann (1953), mehrere Sedimentationsfolgen unterscheiden; die bronzezeitlichen Ablagerungen erreichten 1,5 m Mächtigkeit und waren etwa 300 v.Chr. abgeschlossen, wie aus Siedlungsresten in der Aue datiert werden konnte. Daran anschließende 20-50 cm Hochflutsedimente wurden von Strautz späteren Extremereignissen zugeschrieben, die er als Katastrophenhochwas-

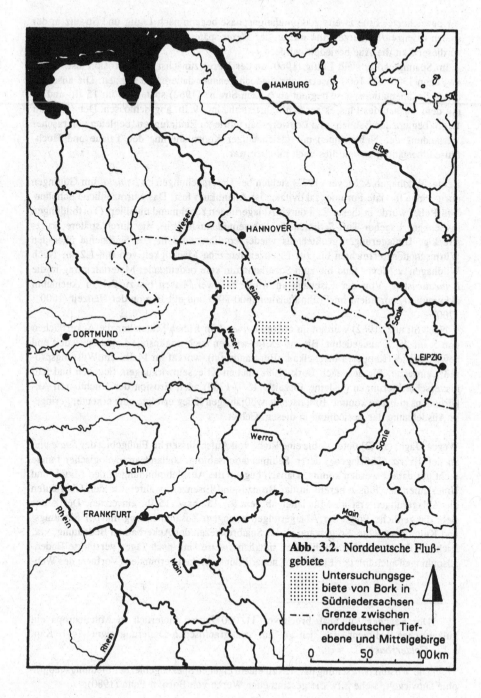

Abb. 3.2. Norddeutsche Flußgebiete

Untersuchungs-
gebiete von Bork in
Südniedersachsen

Grenze zwischen
norddeutscher Tief-
ebene und Mittelgebirge

0   50   100km

ser bezeichnete. Eine zweite Akkumulationsphase begann nach Lüttig und Strautz in der späten Eisenzeit/Römerzeit und war an der *Weser* spätestens im 12.Jh. abgeschlossen, da zu dieser Zeit die Aue besiedelt wurde.

Im Spätmittelalter stellt Lüttig (1960) an der *Weser* zunächst Tiefenerosion fest, die er zwischen 1300 und 1600 ansetzt, ohne jedoch genauer datieren zu können. Die anschließende Sedimentationsphase beginnt auch nach Strautz (1962) spätestens im 15.Jh. und ist mit dem Ausbau des Flusses zur Schiffahrtsstraße im 19.Jh. abgeschlossen. Der schon im 18.Jh. beginnende Buhnen- und Leitwerksbau führte zu Eintiefungen, begleitet von rascher Verlandung der Nebenrinnen mit gleichzeitiger Konsolidierung der Talaue und Hochflutsedimentation, soweit dies noch möglich war.

Leine. Wildhagen & Meyer (1972) stellten bei Untersuchungen im *Leinetal* um Göttingen nur geringe fluviale Formungsaktivitäten im Atlantikum fest. Das würmzeitliche Schotter-Löß-Relief wurde in dieser Zeit durch Ablagerungen zunehmend nivelliert (Torfbildungen in Senken, Laacher Tuff-Sedimente[26], Schwemmlehmdecken), die durch spätere, kurzstreckige Umlagerungen größtenteils wieder erodiert wurden. Die Sedimente über den Würmschottern erreichten bis zur Eisenzeit nur eine Mächtigkeit von 0,8-1,2 m. Nach Wildhagen & Meyer fand bis zum Subatlantikum kein bedeutender Materialeintrag in die *Leineaue* statt. Von der Eisenzeit an wurde in zwei Phasen bis zu 2,1 m Auenlehm akkumuliert, vor allem im Frühmittelalter (600-900) und mit Beginn der Neuzeit (1500 - 1700).

Nach Strautz (1962) wurden im oberen *Leinetal* im frühen Mittelalter die Ackerflächen von 5 auf 25 % ausgedehnt. Bis ins 13.Jh. wurden auch ungünstige Lagen besiedelt und bewirtschaftet (Keuper, Muschelkalk, Buntsandstein), worauf im 14.Jh. ein Wüstungsprozeß[27] einsetzte, für den nach Bork (1988) neben Kriegseinwirkungen, Seuchen und Klimaverschlechterungen ("Kleine Eiszeit": 1550-1700) auch Erosion des fruchtbaren Akkerbodens in Frage kommt. Erst nach dem 30jährigen Krieg erfolgte eine erneute, geringere Ausdehnung der Besiedlung in diesem Gebiet.

Werra. Jäger (1962) untersuchte eine Reihe von Aufschlüssen im Flußgebiet der *Saale* und an der *Werra* (Thüringen), deren Sedimentationsabfolge anhand archäologischer Funde recht gut datiert werden konnte. Danach begann die Auenlehmbildung in den Mittel- und Unterläufen der Flüsse bereits in der Bronze- und Eisenzeit, während in den Oberläufen die Ablagerungen erst im Mittelalter ab dem 9., 13. bzw. 15.Jh. einsetzten. Der Autor sieht die zeitliche Folge der Ablagerungen in engem Zusammenhang mit der Siedlungs- und Kulturgeschichte. So gewann in der Spätbronzezeit der Ackerbau an Bedeutung, v.a. leichtere Böden wurden erschlossen; möglicherweise sind nach Jäger verstärkte Bodenabspülungen auch mit der Einführung neuer Pflugtechniken verbunden (Vorform des Wen-

---

[26]Der Laacher Vulkanausbruch vor 11 000 Jahren hinterließ in Mitteleuropa ein vulkanisches Sediment, das sich gut zur stratigraphischen Datierung eignet (vgl. Kap. 1.1.2 *Goldersbach*).

[27]Die Wüstungsforschung hat sich zu einem eigenen Spezialgebiet der Siedlungsgeographie entwickelt; siehe z.B. die gesammelten Werke von Born in Fehn (1980).

depflugs im Unterschied zum Hakenpflug). Teilweise wurde im Untersuchungsgebiet in der Bronzezeit eine so hohe Siedlungsdichte erreicht wie im späteren Mittelalter. Jäger sieht eine Analogie zwischen der mittelalterlichen und der bronzezeitlichen Landnahme.

Regionale Datierungsunterschiede sind mit der Siedlungsgeschichte zu erklären, da zunächst die Unter- und Mittelläufe und erst später, zum Teil erst im Hochmittelalter, die Oberläufe und Seitentäler besiedelt wurden. Darüber hinaus führt Jäger (1962) an, daß die kleineren frühgeschichtlichen Ackerflächen erst in ihrer Summe in den Unterläufen zu bedeutenden Auenablagerungen führen konnten. Der Autor sieht also zwei Hauptphasen der Auenlehmbildung: eine frühgeschichtliche in der Spätbronze-/Früheisenzeit und eine mittelalterliche, die er im Unterschied zu Lüttig (1960) und Strautz (1962) nicht weiter unterteilt.

Lahn. Mäckel (1969) konnte an der *Lahn* insgesamt sechs Auensedimentationsfolgen ausgliedern. Die älteste Ablagerung stammte aus dem Alleröd noch vor dem Laacher Ausbruch und bestand aus einem sandig-lehmigen Schluff über spätglazialen Schottern. Eine weitere Sedimentationsphase wird von Mäckel in die Jüngere Dryas oder das Präboreal gestellt. Nur an wenigen Stellen waren atlantische und subboreale Auensedimente nachzuweisen. Die 2 bis maximal 3 m mächtige Hauptschicht jedoch stammt aus dem Mittelalter; sie wird von Mäckel ins 9./10.Jh. datiert. Streckenweise wird sie von einem 2 m mächtigen, neuzeitlich abgelagerten sandig-lehmigen Schluff überdeckt. Nach dem Ausbau der *Lahn* zur Schiffahrtstraße Mitte vorigen Jahrhunderts wurde in ufernahen Bereichen ein überwiegend sandiges Sediment abgelagert. Eine Korrelation mit Rodungen im Einzugsgebiet konnte mangels einschlägiger Untersuchungen nicht hergestellt werden.

Main. Die von Schirmer (1983) als holozäne Auenterrassen bezeichneten Sedimentationsfolgen (vgl. Kap. 1.3.2) entsprechen im Grunde im Aufbau und in ihrer Entstehung den im *Weser-* und *Elbegebiet* und an der *Lahn* beobachteten Sedimentkörpern. Ob demnach in den anderen Flußgebieten auch von acht Umlagerungsphasen nach Einschneidung der Niederterrasse auszugehen ist, kann hier nicht geklärt werden. Sicher ist jedoch, daß mit der Verfeinerung der Analyse- und Datierungsmethoden die Differenzierungmöglichkeiten gestiegen sind.

Schirmer (1983) stellt seit Beginn des Subatlantikums eine erhöhte Auenlehmbildung fest. Zudem sind die nachfolgenden "Mittelterrassen" in die "höheren Auenterrassen" eingeschachtelt (Abb. 3.3); d.h. der *Main* hatte in den dazwischengeschalteten Umlagerungs- oder Erosionsphasen nicht mehr die Kraft zum Ausräumen der vorangehenden Ablagerungen. Am deutlichsten wird dies bei der jüngsten Terrasse, von Schirmer "tiefere Auenterrasse" genannt, die in die letzte mittlere eingeschachtelt ist und Leitfunde des 19.Jh. enthält.

Mittlerer und Südlicher Schwarzwald. In kleinen Seitentälern des Mittleren und Südlichen Schwarzwalds, wie auch in der Oberrheinebene, stellten Mäckel & Röhrig (1991) im ausgehenden Subboreal Schotterakkumulationen fest, die mit einer Auenlehmbildung aus Schwemmlöß im frühen Subatlantikum (400 v.Chr. bis 0) abschließen. Die Gründe für diese Umlagerungsphase werden in einer Klimaverschlechterung (niedrigere Temperaturen), aber auch in der zunehmenden Einwirkung des Menschen in der Bronze- und Eisenzeit gesehen.

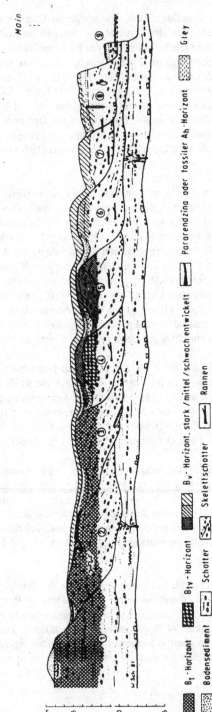

Abb. 3.3. Schematischer Terrassenaufbau an *Main* und *Regnitz* (aus Schirmer 1983). 1 = Hochwürm; 2 = nach-hochwürm, präalleröd; 3 = Jüngere Dyras; 4 = Atlantikum; 5 = Subboreal; 6 = Subatlantikum; 7 = 550-850 n.Chr.; 8 = 15.-17. Jh.; 9 = frühes 19. Jh.

Nach einer erneuten Ruhephase mit Torfwachstum in den Flußauen folgte im Subatlantikum eine Zeit der Umlagerung und Akkumulation, die mit der Auflichtung der Wälder für Brenn-, Bau- und Grubenholz in römischer Zeit begründet wird. In der Tat soll nach Scheifele (1988) die Flößerei in die Römerzeit zurückreichen[28]. Grabungen am Kaiserstuhl belegen ebenfalls römische Einwirkungen auf den Landschafthaushalt; so entstand schon zur Römerzeit ein kastenförmiges Lößtälchen, das anschließend von Schwemmlöß verfüllt wurde und einen Meter über den römischen Fundschichten ein humoses Band enthält als Anzeichen einer zwischenzeitlichen Versumpfung (Ruhephase).

Die mittelalterliche Auenlehmbildung erfolgte in zwei Phasen; die erste vom 5.-7.Jh. in der alemannischen Landnahmezeit und in der anschließenden Ausbauzeit. Die zweite Ablagerungsphase im Hochmittelalter folgte der jeweiligen Siedlungsentwicklung bzw. Rodungsaktivität und reicht vom 11. bis ins 17.Jh. Die je nach Ausgangsgestein aus Lehm oder sandig-tonigem Schluff bestehenden Auenlehmdecken erreichen nach Mäckel & Röhrig (1991) eine Mächtigkeit von 0,4-2 m, weisen jedoch häufig kiesig-sandige, schluffig-tonige oder anmoorige Zwischenlagen auf – vermutlich ein Hinweis auf Katastrophenhochwasser und kürzere Ruhephasen. Die Auenlehmablagerungen sind häufig mit Schwemmfächern verzahnt.

3.1.3 Mittelalterliche Bodenerosion am Beispiel Südniedersachsens

Im Gegensatz zu allen oben zitierten Autoren untersuchte Bork (1988) in Südniedersachsen (Abb. 3.2) die Entstehungsgeschichte kleinster Kerben, Mulden und Tälchen, um den zeitlichen Ablauf von Bodenerosionen[29] im Zusammenhang mit der Siedlungsgeschichte zu analysieren (Abb. 3.4). Wie Strautz (1962) sieht Bork in den Rodungen neolithischer Ackerbauern keinen bedeutenden Eingriff in den Landschaftshaushalt, zumal die auf Unterhängen gelegenen Flächen nur wenige Hektar groß waren, nach kurzer ackerbaulicher Nutzung aufgegeben wurden und sich wieder bewalden konnten. Keine Aussagen macht Bork zu Bronze- und Eisenzeit, die ja nach Lüttig (1960), Strautz (1962) und Jäger (1962) gebietsweise eine dichte Besiedelung aufwies und in den Flußauen bedeutende Auenlehmablagerungen hinterließ. Römische Rodungen wurden von einer Epoche der Wiederbewaldung gefolgt, die bis ins Mittelalter andauerte und infolge Seuchen, Kriegen u.a. von einem starken Bevölkerungsrückgang begleitet war. Diese Spanne vom Ende der Römerzeit bis zum Frühmittelalter sieht Bork als Ruhe- oder Stabilitätsphase (Rohdenburg 1971) an mit Bodenbildung unter dichter Waldvegetation ohne Umlagerungen.

---

[28]Der sogenannte "Neptunstein" am Ettlinger Rathaus wurde nach Scheifele (1988) um 120 n.Chr. von einer römischen Schifferschaft gestiftet.

[29]Unter Bodenerosion versteht Bork (1988) die anthropogen bedingte Ablösung, den Transport und die Ablagerung von Bodenpartikeln.

Die anschließenden Rodungen erfaßten nahezu das gesamte Untersuchungsgebiet, und die landwirtschaftlichen Nutzflächen erlangten ein nie wieder erreichtes Ausmaß. Bis zum Ende des 13.Jh. waren generell flächige Umlagerungen zu verzeichnen, so daß heute nahezu alle Wälder Südniedersachsens auf bereits mittelalterlich umgelagerten Böden stocken. Der Feststoffaustrag wird aus Einzelbefunden mit 8-20 t/ha·Jahr angegeben.

In der ersten Hälfte des 14.Jh. kam es nach Bork zu großräumigen klimatischen Extremereignissen mit gravierenden Folgen für die gesamte Kulturlandschaft. Bereits 1313-1317 gab es nasse Jahre mit großen Überschwemmungen und Mißernten, die in ganz Europa zu Hungersnöten führten und in manchen Gebieten einen starken Bevölkerungseinbruch bewirkten. Das zentrale Katastrophenjahr war jedoch 1342, als im Februar und Ende Juli/Anfang August verheerende Unwetter zu Überschwemmungen und Bodenabträgen führten, wie sie in den letzten 2000 Jahren nicht einmal annähernd erreicht wurden (vgl. Kap. 2.8).

Heftige Niederschläge, beim Februarhochwasser mit Schneeschmelze verbunden, verursachten heute unvorstellbare Überschwemmungen an allen Flußgebieten Mitteleuropas[30]; am Mainzer Dom stand das Wasser 3 m hoch, in Frankfurt übertraf der *Main* den zweithöchsten Pegelstand um 2 Meter. Sämtliche festen Brücken in Frankfurt, Regensburg, Würzburg und Dresden wurden zerstört. Nach historischen Quellen muß das Wasser in wahren Sturzbächen von den Hängen herabgerauscht sein.

Diese Ereignisse verursachten vermutlich auf allen unbewaldeten Hängen Mitteleuropas ein Kerbenreißen, das die damalige Kulturlandschaft regelrecht zerrunste und nach Bork vermutlich den größten Teil der jungholozänen Bodenumlagerungen bewirkte. Die Kerben in den Tiefenlinien der geneigten Ackerflächen waren im Mittel 5-10 m (!) tief; durch Seitenerosion und sekundäre Kerben an den Unterhängen entstanden sogenannte Hang- und Talbodenpedimente, wodurch ein beträchtliches Volumen ausgetragen wurde. Bork schätzt das flächenbezogenen Ausraumvolumen durch lineare Zerkerbung auf 100-500 m³/ha; durch Lateralerosion (Talbodenpedimente) und Bildung von Hangpedimenten konnte dieser Wert auf mehrere 1000 m³/ha steigen. Ob nun diese Abtragungsvorgänge während einiger Jahrzehnte oder im Verlauf eines Einzelereignisses vor sich gingen, konnte nicht geklärt werden. Möglich ist durchaus, daß die Katastrophenereignisse des Jahres 1342 einen großen Teil dieser Erosionsleistung vollbrachten.

In den Folgejahren stürzten die Steilhänge frisch gerissener Kerben rasch ein; die Verfüllung der neu entstandenen Tälchen erfolgte bis zum Beginn der Neuzeit

---

[30]Inwieweit diese kurzfristige Klimakatastrophe mit den nachfolgenden naßkalten Jahren über den mitteleuropäischen Raum hinaus gewirkt hat, ist bei Bork nicht belegt; nach seinen Angaben erreichte in dieser Zeit das Kaspische Meer seinen holozänen Höchststand.

durch schwache Hangerosion und allmähliche Sedimentation des Talbodens auf Dauergrünland. An über 4 m hohen Sedimentschichten waren mehr als 100 Erosionsereignisse aus zwei Jahrhunderten nachweisbar. Flächenhafte Bodenerosion spülte in vielen Lagen die dünne fruchtbare Bodenkrume ab und trug erheblich zur Wüstungsbildung in dieser Zeit bei. Lößdecken an Hängen wurden oft vollständig abgetragen und als Lößkolluvien am Hangfuß später von steinigen Sedimenten überschüttet. Diese Entwicklung setzte sich bis ins 18.Jh. fort. Wüst gefallene Ackerflächen konservierten häufig bis heute unter Waldbedeckung ihr Relief.

Abb. 3.4. Bodenerosionsprozesse in Südniedersachsen seit der Römerzeit (nach Angaben aus Bork 1988)

Die Untersuchungsergebnisse von Bork (1988) geben ein eindrucksvolles Zeugnis der mittelalterlichen Erosionsvorgänge. Die Zerkerbung war freilich an ein bestimmtes Relief gebunden; so wurden im norddeutschen Tiefland und in der Oberrheinebene keine Kerben festgestellt. Überraschenderweise findet Bork keinen Zusammenhang des mittelalterlichen Bodenabtrags mit der zuvor beschriebenen Flußauensedimentation. Seiner Meinung nach ist nahezu der gesamte Abtrag als Hangkolluvium auf konkaven Unterhängen oder in den Auen der kleineren Bäche sedimentiert. Bedenkt man jedoch, daß ein großer Teil des abgetragenen Bodens aus Feinmaterial besteht, das als Schwebstoff sicherlich auch in die großen Flüsse gelangte, so ergeben sich Zweifel an dieser Feststellung. Die von Bork angeführten Widersprüche – seine Zerschneidungsphasen würden nicht mit den Sedimentationsphasen in den Flußauen übereinstimmen – sind nicht stichhaltig, wenn man z.B. die von Schirmer (1983) angeführte Differenzierung der Umlagerungsphasen bedenkt.

3.1.4 Ursachen der Auensedimentation

Während Mensching (1951, 1958) und Natermann (1941, zit. in Reichelt 1953) davon überzeugt waren, daß die Auensedimentation ausschließlich anthropogen verursacht wurde, äußerten sich andere Autoren vorsichtiger. Davidson (1980) vermutet zwar ebenfalls menschliches Einwirken als Auslöser der Erosionsvorgänge, hält jedoch weitere Untersuchungen für erforderlich. Strautz (1962) sieht die menschliche Tätigkeit nicht als ursächlich für die Auenlehmbildung an, sondern lediglich als prozeßverstärkend. Jäger (1962) sieht einen eindeutigen Zusammenhang der Auensedimentation mit der Rodungstätigkeit und der Siedlungsausbreitung und nicht mit eventuellen Klimaschwankungen. Wildhagen & Meyer (1972) ordnen die Akkumulationsphasen der Auenlehme im *Leinetal* und an Seitenbächen unterschiedlichen Siedlungsperioden zu. Während neolithische Siedlungen keine erkennbare Beeinflussung der Auenmorphologie brachten, fällt mit der eisenzeitlichen Besiedelung der Talränder eine erste Ablagerungsphase zusammen. Drei folgende Sedimentationszyklen konnten jeweils mit siedlungs- und kulturgeschichtlichen Ereignissen in Zusammenhang gebracht werden.

Schirmer (1983) sieht die Bildung von Auenterrassen nicht anthropogen *verursacht*, sondern eher modifiziert und beschleunigt. Becker (1983) vermutet die Ursache verstärkter Ranneneinschotterung in den Rodungen und Ausweitungen der Siedlungen und nicht in Klimaverschlechterungen – allenfalls könnten, seiner Meinung nach, großklimatische Pendelungen anthropogene Störungen verstärkt haben. Bork (1988) betont zwar, daß Extremabflüsse für die Erosionserscheinungen verantwortlich sind und nicht die Art oder Intensität der Bodennutzung, zugleich sind jedoch seiner Meinung nach Bodenabspülungen in unbeeinflußten Waldflächen ausgeschlossen.

In der Gesamtschau deutet vieles darauf hin, daß Klimaschwankungen, auch kurzfristige Klimaausschläge, gemeinsam mit den Einwirkungen des Menschen auf den Naturhaushalt seit dem Neolithikum zu einer Abfolge von Erosions- und Sedimentationsphasen unterschiedlicher Intensität geführt haben. Diese geomorphologischen Prozesse sind infolge der unterschiedlichen Besiedlungsgeschichte zeitlich und räumlich inhomogen.

3.2 Eingriffe und Nutzungen der Neuzeit

Obwohl es in Mitteleuropa schon zur Römerzeit wasserbauliche Eingriffe wie Hafenanlagen, Deichbauten und Entwässerungssysteme gegeben hat[31] und spätestens seit dem Mittelalter flußbauliche Eingriffe in kleinere Gewässer zur Flößerei vorgenommen wurden (Hasel 1985, Scheifele 1988), erfolgten die großen Flußregulierungen erst in der Neuzeit mit Schwerpunkt im 19.Jahrhundert. Der Wandel von der einstigen Natur- in die Kulturlandschaft wurde in dieser Zeit mit der Erschließung der letzten Mittelgebirgslagen vollendet.

3.2.1 Bodenerosion in der Neuzeit

Nach dem Kerbenfüllen im 15. und 16.Jh. stellt Bork (1988) bei Untersuchungen in Südniedersachsen ein erneutes Einschneiden vom 17. bis 19.Jh. fest. Aus der Zeit von 1750 bis 1790 sind von Thüringen über Niedersachsen und Hessen bis zum Elsaß zahlreiche Unwetterberichte bekannt, die auf größere, jedoch eher lokal bedeutende Erosionsereignisse schließen lassen. Die ausgeräumten Volumina erreichten nur 10-30 % der mittelalterlichen Werte; abhängig von Relief, Nutzung und Abtragsresistenz wurden auf Äckern und in Tiefenlinien 4-5 m tiefe Kerben gerissen, deren Wände rasch einstürzten. Die Flurschäden waren gewaltig; teilweise waren 30 % der Ackerflächen vernichtet mit der Folge von Mißernten und Hungersnöten. Vollständig verfüllt durch Hangerosion wurden in der Folgezeit diese Mulden nur in reinen Lößgebieten, wie im Kraichgau, teilweise wurde diesem Prozeß auch nachgeholfen, um die Ackerflächen nicht zu verlieren. Häufig sind diese Hohlformen noch unter Wald und Dauergrünland konserviert oder nur leicht durch schwache Flächenerosion an den Hängen überschüttet.

Das 19. und 20.Jh. war von Nutzungs- und Strukturänderungen in der Landwirtschaft geprägt bis hin zur heutigen industriellen Agrarproduktion auf flurbereinigten Schlägen. Insbesondere die Ausdehnung der Ackerflächen verbunden mit der einseitig auf maximale Produktion ausgerichteten Flurbereinigung brachte eine ungeheure Verstärkung der Bodenerosionsprozesse. Bork (1988) ermittelte für

---

[31]Konkrete Hinweise sind selten oder beruhen gar auf falschen Interpretationen; der in der Bevölkerung verbreitete Glaube beispielsweise, in Ettlingen bei Karlsruhe hätte ein römischer Hafen existiert, beruht auf einem falsch interpretierten Fund. Tatsächlich war der Randfluß *Kinzig-Murg-Strom* nach Fezer (1974) zu dieser Zeit schon längst verlandet. Beschreibungen von Moné (1845) über strategische wasserbauliche Anlagen in der Oberrheinebene aus der Römerzeit sind nach Musall (mündl.Mitt.) zum großen Teil nicht belegt oder nachgewiesenermaßen falsch.

ein 1974 flurbereinigtes Gebiet in Niedersachsen eine Erhöhung der Bodenerosion um etwa das Fünfzigfache im Vergleich zum davor gelegenen Zeitraum.

3.2.2 Nutzungen und Eingriffe an kleineren Gewässern am Beipiel des Flußgebiets der Murg (Nördlicher Schwarzwald)

Die erste urkundliche Erwähnung der Flößerei an der *Murg* stammt nach Scheifele (1988) aus dem 12.Jh., die ersten Säge- und Mahlmühlen wurden im Schwarzwald nach Angaben von Schweinfurth (1990) im 10./11.Jh. errichtet; in England soll es allerdings um diese Zeit bereits über 5000 Mühlenbetriebe gegeben haben und die erste Mühle bereits 742 errichtet worden sein (Petts 1989).

Die Flößerei stellte nach Jägerschmid (1827, zit. in Schweinfurth 1990) bestimmte Mindestanforderungen an die Gewässer, die insbesondere bei kleineren Bächen nur mit umfangreichen flußbaulichen Eingriffen zu erreichen waren. So wurde eine Mindestwassertiefe von 60-120 cm bei einem Idealgefälle von 1,6 bis 2,7 % gefordert; Uferwege waren notwendig, um verkeiltes Holz an jeder Stelle lösen zu können; jegliche Hindernisse im Gewässer, wie Felsen, Sandbänke, Bäume und Sträucher, waren zu entfernen; die Gewässerbreite sollte mindestens einer Stamm- bzw. Floßlänge entsprechen; ein möglichst geradliniger Verlauf mit geeigneten Landeplätzen und flößereigerechten Einbauten (Brücken, Wehranlagen) wurde gefordert; gegebenenfalls sollte ein künstlicher Floßkanal errichtet werden.

Es ist unter diesen Umständen nicht verwunderlich, daß im Flußgebiet der *Murg* lange Zeit die Wildflößerei von Brennholz vorherrschte mit Stämmen, die allenfalls 2 m lang sein konnten, waren doch für die einträglichere Langholzflößerei ("Holländertannen") umfangreiche flußbauliche Arbeiten notwendig. Die Räumung des felsigen Mittellaufs der *Murg* scheiterte noch im 17.Jh., und die Floßbarmachung der *Raumünzach* für Langholz war auch im 18.Jh. noch nicht möglich. Aber auch die Brennholzflößerei war schon schwierig genug; so mußten, um die Mindestwassertiefen zu erreichen, sogenannte Schwallungen errichtet werden; das sind Staubecken oder regulierte natürliche Seen oberhalb der Floßstrecken, die zum Holztransport entleert werden konnten (Abb. 3.5). Obwohl Schweinfurth (1990) den Schwerpunkt des Stauanlagenbaus im 18.Jh. sieht, müssen zu allen Zeiten der Flößerei solche Becken existiert haben, da in den kleinen Einzugsgebieten des Schwarzwalds die Schwallflößerei die einzige Möglichkeit war, Holz auf dem Wasserweg zu transportieren. Mit dem Ausbau der Verkehrswege im 19.Jh. war der Niedergang der Flößerei verbunden, da nun das Holz schonender zu Tal gebracht werden konnte. Ab 1865 wurde auf den Nebenbächen nicht mehr geflößt und ab 1907 nicht mehr auf der *Murg*.

Der Holzbedarf für Holzkohlegewinnung, Glashütten, Brenn-, Bau- und Grubenholz führte schon zu Beginn der Neuzeit zu einer Holznot, die dann im 18.Jh. ein rigoroses Abholzen mit sich brachte (Scheifele 1988). Die Kahlschläge der angestammten Eichen-Hainbuchen-Wälder (bis 600 m+NN), Buchen- und Tannenwälder (bis 900 m+NN) und Fichtenwälder (>900 m+NN) wurden erst mit Beginn des 19.Jh. allmählich durch raschwüchsige Fichtenforste ersetzt. Die Verfichtung wurde jedoch bereits durch die früher übliche Waldweidewirtschaft[32] gefördert, da die Fichtenschößlinge vom Verbiß verschont blieben. In gleicher Richtung wirkte die Bodenverarmung durch intensive Streunutzung, die allerdings im *Murggebiet* nach Schweinfurth um 1780 nur noch 10 % der Waldfläche betraf (Schweinfurth 1990).

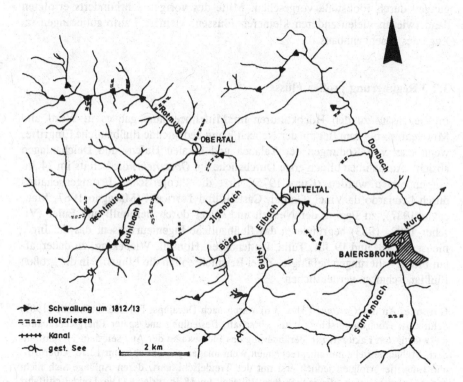

Schwallung um 1812/13
Holzriesen
Kanal
gest. See
2 km

Abb. 3.5. Schwallungen und Schleifwege (Holzriesen) zur Flößerei in Zuflußgebieten der oberen *Murg* (nach Schweinfurth 1990)

---

[32]Während die auf Laubwälder (Eichen, Buchen, Kastanien) beschränkte Schweinemast dem Wald nach Hasel (1985) nicht sonderlich schadete, wirkte sich der Verbiß durch Rinder und vor allem durch Ziegen und Schafe verheerend auf den Waldbestand aus. Die Folgen der Streunutzung sind in vielen Wäldern heute noch spürbar.

Erste Flußregulierungen in Form von kleineren Durchstichen und Deichen, die am Unterlauf der *Murg* zu Beginn des 18.Jh. vorgenommen wurden, erwiesen sich als wenig standhaft. Der *Murgkanal* unterhalb Rastatt wurde 1785 vollendet, zunächst als reine Abgrabung ohne Flußdeiche[33]. Aus der gleichen Zeit datieren nach Schweinfurth weitere Durchstiche und Deichbauten oberhalb Rastatt. Ab 1810 übernahm Tulla die Planungen und konzipierte wegen der großen Unterschiede zwischen Niedrig- und Hochwasserabfluß das ab 1830 ausgeführte Doppeltrapezprofil. Die heute noch vorhandenen und immer wieder reparierten Pflasterungen der Ufer des Mittelwasserbetts wurden vor allem gegen Beschädigungen durch Floßstöße vorgesehen. Mitte des vorigen Jahrhunderts erfolgten dann, wie an vielen anderen kleineren Flüssen, kleinere Laufregulierungen im Zuge des Eisenbahnbaus.

3.2.3 Regulierung großer Flüsse

Im Gegensatz zu den Hochkulturen im Mittelmeerraum gab es in West- und Mitteleuropa bis zum Beginn der Neuzeit kaum bedeutende flußbauliche Eingriffe, wenn man von Rodungen der Talauen und lokalen Hafen- und Deichanlagen absieht. Ausnahmen bilden erste Durchstiche am *Oberrhein*, die bereits im 14.Jh. vorgenommen wurden (Kunz 1975). Erst die theoretischen Errungenschaften durch Leonardo da Vinci, Galilei, Castelli und Torricelli (Macagno 1987, Maccagni 1987), zu Beginn der Neuzeit und später durch Bernoulli und Euler (Vischer 1982, 1983) begründeten das flußbauliche Ingenieurwissen, das die Ingenieure des 18. und 19.Jh., Tulla, Duttenhofer, Honsell, Wiebeking, zu dauerhaften Flußregulierungen befähigte. Zwei Beispiele sollen die Eingriffe in die großen Flußlandschaften verdeutlichen:

Garonne. An der *Garonne* (Abb. 3.6) waren nach Décamps, Fortuné & Gazelle (1989) Schiffahrt, Hochwasserschutz, Landwirtschaft, Besiedlung und später Energieerzeugung die wichtigsten Faktoren zur Veränderung des Flusses und der Aue seit dem 17.Jahrhundert. Mühlenbetriebe mit entsprechenden Wehranlagen gab es schon im 12.Jh. Überörtliche Eingriffe erfolgten jedoch erst mit der Treidelschiffahrt, deren Anfänge sich nicht genau datieren lassen, die jedoch ihre Blütezeit im 18.Jh. erlebte. Die Treidelschiffahrt erforderte durchgehende Leinpfade ohne störenden Uferbewuchs und stabile Ufer. Gezogen wurden die für wenige Tonnen ausgelegten Boote von Pferden. Für hohe und niedrige

---

[33]Geplant von einem englischen Ingenieur im markgräflichen Dienst namens Burdett, dem späteren Vorgesetzten Tullas (Hotz 1970), ausgeführt unter der Leitung von Vierordt (Schweinfurth 1990). Die damaligen Landesfürsten hatten keine Bedenken, den besten Sachverstand notfalls aus dem Ausland heranzuziehen (s.auch Bürkle 1988, S.93) – der spätere Tulla plante ja auch Regulierungen in der Schweiz (Knäble 1970).

Wasserstände wurden zwei parallele Leinpfade angelegt. Im Mittelalter zur Ufersicherung angepflanzte Erlen[34] wurden durch flexible, kurz gehaltene Weiden ersetzt; erodierte Ufer wurden mit Pfahlreihen gesichert. Im 19.Jh. wurde die Treidelschiffahrt durch Dampfer ersetzt. 1856 wurde von Toulouse nach Bordeaux ein Parallelkanal vollendet; zur gleichen Zeit jedoch ging die Bedeutung der Schiffahrt mit dem Bau einer Bahnlinie zurück.

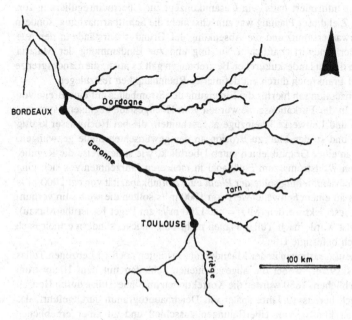

Abb. 3.6. Flußgebiet der *Garonne*

Unterhalb des *Tarnzuflusses* wurde die *Garonne* von 1825-1835 mit begleitenden Flußdeichen reguliert, ansonsten beschränkten sich die Regulierungsarbeiten auf lokale Deichbauten. Ab dem 18.Jh. wurde die Aue landwirtschaftlich genutzt; flußnahe Siedlungen entstanden um dieselbe Zeit mit der zunehmenden Schiffahrt. Mitte des 18.Jh. wurden die Auwälder durch Pappelforste ersetzt, da der Holzhandel an Bedeutung gewonnen hatte. Seit Anfang des 19.Jh. wurde Kies aus dem Flußbett und aus den Uferbereichen entnommen, ohne daß dies nach Meinung der Autoren zunächst zu nachhaltigen Schäden geführt hätte; erst die Steigerung der Baggerungen in jüngster Zeit mit Ausbeutungen in der Aue bis ins Grundwasser beeinträchtige den Landschaftshaushalt. Der moderne Wasserkraftausbau mit zahlreichen Stauanlagen vor allem im Oberlauf wurde von 1890-1979 vollzogen.

---

[34]Folglich gab es zumindest im Mittelalter keine Treidelschiffahrt.

Oberrhein. Wie Kunz (1975) berichtet, waren die ersten Durchstiche von Mäanderschlingen schon im Hochmittelalter erfolgt: 1391 Liedolsheim, 1396 Germersheim. Es folgten zu Beginn der Neuzeit: Neupotz 1515, Jockgrim 1541, Kembs 1560, Daxlanden 1652 und Dettenheim 1762. Mit Ausnahme von Kembs lagen alle frühen Durchstiche in der stabileren Mäanderzone des *Oberrheins* (Abb. 3.7); in der Furkationszone oberhalb Karlsruhe konnte solchen Einzelmaßnahmen kein dauerhafter Erfolg beschieden sein. Deshalb erarbeitete Tulla, nachdem er sich u.a. am *Niederrhein* bei Wiebeking über die dortigen Strombaumaßnahmen informiert hatte, ein Gesamtkonzept zur Oberrheinregulierung von Basel bis Karlsruhe. Ziel dieser Planung war zunächst nicht die Schiffbarmachung, sondern vor allem der Hochwasserschutz und die Absenkung der Grundwasserstände in der Aue zur Verbesserung der landwirtschaftlichen Nutzung und zur Eindämmung der Malaria (Tulla 1825). Neben diesen landeskulturellen Bestrebungen galt es auch, die Landesgrenze zwischen Baden und Frankreich durch ein definiertes Rheinhauptbett festzulegen.

Die Tullasche Konzeption sah hierfür die Einengung des Strombettes auf eine Breite von 200 bis 250 m vor. In der Furkationszone wurden vom Hochgestade beginnend systematisch durch Dämme und Leitwerke Rheinzüge abgeschnitten, die bei Hochwasser kräftig durchströmt waren, und so der Fluß zu Erosion an der gewünschten Stelle gezwungen. Schäfer (1974) gibt in einer Graphik einen guten Überblick, wie stufenweise die Regulierung des verzweigten Wildstroms zum Flußkanal in mehreren Jahrzehnten vor sich ging (Abb. 3.8). Durch Selbsteintiefung sollte der *Rhein* eine Abflußkapazität von ca. 2000 m³/s erhalten, und bereits ab einem Schwellenwert von 1000 m³/s sollten die weiterhin verbundenen Altrheinzüge beschickt werden (MQ = ca. 1200 m³/s am Pegel Karlsruhe-Maxau). Der *Rheinkanal* selbst wurde nach Tullas Plänen nicht eingedeicht, sondern erhielt nach Kunz (1975) lediglich befestigte Ufer.

Die ersten Regulierungsarbeiten in der Mäanderzone erfolgten noch zu Lebzeiten Tullas (†1828) Anfang des 19.Jh., wobei die abgeschnittenen Schleifen mit dem Hauptstrom ebenfalls verbunden blieben. 1880 wurden die Korrektionen im Sinne Tullas durch Honsell abgeschlossen, jedoch bereits 10 Jahre später ein Deichbauprogramm durchgeführt, das große Teile der Aue künftig von Überflutungen ausschloß und zu einer erheblichen Verschärfung der Erosions- und unterstromigen Hochwasserproblematik beitrug (Kap. 4.4.1).

In der gleichen Zeit begannen die Planungen für die Niedrigwasserregulierung des *Oberrheins* durch den Einbau von Buhnen und Leitwerken zur Selbsterosion einer Schiffahrtsrinne, die zwischen 1907 und 1939 ausgeführt wurden (Kap. 4.4.2).

Zugleich begann der am *Hochrhein* schon Ende des 19.Jh. begonnene Wasserkraftausbau mit der Errichtung des *Rheinseitenkanals* (*Grand Canal d'Alsace*) von Basel bis Breisach und einer fast vollständigen Ausleitung der fließenden Welle[35]. Unterhalb von Breisach wurde der Kraftausbau wegen der großen Landschaftsschäden – der Grundwasserstand war bei Breisach um 7 m gesunken – mit der sogenannten Schlingenlösung fortgesetzt, bei der eine kurze Rheinstrecke zwischen den Staustufen mit vollem Abfluß erhalten blieb. Den

---

[35]Dieser Kanal war nach Kunz (1975) bereits von der großherzoglichen Baudirektion als Schiffahrtsweg mit einer geringen Dotierung von 40 m³/s geplant; als Folge des I. Weltkrieges erhielt die französische Regierung jedoch das Recht zur vollständigen Nutzung des Rheinwassers.

vorläufigen Abschluß des Wasserkraftausbaus am *Oberrhein* bilden zwei Stauanlagen im Strom, die bis 1977 errichtet wurden. Die weitere Tiefenerosion unterhalb der letzten Stufe Iffezheim wird seither durch Zugabe von Rheinkies ausgeglichen.

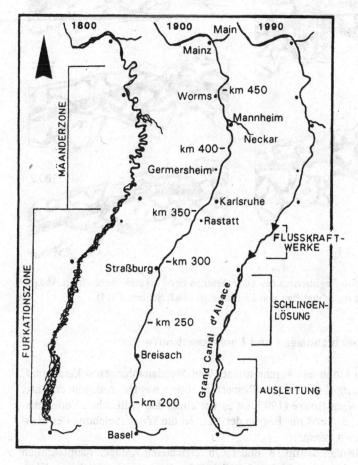

Abb. 3.7. Regulierung des *Oberrheins* (aus Dister 1985b)

Zur Stützung des Grundwasserspiegels wurden mehrere feste Wehre in den *Restrhein* gebaut. Der erhöhten Hochwassergefahr infolge ausgedeichter Retentionsräume wird in jüngster Zeit mit dem Bau einer Reihe von gesteuerten Rückhaltebecken im Seitenschluß begegnet; zugleich werden, auch aus ökologischen Gründen, Rückverlegungen von Deichen geplant (UM 1988).

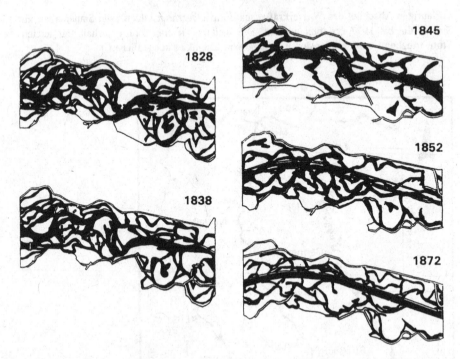

Abb. 3.8. Stufenweise Regulierung des *Oberrheins* in der Furkationszone durch Abdämmung von Verzweigungen und Bau von Leitdämmen (nach Schäfer 1974)

3.2.4 Bau von Speicheranlagen und Laufwasserkraftwerken

Während weltweit schon aus vorchristlicher Zeit Staudammbauten bekannt sind, wurden in Westeuropa erst in der Römerzeit einige wenige Anlagen errichtet (Schnitter 1987). Nach Rouvé (1987) ist es vor allem den politischen Verhältnissen zuzuschreiben, daß erst mit Beginn der Neuzeit die Wiederbelebung des Stauanlagenbaus eintreten konnte.

In Frankreich dienten die im 18. und 19.Jh. errichteten Anlagen hauptsächlich der Speisung der zahlreichen künstlichen Schiffskanäle zum Ausgleich von Wasserverlusten bei Schleusungen. In Deutschland entstanden die ersten größeren Stauanlagen in Verbindung mit dem Harzer Bergbau, der nach Schmidt (1987) schon ins 10.Jh. zurückreicht.

Die Grubenentwässerung im Harz war schon in den Anfängen vom Handbetrieb auf wasserradgetriebene Pumpwerke umgestellt worden, jedoch blieb der Bergbau dadurch von der Wasserführung der nächstgegelegenen Bäche abhängig und mußte in Niedrigwasserzeiten eingestellt werden. Mit der zunehmenden Bedeutung des Bergbaus für die wirtschaftliche Entwicklung der Region wurden diese

Stillstandszeiten untragbar. So wurden ab dem 16.Jh. 6-10 m hohe Erddämme mit einem Speichervolumen von wenigen zehntausend bis maximal 500 000 m³ gebaut, um den Jahresabfluß auszugleichen. Der Schwerpunkt des Harzer "Teich-baus" lag nach Schmidt (1987) in der zweiten Hälfte des 17. und im 18.Jahrhun-dert. Ende des 18.Jh. waren die wasserwirtschaftlichen Möglichkeiten im Harz mit kleinen Dämmen nahezu erschöpft, und die Einführung der Dampfmaschine leitete im 19.Jh. das Ende der wassergetriebenen mechanischen Pumpanlagen ein.

Erst im 20.Jh. wurden in größerem Umfang Speicheranlagen gebaut, in Deutschland vor allem zur Energieerzeugung, zur Trinkwasserversorgung und für den Hochwasserschutz. Einen wahren Boom erlebt der weltweite Bau von (Mehr-zweck–)Speichern seit dem zweiten Weltkrieg, und obwohl nach der Statistik des World Register of Dams (ICOLD 1973) 1968 die Spitze überschritten wurde, werden wohl immer noch durchschnittlich jeden Tag zwei Speicheranlagen mit über 15 m Kronenhöhe fertiggestellt (Petts 1984). Es kann nach Petts deshalb davon ausgegangen werden, daß im Jahr 2000 zwei Drittel aller oberirdischen Abflüsse durch Speicheranlagen beeinflußt werden, Niederdruckanlagen nicht eingerechnet. In Westeuropa dürfte dieser Wert durch den konsequenten Energie-ausbau in den Hoch- und Mittelgebirgen und den regionalen Ausbau mit Rückhal-tebecken bereits überschritten sein.

Um die Jahrhundertwende wurde in Deutschland mit dem modernen Wasser-kraftausbau begonnen (Rheinfelden/*Hochrhein* 1895-98). Fast alle größeren Flüsse wurden bei lohnendem Gefälle mit Ausleitungs- oder Kanalkraftwerken ausgebaut, nicht selten mit einem lückenlosen Vollausbau, der zwischen den Stauhaltungen keine freie Fließstrecke mehr übriglieβ. Insbesondere bei geschiebeführenden Flüssen zwang die den Regulierungsarbeiten folgende Tiefenerosion zu einem sohlenstützenden Ausbau wie am *Oberrhein*. Zugleich wurden die meisten noch arbeitenden Mühlen- und Sägebetriebe an kleineren Gewässern auf Turbinenbe-trieb umgestellt und besonders in den 20er Jahren dieses Jahrhunderts durch Neu-anlagen ergänzt.

3.2.5 Siedlungsentwicklung und Auennutzung

Die Flächennutzung in den Flußauen durch die moderne Siedlungs- und Kultur-landentwicklung soll am Beispiel der *Oberrheinaue* kurz angerissen werden. Die *Oberrheinaue* konnte nach Dister (1991a) im Gegensatz zur *Donauaue* (vgl. Kap. 6) aufgrund der sommerlichen Hochwasserstände erst nach der Regulierung im 19.Jh. intensiver genutzt werden. Zuvor wurden die Auwälder zur Brennholz- und Faschinengewinnung als Mittel- oder Niederwald betrieben, während Wald-weide und Streunutzung den Auwäldern mitunter sehr zusetzten (Dilger & Späth 1988).

Nach den Abdämmungen im Zuge der Tullaregulierungen (s. Kap. 3.2.3) wurden nicht nur die landwirtschaftlichen Nutzungen in die rezente Aue verlegt, sondern auch die Siedlungen und vor allem Industriegebiete werden bis in die heutige Zeit immer mehr an den regulierten Flußlauf vorgeschoben. Nach Dilger & Späth (1985) wurden von 3050 ha rezenter (morphologischer) *Rheinaue* des Stadtkreises Karlsruhe 30 % für Industrie, 3 % für Verkehr und Siedlung, 11 % für Sondernutzungen (Sportanlagen, Kleingärten etc.) und 23 % für Landwirtschaft ausgewiesen. Nur 22 % waren forstlich genutzter Waldanteil und 11 % Wasserflächen, darin eingeschlossen die zahlreichen Kiesseen (etwa 4 %). Die Kiesnutzung hat allein in Baden-Württemberg nach Dister (1991a) am *Oberrhein* bereits etwa 5000 ha erreicht, das sind ca. 3 % der gesamten ehemaligen *Oberrheinaue*, die französischen und pfälzischen Gebiete eingeschlossen. Nur noch 10 % der Gesamtaue können als naturnahe oder natürliche Flächen angesehen werden.

4 Geomorphologische Auswirkungen anthropogener Eingriffe im Raum-Zeit-Bezug

Nach der kurzen Darstellung menschlicher Eingriffe in die Naturlandschaft seit Siedlungsbeginn (Kap. 3) sollen nun die Auswirkungen auf die Gewässer- und Auenmorphologie beschrieben und, anknüpfend an Kap. 2, in einen räumlich-zeitlichen Kontext gestellt werden. Die Eingriffe und Nutzungen werden hierfür in fünf Hauptgruppen unterteilt:

- Rodungen und Flächennutzungen;
- Flößerei und Treidelschiffahrt;
- Laufwasserkraftnutzung;
- Gewässerregulierung;
- Speicherbau.

Mit Ausnahme der Flößerei und Treidelschiffahrt beinhalten alle Gruppen den historischen und neuzeitlichen Aspekt. Die erste Hauptgruppe reicht folglich von den neolithischen Rodungsinseln bis zur jüngsten Siedlungsentwicklung und Auennutzung. Flößerei und Treidelschiffahrt werden gesondert behandelt, da sie lange vor den klassischen Gewässerregulierungen eigenständige Nutzungen waren. Die Laufwasserkraftnutzung geht bis auf die mittelalterlichen Mühlenbetriebe zurück, schließt aber auch den modernen Staustufenbau ein. Unter Gewässerregulierung werden alle Ausbaumaßnahmen einschließlich Laufverlegungen sowie Ufer- und Sohlenstabilisierung und Eindeichung verstanden. Mit dem Speicherbau wird der Bogen gespannt von den frühneuzeitlichen Oberharzer "Teichen" über den Rückhaltebeckenbau bis zu den zu großen Mehrzweckspeichern. Wasserüberleitungen werden im Zusammenhang mit Speicherung behandelt.

Die Eingriffe des Menschen in den Naturhaushalt hatten direkte und indirekte Folgen für die Gewässer- und Auenmorphologie. Rodungen und Speicherungen beeinflussen das Abfluß- und Feststoffregime (Abb. 4.1). Regulierungen verändern direkt die Gewässer- und Auenmorphologie, greifen jedoch ebenfalls in spezifischer Weise in die Abflußdynamik und den Feststoffhaushalt ein. In den nachstehenden Tabellen werden deshalb die direkten Wirkungen am Eingriffsort von den indirekten Folgen für die Gewässer- und Auenmorphologie unterschieden:

- "Ort des Eingriffs": Bereich des Gewässersystems, in dem der Eingriff hauptsächlich stattfindet.
- "Wirkungen am Eingriffsort": Direkte Auswirkungen des Eingriffs auf das Einzugsgebiet bzw. die Gewässer- und Auenmorphologie, wie z.B. Bodenverdichtung und -erosion, Erhöhung der Erosionsresistenz (Ufer- und Sohlenstabilisierung), Veränderung morphologiebestimmender Parameter wie Strömungsgeschwindigkeit, Abfluß o.ä.
- "Folgewirkungen": Indirekte Folgewirkung des Eingriffs auf die Gewässer- und Auenmorphologie.
- "Betroffene Raumeinheit": Räumliche Eingrenzung des Gebietes, in dem sich die gewässermorphologischen Folgen des Eingriffs hauptsächlich auswirken.
- "Regenerationszeit": Zeitspanne, während der sich ein einmaliger Eingriff ohne anschließende Unterhaltungs- und Sanierungsmaßnahmen auf die Gewässer- und Auenmorphologie auswirkt[36], systemtechnisch betrachtet Reaktionszeit plus Relaxationszeit. Nach der Regenerationszeit haben sich, u.U. auf einem neuen Gleichgewichtsniveau, die natürlichen Gewässer- und Auenstrukturen wieder eingestellt (Naturzustand im strengen Sinne).

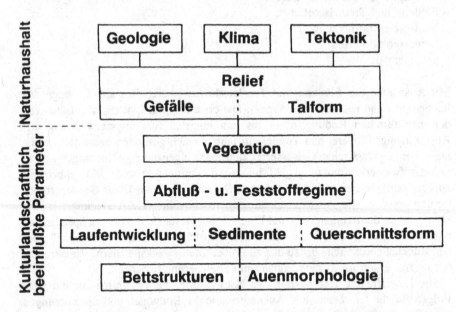

Abb. 4.1. Bestimmungsgefüge der morphologischen Gewässer- und Auenentwicklung und anthropogene Einwirkungen

---

[36]Im Englischen auch als *persistance* bezeichnet, also Beharrungs- oder Wirkungszeitraum eines Einflußfaktors.

4.1 Rodungen und Flächennutzungen

4.1.1 Frühgeschichtliche und mittelalterliche Rodungen

Ort des Eingriffs	Einzugsgebiet	Überschwemmungsaue der Mittel- und Unterläufe
Wirkungen am Eingriffsort	Verringerung der Erosionsresistenz gegen Oberflächenabtrag, Umlagerung und Abschwemmung durch Bodenerosion mit Bildung von Hangkolluvien (Bork 1988)	Verringerung der Erosionsresistenz gegen Oberflächenabtrag und Seitenschurf; Erhöhung der Fließgeschwindigkeit in der Aue durch geringeren hydraulischen Widerstand
Folgewirkungen	verstärkte Ablagerung von Auenlehm in Flußauen, dadurch Überdeckung der vormaligen Auenmorphologie, allmähliche Verringerung der Überflutungshäufigkeit, u.U. Erhöhung der Schleppkräfte mit Gefahr der Tiefenerosion im Gerinne, Erhöhung der Uferstabilität durch Akkumulation kohäsiver Sedimente	Erleichterung von Laufverlagerungen, Verbreiterung und Verflachung der Querschnitte, erhöhte Aufnahme von (Fein-)Sedimenten, dadurch verstärkte Akkumulation unterhalb
Betroffene Raumeinheiten	Überschwemmungsaue mit Auenhabitaten bzw. Gewässerstrecken in Mittel- und Unterläufen des Gewässersystems	Überschwemmungsaue mit Auenhabitaten, Gewässerstrecken
Regenerationszeit	am Eingriffsort: 10^2 Jahre (1-2 Baumgenerationen) im Gewässersystem: 10^3 Jahre (bis zu einer neuerlichen klimabedingten Umlagerungsphase der alluvialen Sedimente)	10^2 Jahre (1-2 Baumgenerationen)

Mögen auch die Ursachen der Auenlehmbildung und ihr Zusammenhang mit menschlicher Rodungs- und Siedlungstätigkeit nicht vollständig geklärt sein, so ist doch zumindest von einer anthropogenen Beeinflussung der Auensedimentation auszugehen (vgl. Kap. 3.1.4).

Gerodete Flächen können, soweit noch fruchtbarer Boden vorhanden ist, nach 1-2 Baumgenerationen wieder eine weitgehend erosionsresistente Vegetationsbedeckung aufweisen. Möglicherweise ist dies auch schon durch frühere Sukzessionsstadien erreicht. Tatsächlich sind diese Eingriffe in die Kulturlandschaft jedoch nicht in bedeutendem Umfang rückgängig zu machen. Durch Erosionsschutzmaßnahmen kann zwar der in den letzten Jahrzehnten enorm angestiegene Bodenabtrag (Bork 1988) reduziert, jedoch nicht in gewässermorphologisch relevanter Weise vermindert werden. Folglich ist auch weiterhin mit hohen Sedimentationsraten zu rechnen, die bei Gewässergestaltungen zu berücksichtigen sind (Kap. 5).

Auenrodungen führen bei Entfernung der Ufervegetation zu einer Destabilisierung der Ufer. Insbesondere in Lockersedimenten wird die Seitenentwicklung erleichtert, wodurch eine raschere Umlagerung des Auensedimentkörpers erfolgt und kürzere Entwicklungszyklen der Auenhabitate zu erwarten sind. Andererseits kann bei Bächen durch aufkommenden Krautwuchs auch eine Uferstabilisierung eintreten ("Wiesenbäche", Kap. 5.2.2).

Größere Fließgeschwindigkeiten im abflußwirksamen Bereich der Aue können den Sedimentaustrag erhöhen bei geringerer Ablagerung. Die Geschiebe- und Schwebstoffaufnahme des Gewässers wird dadurch insgesamt erhöht und kann unterhalb zu verstärkten Ablagerungen führen.

Regeneration. Die in den Flußniederungen vorhandenen Auenlehmdecken können allenfalls durch eine erneute Umlagerungs- und Zerschneidungsphase ausgeräumt werden. Im natürlichen Rhythmus traten nach Schirmer (1983) am *Main* anfangs alle 2000-3000 Jahre und später alle 500-1000 Jahre solche Umlagerungsphasen ein.

Main. Der Aufbau der Schotterkörper am *Main* (Kap. 1.3.2) zeigt, daß die Umbildung vom verzweigten Wildfluß zum Mäanderfluß noch vor menschlichem Einwirken erfolgte (Schirmer 1983). In den nachfolgenden Umlagerungsphasen wurden diese Schotterablagerungen jeweils umgeschichtet und mit einer seit der Eisen-Römer-Zeit rasch nachwachsenden Auenlehmschicht überdeckt. Da die Flußsohle des *Mains* zu allen Umlagerungsphasen noch im Schotter lag, war durch die kohäsiven Auenlehmdecken der Seitenschurf nicht wesentlich behindert, und der Fluß konnte weitgehend unbehindert mäandrieren. Allerdings stellte Schirmer (1983) seit der Eisen-Römer-Zeit eine Verengung des Mäandergürtels fest (vgl. Kap. 1.5 *Main*) – möglicherweise eine Folge mächtigerer Auenlehmablagerungen.

Speltach (Schwäbisch-Fränkische Waldberge/Lkrs. Schwäbisch Hall). An kleineren Gewässern, wie an der *Speltach*, hatte die verstärkte Auenlehmbildung viel schwerwiegendere Folgen für die Gewässermorphologie. Da stratigraphische Analysen fehlen, ist nicht bekannt, ob auch im Speltachtal verschiedene Sedimentationsphasen unterschieden werden können. Allerdings ist gesichert, daß im Unterschied zum *Main* die *Speltachsohle* über Auenlehmablagerungen verläuft und damit vollständig in kohäsive Schichten eingebettet ist (Briem & Kern 1989). Da durch die Auenlehmablagerungen der Seitenschurf erheblich

behindert ist und sich im Bachbett keine tonig-schluffigen Ablagerungen verfestigen kön-
nen, muß mit der Akkumulation dieser feinkörnigen Sedimente ein morphologischer
Umbruch einhergegangen sein, der zu einer Anhebung der Sohle über die Basis der
Auenlehmablagerungen führte.

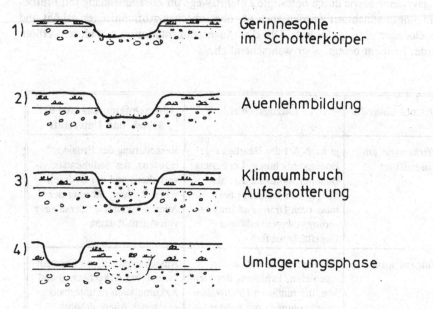

Abb. 4.2. Zyklus möglicher Umlagerungsphasen der Speltach mit Anhebung der Sohle
über die Auenlehmschichten

Tatsächlich wurde bei der Umgestaltung der *Speltach*[37] streckenweise ein 20-30 cm
mächtiges Grobschotterband im unteren Böschungsbereich ausgemacht (Bayer, mündl.
Mitt.), folglich muß zu Beginn der letzten Umlagerungsphase vermehrt Schotter ins
Gewässer gelangt sein und zu einer Sohlenanhebung geführt haben (Abb. 4.2). Möglicherweise wurde ein flacheres, breiteres Querprofil vor der Auenlehmbildung durch ein
kompaktes, eher u- oder kastenförmiges ersetzt. Durch langsamere Laufverlagerungen bei
rascher Hochflutsedimentation wurde vermutlich eine von Altläufen und Kleinterrassen
geprägte Auenmorphologie überdeckt, ohne daß ähnliche Strukturen neu entstehen konnten. Durch Begradigung und Fixierung der Ufer wurde später die Mäandrierung der *Speltach* ganz unterbunden, wodurch eine weitere Anhebung der Sohle ausgeschlossen war, ja
sogar Tiefenerosion eintrat.

---

[37]Beispiel Nr. 1 in Kern, Bostelmann & Hinsenkamp (1992).

4.1.2 Land- und forstwirtschaftliche Nutzungen

Insbesondere die moderne landwirtschaftliche Nutzung hat die Erosionsprozesse im Einzugsgebiet sehr verstärkt. Durch Bodenverdichtung, Drän- und Entwässerungssysteme sowie durch befestigte Zufahrtswege im Zusammenhang mit Flurbereinigungsmaßnahmen wurden auch die oberirdischen Abflußmengen erhöht und die Bodenerosion gefördert. Ob die Auensedimentationsrate dadurch erhöht wurde, ist nicht belegt, aber wahrscheinlich.

Ort des Eingriffs	Einzugsgebiet	Überschwemmungsaue der Mittel- und Unterläufe
Wirkungen am Eingriffsort	je nach Art der Bearbeitung: Bodenverdichtung, Lockerung; Bodenerosionsrate u.a. abhängig von Nutzung; bei modernen Drän- und Entwässerungsanlagen: erhöhter Oberflächenabfluß	Veränderung der Erosionsresistenz, des Sedimentationsverhaltens und der hydraulischen Rauheit; Störung der Auenmorphologie, Zerstörung von Auenhabitaten
Folgewirkungen	erhöhte Sedimentation von Auenlehm, Erhöhung der kleinen und mittleren Hochwasserabflußvolumina mit entsprechenden flußmorphologischen Folgen	Ausschwemmen von Feinsedimenten bei Ackerflächen und Akkumulation in unterhalb gelegenen Auen; erhöhte Sedimentationsrate in der Aue je nach Nutzung; erhöhte Stabilisierung der Ufer durch Pflanzung von Ufergehölzen, u.U. verstärkte Sohlenerosion
Betroffene Raumeinheiten	Überschwemmungsaue mit Auenhabitaten bzw. Gewässerstrecken in Mittel- und Unterläufen des Gewässersystems	Überschwemmungsaue mit Auenhabitaten, Gewässerstrecke
Regenerationszeit	am Eingriffsort: 10^2 Jahre (1-2 Baumgenerationen) im Gewässersystem: 10^3 Jahre	10^2 Jahre (1-2 Baumgenerationen)

Durch land- und forstwirtschaftliche Nutzung wird das Erosions- und Sedimentationsverhalten in der Aue nach der Rodung verändert. Grünlandnutzung beispielsweise führt zu erhöhten Sedimentationsraten, während Ackerflächen außerhalb der Vegetationsperiode stark erosionsgefährdet sind. Häufig wurden zur besseren Nutzung Senken und Rinnen verfüllt und somit Auenhabitate zerstört. Die Anlage von Wegen und Querdämmen in forstlich genutzten Standorten veränderte zudem das Transport- und Sedimentationsverhalten in den Auen, soweit ein Austausch mit dem Gewässer noch gegeben war.

Schmale Uferbepflanzungen in offenen Landschaften stabilisieren durch hohe Bestandsdichte die Ufer in besonderer Weise, wodurch die Seitenentwicklung mehr beeinträchtigt wird als in geschlossenen Waldbeständen, in denen die Beschattung nur eine geringe Bestandsdichte zuläßt und Strauch- und Krautwuchs weitgehend unterdrückt, wie z.B. am *Heilbach* (Vorderpfalz) beobachtet werden kann (Abb. 2.4, S. 66).

Die Wirkung des Schattenwurfes ist auch in der langfristigen Vegetationsentwicklung bei Pflanzungen zu beachten. So sind nach Hauck (mündl. Mitt.) an der *Odenwälder Elz* nach 30 Jahren unter den 1957 gepflanzten Erlen im Meszmerschen Saumwaldprofil (Meszmer 1970, DVWK 1984) durch Beschattung erhebliche Erosionsschäden aufgetreten, die zu einer Auslichtung der Gehölze zwangen[38].

4.1.3 Siedlungs- und Verkehrsflächen, Kiesabbau

Einen morphologisch bedeutenden Einfluß haben Bodenversiegelung durch Verkehrs- und Siedlungsflächen. Die erhöhten oberirdischen Abflüsse führen zu einer Häufung von Hochwasserereignissen, die insbesondere bei kleineren Gewässern zu beträchtlicher Tiefenerosion führen können. Nach eigenen Beobachtungen war beispielsweise an der *Prim* (linker Zufluß am *oberen Neckar*) unterhalb der Stadt Spaichingen das Bett auf langen Strecken mehrere Meter tief erodiert. Augenscheinliche Erosionsschäden, auch durch Uferabbrüche, waren auf ganzer Länge bis zum *Neckar* zu verzeichnen. Bei solch starken Erosionsschäden müssen Jahrhunderte angesetzt werden, bis sich das Bachbett und die Talmorphologie den neuen oder den wiederhergestellten Abflußverhältnissen angepaßt haben.

Die in diesem Jahrhundert verstärkte Besiedelung der Aue wurde erst durch rigorose Eindeichungen und Auffüllungen möglich (vgl. Kap. 3.2.5). Bebauungen, Industrieanlagen, Verkehrs- und Sonderflächen wandeln das Relief der Aue um, bei Auskiesungen wird zusätzlich der Sedimentkörper entnommen. All diese Maßnahmen bedeuten eine in Planungszeiträumen unumkehrbare Zerstörung von Auenstrukturen.

---

[38]Die Pioniertat Meszmers wird dadurch in keiner Weise geschmälert. Meszmer setzte nach dem damaligen Verständnis Elemente naturnahen Wasserbaus gegen den Widerstand nahezu aller Fachkollegen in die Praxis um – 20 Jahre bevor das Thema überhaupt ernsthaft diskutiert wurde.

Ort des Eingriffs	Einzugsgebiet	Überschwemmungsaue der Mittel- und Unterläufe
Wirkungen am Eingriffsort	Versiegelung von Flächen, dadurch Erhöhung des oberirdischen Abflußanteils, rasche Sammlung des abfließenden Wassers	i.d.R. weitgehende Abdämmung gegen Überflutungen (vgl. Kap. 4.4.4), Zerstörung der Auenmorphologie, Zerstörung des Sedimentkörpers bei Kiesentnahmen
Folgewirkungen	Veränderung des Abflußregimes (z.B. Erhöhung der Hochwasserhäufigkeit), Seiten und Tiefenerosion im Gewässersystem mit Streckung und Veränderung des Gefälles	wie bei "Gewässerregulierung: Eindeichung"
Betroffene Raumeinheiten	Gewässerstrecken unterhalb der versiegelten Teile des Einzugsgebiets	Überschwemmungsaue mit Auenhabitaten, Gewässerstrecke
Regenerationszeit	10^2 bis 10^3 Jahre (im Gewässersystem)	10^3 Jahre

Regeneration. Bei Erosionsschäden hängt die Regenerationszeit nicht nur von der Größe der Abflußveränderung ab, sondern auch von den geologischen Verhältnissen. Eine zerstörte Auenmorphologie kann nur durch eine klimabedingte Umlagerungsphase neu entstehen.

4.2 Flößerei und Treidelschiffahrt

Flößerei und Treidelschiffahrt stellten ähnliche Anforderungen an den Gewässerzustand (vgl. Kap. 3.2.2 und 3.2.3). In beiden Fällen mußte das Gewässer eine bestimmte Mindestwassertiefe aufweisen; Hindernisse, wie Sand- und Kiesbänke, Treibholzansammlungen, Felsschwellen waren möglichst zu räumen. Die Ufer mußten sowohl für die Treidelschiffahrt als auch für das Flößen befestigt und zugänglich sein und durften keine größeren Ausbuchtungen aufweisen. Ein durchgängiger Uferweg war für die Schiffahrt unabdingbar und für die Flößerei erwünscht. Anlegestellen für die Boote und sogenannte Holzgärten für das Auffangen, Sammeln und Zwischenlagern der geflößten Hölzer mußten eingerichtet werden.

4.2.1 Floß- und Schiffbarmachung der Gewässer

Während die Schiffahrt, je nach Gewässer, auf die Unter- und Teile der Mittelläufe beschränkt war, konnte für das Flößen von Scheitholz auch der kleinste Quellbach noch genutzt werden, wenn der Abfluß für das Füllen von Schwallungen ausreichte. In den floß- und schiffbaren Gewässerabschnitten wurden stellenweise Gewässerbettstrukturen verändert und durch die Stabilisierung der Ufer die Geschiebeaufnahme eingeschränkt. Zusammen mit dem Schwallbetrieb wurde dadurch der Geschiebehaushalt in unterschiedlichem Maß beeinflußt. Durch Ufersicherungen wurden u.U. bedeutende Geschiebequellen versiegelt, andererseits brachte der Floßbetrieb auch ohne Tiefenerosion viele Uferschäden, durch die Sedimente eingetragen wurden. Hinzu kam der Schwallbetrieb (s.u.), so daß eher von einer vermehrten Feststofffracht auszugehen ist. Nicht zuletzt sorgten die Schleifbahnen der Holzabfuhr ("Holzriesen", vgl. Abb. 3.5, S. 113) auf den Hängen für verstärkte Bodenerosion (Mäckel & Röhrig 1991).

Ort des Eingriffs	floß- und schiffbare Teile des Gewässersystems (Gewässerbett und Uferbereiche)
Wirkungen am Eingriffsort	Veränderung der Gewässerbettstrukturen, Stabilisierung der Ufer
Folgewirkungen	Veränderung der Geschiebaufnahme und des Geschiebetransports (durch Ufersicherung Versiegelung von Geschiebequellen)
Betroffene Raumeinheiten	Bettstrukturen und Uferhabitate in floß- und schiffbaren Gewässerabschnitten
Regenerationszeit	10^1 Jahre, je nach Eingriff

Regeneration. Die Eingriffe in Ufer- und Sohlenbereiche waren vermutlich nicht so dauerhaft (abgesehen von Felsensprengungen), so daß nach Jahren bis Jahrzehnten die Ufersicherungen wohl verfallen waren und sich die Bettstrukturen neu bilden konnten.

4.2.2 Anlage und Betrieb von Schwallungen

Gravierender waren die Einwirkungen des Schwallbetriebs auf die Gewässersysteme. Die in den Oberläufen oft in Kilometerabständen angelegten kleinen Staubecken sammelten vorübergehend auch Geschiebe, dürften jedoch nicht als bedeutende Geschiebesperren gewirkt haben, da beim Schwallbetrieb ein Großteil der abgesetzten Sedimente sicherlich ausgespült wurde und die Becken nach Schweinfurth (1990) oft nur wenige Jahrzehnte betrieben wurden.

Ort des Eingriffs	Gewässeroberläufe
Wirkungen am Eingriffsort	vorübergehender Rückhalt von Abfluß und Geschiebe
Folgewirkungen	Tiefen- und Seitenerosion in Oberläufen mit Streckung des Laufes und Änderung des Gefälles, Akkumulation in Mittel- und Unterläufen
Betroffene Raumeinheiten	Gewässerstrecken unterhalb der Sperrenstellen
Regenerations-zeit	10^2 bis 10^3 Jahre, abhängig von der Schwere der Erosionsschäden

Bedeutender waren die durch den Schwallbetrieb ausgelösten Erosionsschäden. Gerade in den Oberläufen, in denen von Natur aus nur kurzzeitig Hochwasserwellen ablaufen, mußten die langgezogenen Schwallwellen mitunter verheerende Auswirkungen haben. Seiten- und Tiefenerosion (ggf. bis zum Felsgestein) dürften manche Gewässer vollständig zerstört haben. Die umfangreichen Sicherungsmaßnahmen, die nach Schweinfurth in den Oberläufen der Murgnebenbäche *Sankenbach, Ellbach, Ilgenbach* und *Wolfach* Ende des 19.Jh. vorgenommen wurden, sprechen für sich (Abb. 3.5, S. 113). Ein Großteil der ausgetragenen Sedimente kam vermutlich als Schwemmfächer bei der Einmündung ins Hauptgewässer zur Ablagerung, ein weiterer Teil in flachen Zwischenstrecken.

Regeneration. Diese Erosionsschäden sind in ihrer Nachhaltigkeit ähnlich einzustufen wie die Wirkung von Abflüssen aus versiegelten Flächen in heutigen Einzugsgebieten (vgl. Kap. 4.1.3).

4.3 Laufwasserkraftnutzung

Wie in Kap. 3.2.4 erläutert wurde, geht die Laufwasserkraftnutzung schon ins frühe Mittelalter zurück. Während mit den Schiffsmühlen in größeren Flüssen keine Beeinflussung der Gewässermorphologie verbunden war, wirkten Ausleitungsbetriebe[39] und Flußstauhaltungen von alters her in spezifischer Weise auf die Gewässer ein. Bei Ausleitungskraftwerken kommt die nutzbare Höhendifferenz durch ein geringeres Gefälle des Werkskanals gegenüber dem Gewässer zustande, bei Flußkraftwerken wird der Zufluß aufgestaut und so eine Wasserspiegeldifferenz erzeugt.

4.3.1 Ausleitungskraftwerke

Ort des Eingriffs	punktuell im gesamten Gewässersystem mit Schwerpunkt in den Ober- und Mittelläufen
Wirkungen am Eingriffsort	je nach Wehranlage Ablagerung von Sedimenten im Rückstaubereich
Folgewirkungen	Veränderung des Abflußregimes im Mutterbett, Veränderung von Gewässerbettstrukturen und Mikrohabitaten, keine bedeutende Auswirkung im Unterwasser
Betroffene Raumeinheiten	Mikrohabitate auf Gewässerstrecken zwischen Aus- und Rückleitung; z.T. Bettstrukturen
Regenerationszeit	10^0 Jahre

Ob mit Ausleitungsbetrieben ein wesentlicher Geschieberückhalt verbunden ist, hängt von der Bauart der Wehranlage ab. Bei starker Geschiebeführung wird durch besondere Einrichtungen der Durchgang weitgehend sichergestellt, um Akkumulationen im Werkskanal und Beschädigungen der Maschinen- und Betriebseinrichtungen zu verhindern. Im Mutterbett verbleibt heute in den meisten Fällen aus ökologischen oder landschaftlichen Gründen ein Restabfluß. Die

---

[39]Entsprechendes gilt jedoch für jegliche Ableitung von Mittel- und Niedrigwassermengen, so z.B. für Entnahmen zur Trink- oder Kühlwasserversorgung oder für Speicherkraftwerke.

Mindestwassermenge, die nach ganz unterschiedlichen Kriterien und gesetzlichen Regelungen festgelegt wird (Schmidtke & Ottl 1988), liegt meist in der Größenordnung des mittleren Niedrigwasserabflusses. Erst ab einem bestimmten Schwellenwert wird das Mutterbett zur Abfuhr von Hochwasserabflüssen benutzt.

Dies führt zu einer Veränderung der sohlennahen Strömungsverhältnisse gegenüber dem Ausgangszustand mit entsprechenden Folgen für die Benthos- und die Fischfauna (Statzner, Kohmann & Schmedtje 1990; Jungwirth & Winkler 1983). Während die durch mittlere und größere Hochwasserabflüsse entstandenen Gewässerbettstrukturen wie Kiesbänke, Schnellen und Stillen, Kolke u.ä. erhalten bleiben, treten nach Fuchs (mündl. Mitt.) im Mikrohabitatbereich bedeutende Veränderungen ein. Abhängig von der Dotierung setzt sich das bei normaler Wasserführung offen gehaltene Lückensystem von Sand- und Kiesablagerungen durch eingeschwemmten Schlamm und Detritus zu und wird erst bei einem Hochwasserabfluß wieder freigespült.

Zu den natürlichen Abflußschwankungen über einem bestimmten Schwellenwert kommen beim Betrieb von speziellen Geschiebefängen sogenannte Entsanderspülungen hinzu, die schwallweise in bestimmten Abständen Sedimente in die Restwasserstrecke abgeben und dort zu einer zusätzlichen Versandung führen können (Pechlaner 1985).

Eine weitere Folge des künstlichen "Dauerniedrigwassers" ist die Ausbreitung der Vegetation im trockengefallenen Bett, z.T. mit terrestrischen Pflanzenarten (Fuchs, mündl. Mitt.). Die meist kurzen Hochwasserabflüsse überstehen viele Pflanzen schadlos. Hierdurch kann es zur Verfestigung von Ablagerungen und damit zu einer Änderung von Bettstrukturen kommen, die ansonsten von größeren Ereignissen umgelagert worden wären.

Regeneration. Die Regeneration von Restwasserstrecken kann in recht kurzer Zeit erfolgen, wenn keine größeren Geschiebemengen oberhalb der Wehranlage abgelagert wurden und die Bettstrukturen weitgehend erhalten blieben.

4.3.2 Flußkraftwerke

Generell wird durch die Verringerung der Fließgeschwindigkeiten im Rückstaubereich die Morphodynamik des Gewässers eingeschränkt. Ablagerung von Geschiebe an der Stauwurzel und von Schwebstoffen in der gesamten Stauhaltung überdecken die ursprünglichen Flußbettstrukturen und -substrate. Darüber hinaus ist auch die laterale Entwicklung weitgehend unterbunden. Durch diese Lauffixierung ist auch die weitere Auenentwicklung ausgeschlossen. Im ufernahen Überschwemmungsbereich kann es durch die Wasserspiegelanhebung zu verstärkter Auflandung und dadurch zu einer Aufwölbung des Talbodens kommen, wie Profilaufnahmen an der *Elsenz* im Kraichgau zeigten (Buck & Kern 1982).

Ort des Eingriffs	punktuell im gesamten Gewässersystem mit Schwerpunkt in den Unter- und Mittelläufen
Wirkungen am Eingriffsort	Aufstau des Abflusses und je nach Bauart der Wehranlage Behinderung des Geschiebedurchgangs
Folgewirkungen	dauerhafte oder vorübergehende Ablagerung von Sedimenten im Rückstaubereich mit Veränderung von Gewässerbettstrukturen und Mikrohabitaten; Unterbindung der Seitenentwicklung; je nach Bauart der Wehranlage Erhöhung der Hochwasserstände im Oberwasser, dadurch Akkumulation von Feinsedimenten im ufernahen Auenbereich (ohne Eindeichung); bei bedeutendem Geschieberückhalt: Gefahr der Tiefenerosion unterhalb der Stauanlage; örtliche Auskolkungen unterhalb von Wehranlagen
Betroffene Raumeinheiten	Gewässerstrecken im Rückstaubereich, Gewässerstrecken unterhalb der Anlage
Regenerationszeit	10^1 bis 10^2 Jahre, abhängig vom Grad der Auflandung oder Eintiefung

Bei starker Geschiebeführung kann eine Stauhaltung innerhalb von Jahrzehnten bis auf den ursprünglichen Fließquerschnitt verlanden und dann – allerdings bei verändertem Gefälle - wieder ähnliche Flußbettstrukturen bilden wie vor dem Aufstau. Verändert bleiben die Häufigkeit der Auenüberflutung und die Lage des Grundwasserspiegels; die typische Querzonierung von Weich- und Hartholzaue wird durch eine Vegetationszonierung entlang der Stauhaltung bis zur Stauwurzel ersetzt (Reichholf 1976).

Geschiebedefizit unterhalb von Stauanlagen führte in vielen Flüssen zu einem lückenlosen Ausbau oder zum Bau von Stützstufen. Geschiebemangel und dadurch ausgelöste Tiefenerosion haben in vielen Alpenflüssen einen vollständigen Wandel des ursprünglichen Flußtyps bewirkt; aus geschiebereichen, verzweigten Wildflüssen wurden nach dem Bau von Kopfspeichern zunächst sich eintiefende Rinnen mit entsprechenden Folgen für die Auenökologie und dann, nach dem Bau weiterer Staustufen, eine Kette von Stauseen mit teilweise großen Wasserflächen und völlig veränderten ökologischen Randbedingungen. Dagegen sind bei geringer Geschiebeführung unterhalb von Wehranlagen keine bedeutenden morphologischen Änderungen zu erwarten.

Regeneration. Die Regeneration ehemals gestauter Gewässerstrecken ist um so länger anzusetzen, je gravierender die morphologischen Veränderungen waren. Während Geschiebeansammlungen im Flußbett in Jahrzehnten umgelagert werden können, sind Auensedimentationen nur durch eine klimatisch verursachte Einschneidungsphase veränderbar. Bedeutende Eintiefungen sind ebenfalls nur durch langfristige Akkumulationen bzw. durch umfassende Umlagerungen ausgleichbar.

4.4 Gewässerregulierungen

Bei Gewässerregulierungen sind der Eingriffsort und die betroffenen Raumeinheiten weitgehend identisch. Es werden hier unterschieden: Laufverlegungen und Mittelwasserbettregulierungen einschließlich einfacher Ufersicherungen, als Sonderfall Niedrigwasserregulierungen seit dem 19.Jh. für die Schiffahrt, jegliche Art von Sohlensicherung sowie Eindeichungen einschließlich des Hochwasserausbaus in Regelprofilen.

4.4.1 Laufverlegung, Ufersicherung, Hochwasserausbau

Ort des Eingriffs	Schwerpunkt in Unter- und Mittelläufen
Wirkungen am Eingriffsort	Entnahme oder (in Flüssen) gesteuerte Erosion des Sedimentkörpers mit Zerstörung der Auenmorphologie zur Schaffung des neuen Bettes, Verfüllung von Flußbetten und Auenrinnen, Fixierung der Uferlinien, Erhöhung der Erosionsresistenz gegen Seitenschurf
Folgewirkungen	Tiefenerosion bei Laufverkürzung, Nivellierung und Veränderung der Gewässerbettstrukturen, Verhinderung der Geschiebeaufnahme aus den Uferbereichen, Stagnation der Auenentwicklung bzw. Reduzierung auf Auenlehmbildung
Betroffene Raumeinheiten	Gewässerstrecke bzw. -abschnitt mit Bettstrukturen und Auenhabitaten
Regenerationszeit	10^1 bis 10^2 Jahre 10^2 bis 10^3 Jahre (bei Tiefenerosion)

Bei den großen Flußregulierungen des 19.Jh. wurde im allgemeinen die Strömungskraft zur Erosion einer definierten Rinne genutzt. Dabei wurden zwangsläufig alte Auenbereiche zerstört, während die Neuentwicklung von Auenstandorten durch Umlagerungen unterbunden wurde. Der Zyklus der Auenbildung durch fortwährende Umlagerung stagniert hierdurch, und es finden nur noch Alterungsprozesse (biogene Verlandung und Sedimentation von Altgewässern) und keine Neubildungen (Pionierstandorte) mehr statt (DVWK 1991). Bei der Neutrassierung kleinerer Gewässer wird das neue Bett künstlich hergestellt und oftmals Altläufe zur besseren Nutzung der Aue mit dem Aushub verfüllt.

Gewässerregulierungen sind im allgemeinen mit einer Vergrößerung der Abflußkapazität verbunden. Soweit nicht ohnehin eine zusätzliche Abdeichung erfolgt, wird auch damit in die morphologische Entwicklung der Aue eingegriffen; seltenere und niedrigere Überflutungen bedeuten geringeren Sedimenteintrag bei verminderten Fließgeschwindigkeiten in der Aue. Im Flußbett dagegen steigen bei größeren Abflüssen pro Breitenmeter die Schleppkräfte.

Die Regulierung von Gewässern war i.d.R. mit einer mehr oder weniger starken Laufverkürzung verbunden, die häufig von Eintiefungen gefolgt war. Da sich Sohleneintiefungen nach anthropogenen Eingriffen entsprechend den geologischen Gegebenheiten und den Gefälle- und Geschiebeverhältnissen über lange Zeiträume erstrecken können, sind nur besonders spektakuläre Erosionsvorgänge unmittelbar nach der Regulierung zu erkennen. Nachstehend werden Beispiele offenkundiger Tiefenerosion am *Oberrhein* und am *Holzbach* vorgestellt (zur *Donau* s. Kap. 6.5).

Regeneration. Die Regenerationszeit ist von einer Vielzahl von Faktoren abhängig. Rasche Veränderungen sind bei hohem Gefälle und Lockersedimenten zu erwarten; bindige Auensedimente und geringe Gefälle erschweren den zur Bettstrukturierung und Auenentwicklung entscheidenden Seitenschurf. Die Art der Uferbefestigungen spielt dabei natürlich auch eine Rolle. Ein schmaler, dicht bewachsener Gehölzsaum kann eine Seitenentwicklung unter Umständen wirksamer behindern als künstliche Ufereinfassungen. Wenn unter Regeneration des regulierten Gewässers die volle Wiederentwicklung der spezifischen Gewässerbettstrukturen und die Neubildung morphologischer Auenhabitate verstanden wird, ist auch bei günstigen Voraussetzungen von jahrzehnte- bis jahrhundertelangen Regenerationszeiträumen auszugehen.

Bei gravierender Tiefenerosion muß sich zunächst ein neuer Gleichgewichtszustand einstellen; d.h. die Erosions- und Akkumulationsvorgänge werden sich solange fortsetzen, bis Gefälle und Querschnitt den Abfluß- und Geschiebetransportvorgängen entsprechen. Analog zu klimatisch bedingten Umlagerungsphasen wird, u.U. auf tieferem Niveau, durch Seitenschurf an Prallhängen und Auflandung an Innenufern ein neuer Auensedimentkörper aufgebaut. Die Regenerationszeit muß in der Größenordnung klimatisch bedingter Umlagerungs- und Ruhephasen gesehen werden.

Oberrhein. Am Beispiel des *Oberrheinausbaus* soll angerissen werden, wie die Sohlenentwicklung nach Regulierungsarbeiten verlaufen kann. Abb. 4.3 zeigt den Sohlenverlauf der *Oberrheinstrecke* bis Straßburg in verschiedenen Zeiträumen mit der Bezugsbasis von 1828 vor dem Ausbau.

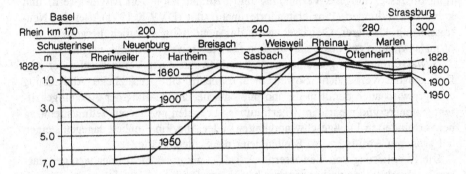

Abb. 4.3. Erosionsverlauf am *Oberrhein* seit der Regulierung bis zum Beginn des Staustufenbaus 1950 (aus Raabe 1968)

Die 1860 noch nicht ganz abgeschlossene Regulierung nach Tulla hatte fast auf ganzer Strecke zu geringen Eintiefungen (< 1 m) geführt; vier Jahrzehnte später – die Niedrigwasserregulierung war ebensowenig begonnen wie der Kraftwerksbau – waren bei Rheinweiler fast 4 m Tiefenerosion erreicht, bei Rheinau hingegen eine leichte Akkumulation. Im Jahre 1950 betrug die Eintiefung in Rheinweiler schon fast 7 m, während die Sohlenerhöhung bei Rheinau auf nahezu 1 m angewachsen war. Ohne weiteren Ausbau hätte sich der Strom bis zur Stabilisierung auf einem neuen Gleichgewichtsniveau eingetieft (vgl. Kap. 2.6). Da die Transportdynamik Erosionsvorgänge zeitweise kompensiert, wie die Auflandungen bei Rheinau zeigen, kann die Relaxationszeit Jahrhunderte betragen.

Holzbach (Westerwald/Lkrs. Neuwied). Am *Holzbach* im Westerwald haben Begradigungen und Tieferlegungen zur Verbesserung der landwirtschaftlichen Nutzung seit Mitte des 19.Jh. die ursprüngliche Sohlenstruktur mit einer natürlichen Deckschicht zerstört (Otto 1988, 1992). Die fortschreitende Erosion der anstehenden Sedimente (Lehm, Sand, Kies) führte schließlich auf 20 km Länge zu einer zwei- bis dreifachen Aufweitung und Vertiefung des Ausgangsprofils. Die Selbstverstärkung des Erosionsprozesses durch die Vergrößerung des bordvollen Abflusses beschleunigte diesen Prozeß erheblich. Die Aue wurde dagegen immer weniger überflutet (vgl. Kap. 5.3.4 *Holzbach*).

4.4.2 Niedrigwasserregulierung zur Schiffbarmachung

Die ganzjährige Befahrung der mitteleuropäischen Ströme mit modernen Großschiffen erforderte über die Mittel- und Hochwasserregulierung hinaus die Herstellung einer Fahrrinne mit bestimmter Mindestwassertiefe.

Ort des Eingriffs	schiffbare Flußunter- und -mittelläufe
Wirkungen am Eingriffsort	Veränderung der Strömungsgeschwindigkeit in Teilbereichen des Mittelwasserbetts bei kleinen und mittleren Abflüssen
Folgewirkungen[40]	Sedimentation und Auskolkung im Buhnenbereich, Eintiefung im Bereich der Strömungskonzentration, Veränderung der Flußbettstrukturen mit Einschränkung der Morphodynamik
Betroffene Raumeinheiten	Flußabschnitt bzw. -abteilung mit Bettstrukturen
Regenerationszeit	10^1 bis 10^2 Jahre (bei Entfernung der Buhnen und Leitwerke)

Regeneration. Falls nach Aufgabe einer Schiffahrtsstraße Buhnen und Leitwerke entfernt werden, kann schon nach kurzer Zeit mit einer begrenzten Restrukturierung des Flußbettes gerechnet werden. Eine natürliche Entwicklung setzt allerdings auch Laufänderungen voraus. Durch Unterspülung und Auskolkung würden solche Bauwerke wohl erst in Jahrhunderten ihre Funktion verlieren, da auch außergewöhnliche Hochwasser die verwendeten Wasserbausteine nicht verfrachten können.

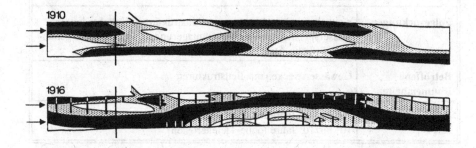

Abb. 4.4. Veränderungen der Sohlenmorphologie des regulierten *Rheins* bei Straßburg durch den Buhnenbau; weiß: Flachwasserzonen, schwarz: Kolkbereiche bzw. Fahrrinne (aus Schäfer 1974)

---

[40]Die Motorschiffahrt selbst beeinflußt ebenfalls die Gewässermorphologie, insbesondere wenn die Ufer nicht gegen Wellenschlag oder Schwall- und Sunkwirkungen geschützt sind. So berichten Garrad & Hey (1988) von beträchtlichen Uferschäden und Bettaufweitungen durch Anstieg des Sportbootverkehrs in englischen Flüssen.

Oberrhein. Am *Oberrhein* wurde durch die Tulla-Regulierung das Mittelwasserbett zwar auf 200-250 m eingeengt; die Geschiebeumlagerungen mit alternierenden Kiesbänken und festen Inseln verhinderten jedoch regelmäßigen Schiffsverkehr (Schäfer 1974, Kunz 1975). Mit dem anschließenden Buhnen- und Leitwerksbau wurde diese Ersatzdynamik des *Rheins* nahezu unterbunden (Abb. 4.4). Die Buhnen führten oberstrom zu Kiesablagerungen und unterstrom zu örtlichen Auskolkungen. Durch wechselseitige Anordnung der Buhnenkörper pendelt die Niedrigwasserrinne im 75-150 m breiten Kanalbett. Die angestrebte Eintiefung der Fahrrinne auf mindestens 2 m wurde durch diese Konzentration des Stromstriches erreicht.

Main. Am *Main* wurden die Buhnenköpfe zum Teil mit Leitwerken verbunden; diese abgetrennten Buhnenfelder landeten stark auf und wurden schließlich nur noch bei höheren Wasserständen überflutet (Bayerisches Staatsministerium für Landesentwicklung und Umweltfragen 1985).

4.4.3 Sohlensicherung

Ort des Eingriffs	Ober- und Mittelläufe
Wirkungen am Eingriffsort	Erhöhung der Erosionsresistenz (Sohlendeckwerke, Sohlenschalen), Reduzierung der Strömungsgeschwindigkeit bzw. der Sohlenschubspannung (Sohlenstufen); Sonderfall: Ausgleich von Geschiebedefiziten durch kontinuierliches Einbringen von Sedimenten
Folgewirkungen	weitgehende Nivellierung von Bettstrukturen, Unterbindung gewässerspezifischer Geschiebeumlagerungen, an Bauwerke gebundene örtliche Auskolkungen und Anlandungen
Betroffene Raumeinheiten	Gewässerstrecken mit Bettstrukturen
Regenerationszeit	10^2 bis 10^3 Jahre (bis zum Ausklang der Tiefenerosion) 10^1 bis 10^2 Jahre (ohne Tiefenerosion)

Zur Sohlensicherung wird je nach Gewässergröße und Gefälleverhältnissen eine Vielzahl von Bauweisen angewandt. Kleinste Bäche wurden bis in die jüngste Zeit hinein mit Sohlenschalen ausgekleidet, größere, insbesondere in Ortsbereichen, gepflastert oder in betonierte Profile verlegt. Diese Praxis ist aus morphologischer Sicht – ähnlich wie die Verrohrung – mit der Beseitigung des Gewässers gleichzusetzen. Darüber darf nicht hinwegtäuschen, daß Sedimenteintrag in strömungsberuhigten Bereichen zu bewurzelungsfähigen Ablagerungen führen kann, wie von Bürkle (1986a) an einigen Beispielen gezeigt wurde. Erst durch umfangreichere

Ablagerungen können ökologisch wirksame Strukturen auf der Gewässersohle entstehen mit der notwendigen Strömungs- und Substratdifferenzierung im Mikrohabitat.

Eine Alternative zur flächigen Erosionssicherung der Sohle mit Betonteilen oder Verbundpflaster stellen Sohlendeckwerke dar. Hierbei wird eine Deckschicht aus einem vorgegebenen Korngemisch auf die erosionsgefährdete Sohle aufgebracht und diese bis zum Bemessungsabfluß geschützt (Ogris 1975). Früher wurde dieses Verfahren ausschließlich für Flüsse und Kanäle angewandt (z.B. Dietz 1974), heute greift man auf dieses Verfahren auch für kleinere Gewässer im naturnahen Wasserbau zurück, da es verschiedene ökologische Vorteile bietet im Vergleich zu anderen Sohlensicherungsbauweisen. Bei Verwendung eines Korngemisches mit entsprechendem Feinanteil ist zumindest ansatzweise die Neubildung zuvor überdeckter Bettstrukturen möglich.

Mit Sohlenstufen (nach DIN 19 661 T.2: Abstürze, Schußrinnen, Sohlgleiten, Absturztreppen und Stützschwellen) wird das oberstromige Gefälle verringert und somit die Sohlschubspannung herabgesetzt. Da ihre Wirksamkeit an die lokale Energieumwandlung durch Fließwechsel am Bauwerk gebunden ist, können sie die Sohle nur bis zum Überströmen des Bauwerkes schützen. Stützschwellen wirken im Gegensatz zu den anderen Sohlenstufen wie feste Wehre als Geschiebefallen, bis sie vollständig aufgelandet und zum Absturz geworden sind (Abb. 4.5).

Im naturnahen Wasserbau wurde in den letzten Jahren versucht, die hydraulische und ökologische Funktion natürlicher Absturztreppen mit dem Bau unterschiedlicher Steinrampen nachzuahmen (Platzer 1982, Gebler 1991a); Beispiele gibt es vor allem an bayerischen Gewässern, wie an *Vils, Mangfall, Isen, Weißach, Rottach, Kahl, Leitzach*, aber auch in Baden-Württemberg an *Murr, Donau* und *Argen* (Gebler 1991b).

Sohlenschwellen und Grundschwellen bilden lediglich örtliche Fixierungen der Sohle ohne Gefälleänderung oder lokale Energieumwandlung. Sie sind daher zur flächigen Sohlensicherung kaum geeignet. Als Sohlengurte finden sie im naturnahen Wasserbau auf kurzen Strecken Verwendung, wie an der *Morre* im Odenwald (Hauck, mündl. Mitt.).

Die flußmorphologische Wirkung der Sohlenbauwerke liegt neben der erwünschten Erosionssicherung in einer Nivellierung der Sohlenstrukturen durch regelmäßige höhengleiche Querbauwerke. Durch die gleichmäßige Anströmung abflußkontrollierender Sohlenstufen auf ganzer Breite ist ein Pendeln des Stromstriches oberhalb des Bauwerks erschwert. Je kürzer die Abstände zwischen den Sohlenbauwerken, desto ebenmäßiger wird die Sohle. Hinzu kommt die notwendige Sturzbettsicherung im Unterwasser, die zu einer flächigen Sohlensicherung im Bereich der Energieumwandlung zwingt. Örtliche Auskolkungen an Sohlenbauwerken durch konzentrierte Energieumwandlung sind dennoch die Regel und erfordern ständige Sanierungen. Rückhalt von Sedimenten tritt je nach Geschiebeaufkommen vorübergehend bei Stützschwellen auf. Da Sohlen- und Grundschwellen allenfalls bei Niedrigwasser die Abflußkontrolle ausüben, haben sie kaum einen Einfluß auf die Strukturierung der Sohle.

Sohlenstufen		Schwellen
Abstürze	Sohlgleiten Sohlrampen	Sohlschwellen
Absturztreppen	Stützschwellen	Grundschwellen Sohlengurte

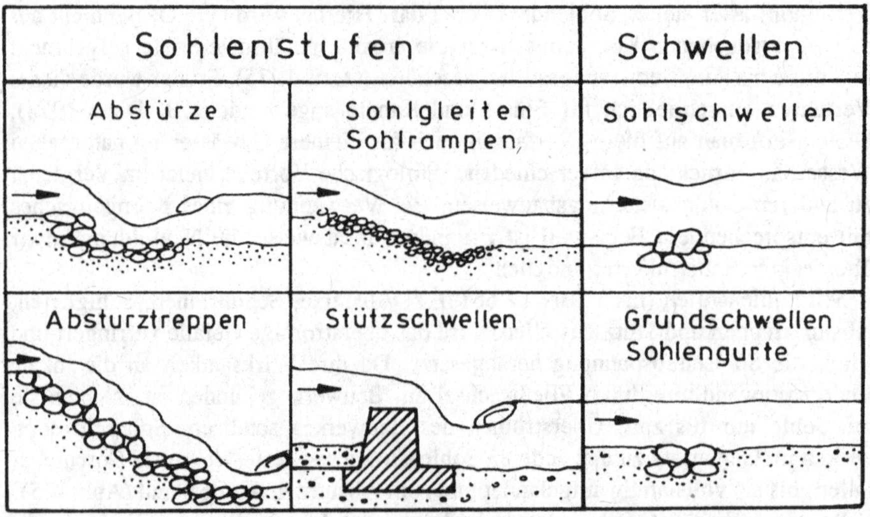

Abb. 4.5. Sohlenbauwerke und ihre hydraulische Wirkung bei mittleren Abflüssen

Um Umläufigkeiten zu vermeiden, müssen zumindest auf einer gewissen Strecke im Oberwasser die Ufer gegen Seitenschurf gesichert werden – ein auch bei naturnahen Bauweisen zu beachtender Grundsatz. In der Regel sind jedoch Sohlenbauwerke mit einem Vollausbau kombiniert.

Regeneration. Die Regenerationszeit von Gewässern bezüglich des Einbaus von Sohlenbauwerken muß in Verbindung mit der dadurch abgewendeten Tiefenerosion gesehen werden. Kommt es nach Entfernung oder Verfall der Bauwerke zur Eintiefung, so ist, wie in Kap. 4.4.1 angegeben, mit Regenerationszeiten in der Größenordnung klimatisch bedingter Umlagerungsphasen zu rechnen (10^3 Jahre).

Ohne Tiefenerosion braucht es erfahrungsgemäß je nach Bauart und Strömungsangriff einige Jahrzehnte, bis die Bauwerke durch örtliche Auskolkungen ihre Stabilität verlieren. Die anschließende Restrukturierung der Sohle ist allerdings nur im Zusammenhang mit Laufveränderungen durch Seitenschurf möglich.

4.4.4 Eindeichung

Ort des Eingriffs	Ufer- oder Auenbereich von Mittel- und Unterläufen
Wirkungen am Eingriffsort	Zerstörung gewässerspezifischer Uferstrukturen und Auenstrukturen, Reduzierung der Überflutungshäufigkeit; Erhöhung der Wasserstände und Strömungsgeschwindigkeit im Gewässer bei Hochwasser
Folgewirkungen	Unterbindung des Sedimentaustausches zwischen Gewässer und (ausgedeichter) Aue, damit Stagnation der Auenentwicklung; Erhöhung der Erosionsgefahr in der eingedeichten Strecke; unterhalb der Eindeichung Erhöhung der Strömungsangriffe durch höhere Abflüsse bei längerer Dauer, Erhöhung der Wasserstände mit Ausweitung der Überflutungen, dadurch Veränderung des Erosions- und Sedimentationsverhaltens in Gewässer und Aue
Betroffene Raumeinheiten	eingedeichte Gewässerabschnitte mit Überschwemmungsauen sowie unterhalb gelegene Gewässerabschnitte/-auen
Regenerationszeit	keine (für die Wiederherstellung der Abflußdynamik nach Entfernung der Deiche) 10^0 bis 10^1 Jahre (für die Regeneration von Bettstrukturen) 10^2 bis 10^3 Jahre (bei gravierender Tiefenerosion)

Eindeichungen gehören zu den ältesten flußbaulichen Eingriffen, mit denen sich der Mensch vor Hochwassergefahren schützen wollte. Generell sind Uferdeiche von Binnendeichen zu unterscheiden (Abb. 4.6). Letztere sind vom Gewässer abgerückt und begrenzen die Überflutung der Aue. Uferdeiche fassen bei kleineren Gewässern oft ein kompaktes Trapezprofil ein, das den Mittel- und Hochwasserabfluß aufnimmt. Insbesondere in Baden wurde im Flußbau das auf Tulla zurückgehende Doppeltrapezprofil als Regelquerschnitt gewählt und die Vorländer mit Hochwasserdeichen[41] abgeschlossen (*Murg, Kinzig, Dreisam, Wiese* u.a.; auch Teilstrecken von *Donau, Argen* und *Enz*).

Mit Uferdeichen ist i.d.R. eine Vollregulierung verbunden; d.h. das Gewässer wird mit einem Regelprofil ausgebaut, Ufergehölze werden beseitigt bzw. ihr Aufkommen unterbunden, und zumindest der Deichfuß wird mit einer Böschungsfußsicherung gegen Erosion geschützt. Auf letzteres wird bei Doppel-

---

[41]Im badischen Wasserbau durchweg als "Dämme" bezeichnet, eine schon von Tulla (1825) verwendete Sprachregelung.

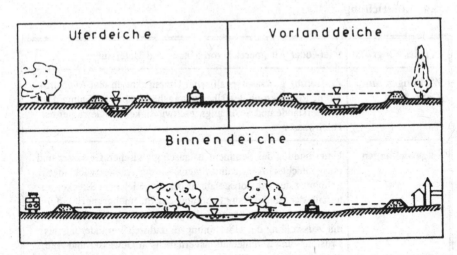

Abb. 4.6. Deicharten

trapezprofilen am Vorlanddeich häufig verzichtet, wodurch es bei Katastrophenereignissen, wie an der *Kinzig* im Februar 1990 zu Deichschäden kommen konnte (vgl. Kap. 2.6.3). Binnendeiche[42] können unter Schonung wertvoller Auen- und Uferbereiche bis an die zu schützenden Flächen herangerückt werden. Während Uferdeiche immer den Hochwasserabflußbereich einengen, werden mit Binnendeichen u.U. nur die Ausuferungen außerhalb des durchströmten Bereiches begrenzt.

Mit erosionsgeschützten Uferdeichen wird die weitere Umlagerung der Auensedimente und damit die Auenentwicklung durch Seitenschurf und Gleituferauflanddung unterbunden. Bei Vorland- und Binnendeichen wird der Eintrag von Sedimenten in die Aue unterbrochen sowie die Erosion von Auenrinnen[43] und der Materialaustrag verhindert. Da die Auenakkumulation mit der Entfernung vom Gewässer abnimmt und die Rinnenerosion auf stark durchströmte Bereiche begrenzt ist, wirkt diese Störung um so nachhaltiger, je näher der Deich am Abflußbereich liegt.

Durch jegliche Einengung der Auenüberflutung wird die fließende Welle verformt, wodurch sich Strömungskräfte und Wasserstände ändern. Dies betrifft sowohl eingedeichte Strecken als auch unterhalb gelegene, unangetastete Ab-

---

[42]Zur Klassifizierung von Binnendeichen siehe DVWK (1989[II]).

[43]Im Badischen auch "Schluten" genannt.

schnitte. Mit dem Verlust von Retentionsräumen steigen Abflüsse im eingedeichten Gewässer, und die Gefahr der Tiefenerosion wächst. Dieser Effekt setzt sich unterstrom fort bis – günstigstenfalls – der Wellenscheitel durch weiteren Auenrückhalt und durch Verformung im Gerinne seinen ursprünglichen Wert wieder erreicht hat.

Regeneration. Theoretisch können mit der Entfernung von Deichen die vormaligen Retentions- und Abflußverhältnisse sofort wiederhergestellt werden. Tatsächlich verändern jedoch auch die zwischenzeitlichen Flächennutzungen den Hochwasserablauf und damit die Morphodynamik der Aue. Zur morphologischen Regeneration der Aue gehört schließlich auch der Verzicht auf Ufersicherungen.
Insgesamt sind die Regenerationszeiten von Gewässerregulierungen als langfristig anzusehen, insbesondere wenn anthropogen verursachte Tiefenerosion die Entwicklung eines neuen Wirkungsgefüges von Gewässer und Aue auf einem anderen Gleichgewichtsniveau voraussetzt und wenn sich die morphologische Aue durch Laufverlagerungen, Rinnenerosion u.ä. restrukturieren muß.

Oberrhein. Am deutlichsten sind die hydrologischen Folgen der Eindeichung und des Flußausbaus am *Oberrhein* zu spüren; nach Lehle (1985) gingen durch den Staustufenbau nach 1955 rund 60 % der Retentionsflächen von Basel bis Iffezheim verloren. Nicht eingerechnet sind hier die älteren Eindeichungen und die Retentionsverluste durch die gravierenden Eintiefungen bei Breisach. Gegenüber 1955 führte dies nicht nur zu einer Verringerung der Laufzeit des Wellenscheitels zwischen Basel und Worms um 39 Stunden, sondern zu einer Erhöhung des ursprünglich 200jährlichen Abflusses bei Worms von 5900 m^3/s auf 6700 m^3/s. Über die morphologischen Konsequenzen dieses veränderten Hochwasserablaufs gibt es keine Erkenntnisse, da durch den Staustufenbau erheblich in den Geschiebehaushalt eingegriffen wurde.

4.5 Speicherbau

Mit allen Speicheranlagen sollen die täglichen oder saisonalen Schwankungen des Abflusses durch kurz- oder langfristige Zwischenspeicherung dem Bedarf bzw. dem Schutzbedürfnis angepaßt werden. Bei permanentem Einstau kommt es zu totalem Geschieberückhalt und Teilrückhalt der Schwebstoffe. Die Nutzungsdauer von Speicheranlagen ist daher vom Geschiebeanfall und vom Speichervolumen abhängig und kann insbesondere in Gebieten mit hoher Schwebstofffracht wenige Jahrzehnte betragen.

	Dauerstauspeicher (Kraftwerksspeicher, Trink- wassertalsperren, Hochwasser- schutzspeicher bzw. -rückhal- tebecken HRB, Mehrzweck- speicher)	**Trockenbecken** (Hochwasserrückhaltebecken)
Ort des Eingriffs	punktuell in Ober- und Mittel- läufen der Mittelgebirge und Alpen, HRB auch im Hügel- und Flachland	punktuell in Ober- und Mittel- läufen der Mittelgebirge und des Hügellandes
Wirkungen am Eingriffsort	totaler Geschieberückhalt, Teilrückhalt von Schwebstof- fen, Zwischenspeicherung von Abflüssen, je nach Relief und Sperrenhöhe Überstauung längerer Gewässer- und Tal- abschnitte	Teilrückhalt von Geschiebe- und Schwebstoffen, Zwischen- speicherung von Hochwasser- abflüssen
Folgewirkungen	Gefahr der Tiefen- und Seiten- erosion durch Geschiebedefi- zit; Veränderung des Abfluß- regimes, u.U Gefahr der Auflandung durch Geschiebe- lieferung aus Seitenbächen, u.U. Änderung der Laufent- wicklung, Änderung der Au- enüberflutung, Katastrophen- abfluß bei Dammbruch	Verringerung der Auenüber- flutung, Gefahr der Tiefen- und Seitenerosion durch Ände- rung des Abflußregimes, u.U. Gefahr der Auflandung durch Geschiebelieferung aus Seiten- bächen, u.U. Änderung der Laufentwicklung, Katastro- phenabfluß bei Dammbruch
Betroffene Raumeinheiten	Gewässerstrecken mit Bett- strukturen und Überschwem- mungsaue unterhalb der Sper- renstellen, Rückstaubereiche	Gewässerstrecken mit Bett- strukturen und Überschwem- mungsaue unterhalb der Sper- renstellen
Regenerations-zeit	10^2 bis 10^3 Jahre	10^1 bis 10^2 Jahre (ohne bedeu- tende Erosion)

Nach Brune (1953) hängt die Sedimentrückhaltewirkung von Speichern stark vom Verhältnis der Speicherkapazität C zum mittleren Zufluß I ab (Abb. 4.7). Bei kleinen C/I-Werten (Tagesspeicher) kann der Sedimentrückhalt gegen Null tendieren, bei großen Werten (Jahresspeicher) kann die Rückhaltewirkung nahezu 100 % betragen. Die Mehrzahl der Jahresspeicher weisen Rückhaltewirkungen von Feststoffen über 90 % auf.

Bei Hochwasserrückhaltebecken ohne Dauerstau, sogenannten Trockenbecken, fanden Roehl & Holeman (1973, zit. in Petts 1984) erstaunlich hohe Sediment-rückhaltewirkungen zwischen 65 und 94 %, die im Widerspruch zu den Werten von Brune stehen. Erklärlich sind solche Abweichungen mit der Vielzahl von Parametern, die die Rückhaltewirkung beeinflussen. Nach Petts (1984) können Einzelereignisse beim selben Speicherbecken ganz unterschiedliche Absetzwirkun-gen erzielen; Extremereignisse mit hohem Sedimenteintrag haben höhere Absetz-raten als mäßige Abflüsse mit geringen Feststofffrachten. Gemessene Absetzraten bei einzelnen Speichern bewegen sich nach Petts ereignisabhängig zwischen 60 und 90 %.

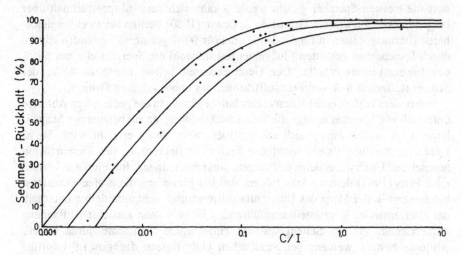

Abb. 4.7. Sedimentrückhalt in Abhängigkeit von Jahreszuflußvolumen und Speichergröße (nach Brune 1953)

Mit der Errichtung von Speicherbecken sind gegenläufige gewässermorpholo-gische Wirkungen unterhalb der Anlagen verbunden. Geschiebe wird – außer bei Trockenbecken – vollständig zurückgehalten, Schwebstoffe je nach Speichergröße und -betrieb zu einem großen Teil. Hochwasserabflüsse werden durch den See-retentionseffekt bei allen Speichern mehr oder weniger gedämpft, es sei denn bewegliche Auslaßorgane kompensieren die Retentionswirkung. Führt das Ge-schiebedefizit häufig zur Sedimentaufnahme aus der Sohle, so werden nach Petts (1984) durch die verminderten Abflüsse in vielen Fällen auch Akkumulation im Gerinne, Stabilisierung der Ufer, der Aue oder der Talhänge beobachtet. Das Zusammenwirken von Sedimenteintrag aus Zuflüssen unterhalb des Speichers mit erosiv wirkenden Beckenausflüssen ist entscheidend für die morphologische Entwicklung des Hauptgerinnes. Wird mehr Geschiebe durch Seitengewässer ins

Gerinne eingetragen, als die gedämpften Abflüsse transportieren können, so kommt es zumindest zeitweise zur Flußbettakkumulation.

Über die Anpassungszeiten der Gerinnemorphologie nach dem Speicherbau gibt es recht unterschiedliche Angaben; Petts zufolge kann es 5 Jahre dauern, bis überhaupt sichtbare Veränderungen eintreten (Reaktionszeit), und in einigen Fällen waren die Veränderungen nach 50 Jahren noch nicht abgeschlossen (Relaxation). Den Zeitrahmen zur geomorphologischen Gerinneanpassung gibt der Autor deshalb recht vorsichtig an (Petts 1984, S.119): *"Certainly it requires more than 10 years but probably less than one thousand."*

Da bei vielen Flüssen 75 % der Feststoffe aus den Oberläufen stammen und dort die meisten Speicher gebaut werden, kann sich der Sedimentrückhalt über lange Strecken auswirken. Grimshaw & Lewin (1980) stellten bei zwei vergleichbaren Einzugsgebieten in England eine um über 90 % geringere Feststofffracht im durch Speicherbau gestörten Flußgebiet fest, obwohl die Sperrenstelle nur 54 % des Einzugsgebiets erfaßte. Der Geschiebeanteil betrug nur etwa 4 %, der Schwebstoffanteil 8 % der Feststofffrachten des unbeeinflußten Gebiets.

Neben dem fehlenden Sedimentnachschub begünstigen die gedämpften Abflüsse unterhalb von Speicheranlagen die Deckschichtbildung, da ein bestimmter Schwellenwert im Abfluß kaum noch überschritten, aber häufig erreicht wird. So ist Deckschichtbildung als der wichtigste Faktor zur Begrenzung der Tiefenerosion anzusehen. Unterschiedliche Sedimentzusammensetzungen im Flußbett können nach Petts (1984) deshalb dazu führen, daß bei Eintiefung die größten Erosionsbeträge erst in der Mitte des Unterlaufs auftreten und nicht unmittelbar unterhalb der Sperrenstelle. In grobsedimentführenden Flüssen kann zunächst Auflandung vorherrschen, bis aus Seitengewässern eingetragene Sedimente durch höhere Abflüsse bewegt werden; bei Sandbächen und -flüssen dagegen ist sofortige Einschneidung wahrscheinlicher.

Die Veränderungen der Gerinnemorphologie unterhalb von Speicheranlagen ist kaum vorhersehbar (Abb. 4.8). Tiefenerosion ist nur *eine* von vielen möglichen morphologischen Folgen. Neben der Auflandung von Flußbetten durch Geschiebeeintrag aus Zuflüssen können auch Querschnittsänderungen durch Gerinneerweiterung eintreten. Rasche und häufige Wechsel von Abflüssen führen insbesondere bei kohäsiven Ufersedimenten zu Rutschungen durch austretendes Grundwasser bei sinkenden Wasserständen. Die Betriebsweise und die Größe der Abflußdämpfung ist neben den geomorphologischen Faktoren entscheidend für die Reaktion des Gerinnes. Wolman (1967, zit. in Petts 1984) fand bei der Untersuchung von 11 Flußgebieten mit Speichern in den USA bei geringer Abflußdämpfung ($Q_{ab}/Q_{zu} > 0,90$) überwiegend Tiefenerosion und bei großer Abflußdämpfung ($Q_{ab}/Q_{zu} < 0,75$) Akkumulation.

Selektive Transportprozesse bestimmen auch die Umstrukturierung des Flußbetts, wenn keine gravierende Tiefenerosion eintritt. Kies- und Geröllbänke, Stromschnellen und Kolke waren durch die ursprüngliche Abflußdynamik bestimmt. Soweit die gedämpften Abflüsse nur einen Teil der Sedimente bewegen können, bleiben diese Strukturen erhalten oder werden von feineren Sedimenten überlagert oder verfüllt. Bürkle (1986b) berichtet von Versandungen der *Lein* bei Alfdorf in Württemberg, nachdem durch den Bau von fünf Rückhaltebecken die Ausuferungen von 3mal pro Jahr auf einmal in 5-10 Jahren zurückgegangen waren.

Abb. 4.8. Mögliche Veränderungen der Gerinnegeometrie unterhalb von Speicheranlagen

Ebenfalls zu den Folgen des Speicherbaus ist die Möglichkeit von Dammbruchwellen und Bergsturzwellen (ohne Dammbruch) zu rechnen. Dabei können künstliche Abflüsse erzeugt werden, die weit über dem Abflußpotential des natürlichen Einzugsgebiets liegen und enorme Gerinneveränderungen hervorrufen können. Sie finden ihre natürliche Entsprechung im Durchbruch von pleistozänen Eisstau- und Moränenseen und von Bergrutschseen und sind im geomorphologischen Sinne als Katastrophenereignisse anzusehen (vgl. Kap.2.8).

Regeneration. Die Regenerationszeiten nach Aufgabe oder Beseitigung der Speicherung hängen von der Degradierung des Flußbettes ab. Für gravierende Einschneidung müssen, wie bei Gewässerregulierungen (Kap. 4.4), Jahrhunderte angesetzt werden. Dies gilt auch dann, wenn z.B. durch Deckschichtbildung die Tiefenerosion nach einiger Zeit zum Stillstand kam und die Gewässermorphologie sich dem veränderten Abflußregime angepaßt hat. Die Wiederherstellung der ursprünglichen Gefälleverhältnisse und Gerinnequerschnitte setzt eine Umlagerungsphase voraus, die hier zwar mit der Veränderung des Abflußregimes durch Entfernung des Speichers erreicht werden kann, aber dennoch lange Zeiträume beansprucht. Bei geschiebearmen Gewässern kann dagegen vielleicht schon innerhalb von Jahrzehnten die Restrukturierung des Gewässerbettes abgeschlossen sein.

Die morphologische Auswirkung von Trockenbecken (HRB) ist generell etwas geringer anzusetzen, da zumindest ein Teil des Geschiebes die Sperrenstelle passiert. Allerdings sind auch hier morphologische Folgen des veränderten Abflußregimes nur langfristig ausgleichbar.

4.6 Diskussion

Der Ansatz der *Regenerationszeiten* ging vom jeweiligen natürlichen oder kulturbedingten Ausgangszustand aus. Letzterer bezieht sich auf Mehrfacheingriffe, wie z.B. der Einbau von Buhnen in bereits kanalisierte Flüsse. So kann eine gewisse Restrukturierung der Sohle nach Entfernung von Buhnen oder Sohlenbauwerken in vergleichsweise kurzer Zeit erfolgen, wenn das regulierte Gewässer ohne diese Einbauten als Bezug gewählt wird. Der kanalisierte *Oberrhein* wies nach Schäfer (1974) vor der Niedrigwasserregulierung ein durch Kiesbänke und verfestigte Inseln reich strukturiertes Bett auf (Abb. 4.4, S. 137).

Nach Abb. 4.9 sind bei allen Eingriffen, die morphologische Veränderungen der Aue oder Eintiefung des Gewässerbettes bewirkt haben, lange Regenerationszeiten vorauszusetzen. Die völlige Beseitigung der anthropogen zumindest verstärkten Auenlehmdecken ist auch durch eine erneute Klimaschwankung nicht vorstellbar, allenfalls eine Umlagerung der Auensedimente mit Bildung einer weiteren "Auenterrasse" nach Schirmer (1983). Freilich sind solche Überlegungen theoretischer Natur, da sie den vollständigen Rückzug des Menschen aus ganzen Flußeinzugsgebieten bedingen. Die Zeitspanne zur morphologischen Regeneration der Aue, z.B. nach Besiedelung, Auskiesung o.ä., ist von der Erosionsresistenz der Auensedimente und Uferbereiche sowie der Abflußdynamik abhängig.

Eingriffe, durch die Tiefenerosion ausgelöst wurde, wie z.B. Schwallflößerei, Speicherbau, Laufverkürzung, sind ebenfalls im oberen Bereich von Abb. 4.9 anzusiedeln. Die Regeneration erodierter Gewässer setzt zunächst die Herstellung

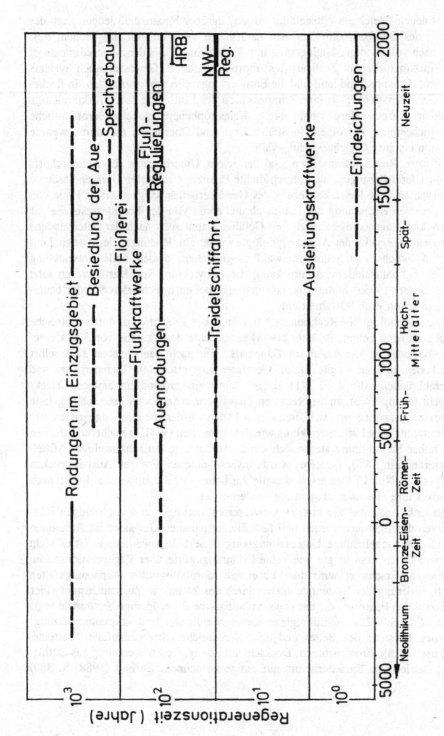

Abb. 4.9. Eingriffe in Gewässersysteme und erforderliche Regenerationszeiten

eines neuen Gleichgewichtsgefälles voraus, darüber hinaus muß jedoch auch der Bezug des Gewässerbettes zur Aue natürlichen Verhältnissen entsprechen; d.h. erst nach vollständiger Umlagerung mit Abtrag eines Teils der Auensedimente ist ein quasinatürlicher Zustand des morphologischen Gewässer-Auen-Systems erreicht. Entsprechend lang sind die Entwicklungszeiträume anzusetzen. In flacheren Gewässerstrecken ist eine Kompensation der Eintiefung durch Akkumulation denkbar, insbesondere wenn durch Katastrophenereignisse außerordentliche Geschiebeeinträge erfolgen, in Steilstrecken und Oberläufen nur durch weitere Erosion bis zum Gleichgewichtsgefälle.

Kürzere Regenerationszeiten sind bei reiner Unterbindung des Seitenschurfs durch Ufersicherungen, auch durch dichte Pflanzung schmaler Ufergehölzsäume zu erwarten. Die Restrukturierung des Gewässerbettes hängt in erster Linie von der erneuten Krümmung des Laufes ab und somit von der Erosionsresistenz der Ufer- und Auensedimente und vom Gefälle. Damit setzt auch der unterbundene Entwicklungszyklus der Auenmorphologie wieder ein. Rodungen der Aue sind mit dem Aufwuchs von Sekundärauwald ausgeglichen, dessen volle Entwicklung jedoch 2-3 Jahrhunderte dauern kann; die Entwicklung von Hartholzauen setzt nach Dister (1985a) in der Sukzessionabfolge bei entsprechenden Standortbedingungen schon nach 80 Jahren ein.

Die morphologische Reaktion nach flußbaulichen Eingriffen ist durch zahlreiche Beobachtungen belegt. Brookes (1988) untersuchte den Zustand von 300 kleineren, begradigten Gewässern in Dänemark, die nach dem Ausbau sich selbst überlassen blieben. Viele dieser Gewässer reagierten mit Tiefenerosion und Uferabbrüchen (Abb. 4.10, W1), einige bildeten eine erosionseindämmende Deckschicht heraus (W2), in verbreiterten Gewässern schnitt sich eine schlängelnde Niedrigwasserrinne ein (W3), in anderen Fällen wurden die Ufer angegriffen, um die ursprüngliche Laufentwicklung wiederherzustellen (W4); in flacheren Strecken bei hoher Sandführung stellte sich durch Auflandung ein schlängelndes Mittelwasserbett ein (W5). Letzteres wurde insbesondere an jüngeren Ausbaustrecken festgestellt. Nur 13 Gewässer, die alle ein hohes Gefälle aufwiesen, hatten nach Brookes ihre alte Laufentwicklung wiedererlangt.

Bedenkt man, daß die meisten Gewässerregulierungen erst vor wenigen Jahrzehnten durchgeführt wurden und fast alle ausgebauten Gewässer im Ausbauzustand durch regelmäßige Unterhaltungseingriffe erhalten werden, so ist es nicht verwunderlich, daß so gut wie keine Erfahrungswerte über Regenerationszeiten vorliegen. Erschwert wird die Vorhersage morphologischer Anpassungszeiten nach Änderung der Systemparameter durch das komplexe Zusammenspiel einer Vielzahl von Faktoren, die das geomorphologische Prozeßgefüge bestimmen (vgl. Abb. 4.1, S. 122): Abflußregime, Geschiebeführung und -zusammensetzung, Erosionsresistenz des Bettes und der Uferbereiche, Streckengefälle, Gesteinswechsel, lokale Erosionsbasen, Deckschichtbildung, Geschiebeeintrag aus Zuflüssen, Betrieb von Speichern, um nur einige zu nennen. Carling (1988, S. 380)

folgerung: *"Responses may follow one of several hypothetical models, the timescales of each being the most poorly understood element."*

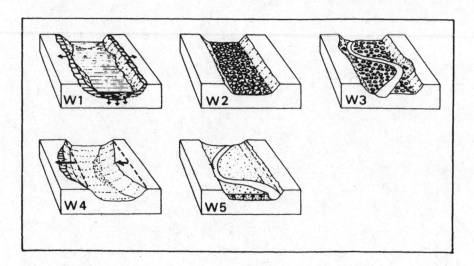

Abb. 4.10. Morphologische Veränderungen an regulierten Gewässern in Dänemark (nach Brookes 1988)

5 Gewässergestaltung und -entwicklung

5.1 Ziele der Gewässerentwicklung

5.1.1 Gewässerbewertungen

Die Strukturen und Funktionen von Ökosystemen in der Natur sind wertfrei[44]. Erst der Nutzungsanspruch des Menschen unterwirft die Vorgänge und Objekte der Natur einem bestimmten Werturteil. Der Natur wird erst gegenüber der Naturzerstörung ein Wert zugeordnet. Bewertungskriterien sind nach Bauer (1990) und Bostelmann (in Kern, Bostelmann & Hinsenkamp 1992) z.B.

- Naturnähe;
- Vollkommenheit (systemtypische Strukturvielfalt und Biozönosen);
- Stabilität (Empfindlichkeit gegenüber Belastungen);
- Gefährdung (aus Belastbarkeit und Seltenheit);
- Seltenheit und Repräsentanz (Präsenz gebietstypischer Ökosysteme);
- Wiederherstellbarkeit (Regenerationspotential);
- Schutzfunktionen (Erosions-, Klima-, Wasserschutzfunktion);
- Eigenart und Schönheit der Landschaft.

Bewertungsmaßstab ist nach Bauer (1990, S.130) *"ein systemtypischer und natur-raumtypischer Sollzustand, d.h. ein für den jeweiligen Naturraum bzw. für ein Ökosystem der verschiedenen Naturräume typischer (charakteristischer) Zustand an Arten, Strukturen und Funktionen der Gewässer-Ökosysteme"*.

Dieser Naturzustand wird nicht näher definiert, insbesondere fehlen Angaben über die zeitliche Einstufung. Ist hiermit der Urzustand vor menschlicher Einwirkung auf den Natur- und Landschaftshaushalt gemeint, oder werden lang

---

[44]In der Natur werden Ökosysteme durch "Katastrophen" ständig verändert; dazu gehören der artenverdriftende Hochwasserabfluß auf der Mikroebene (Kap. 2.8.5) ebenso wie der alles Leben auslöschende Meteoriteneinschlag im globalen Maßstab. Eine Wertzuweisung setzt einen bestimmten Standort mit einem subjektiven Wertemaßstab voraus.

zurückliegende, aber nicht regenerierte anthropogene Einflüsse, wie Auenauflandung oder Bodenverarmung, in Kauf genommen?

Tabelle 5.1. Morphologische Merkmale zur Gewässerbewertung bei zwei gebräuchlichen Verfahren

LÖLF & LWA (1985)	Werth (1987)
geomorphologische Strukturelemente	geomorphologische Parameter
a) aquatischer Bereich Felsblöcke, Gerölle, Sand- und Kiesbänke, Kolke; künstliche Bauteile wie Schwellen, Steinschüttungen, Betonteile u.a. b) amphibischer Bereich Inseln, Anlandungen, Sand- und Kiesbänke, Geschwemmsel, Uferbereiche mit Unterspülungen und Abbrüchen; künstliche Uferbefestigungen c) terrestrischer Bereich Flutmulden, Uferwälle, Talränder; künstliche Veränderungen, wie Deiche, Dämme, Aufschüttungen, Abgrabungen, Bauwerke	a) Morphometrie Linienführung, Längsprofil, Querprofil b) Sohle Sohlensubstrat, Sohlenstruktur (Relief), Breitenvariabilität c) Uferbereich Böschungs- bzw. Uferform mit Neigung, Struktur und Fußausbildung, Böschungsmaterial

Die Entwicklungsgeschichte der mitteleuropäischen Kulturlandschaft ist – verglichen mit den mediterranen Landschaften – zwar recht kurz, dennoch fällt es schwer, die Summe der Einwirkungen auf den Landschaftshaushalt abzuschätzen und daraus den Urzustand zu rekonstruieren. Das Erscheinungsbild strukturreicher, gehölzbestandener Gewässer mag uns im Vergleich zu Strecken, die erst vor wenigen Jahrzehnten ausgebaut wurden, naturnah oder natürlich scheinen, dennoch wissen wir nicht, welche Spuren jahrhundertelange Wasserkraftnutzung, Flößerei und Flächennutzungen (Rodungen und Folgenutzungen, Waldweide- und Streunutzung) in den Gewässern und Auen hinterlassen haben (vgl. Kap. 3 und 4).

Gebräuchliche Bewertungsverfahren nehmen einen "gedachten natürlichen" Zustand als Bezugsbasis (LÖLF & LWA 1985, Werth 1987, Bostelmann 1991). Geringe Beeinträchtigungen werden einem "naturnahen" Zustand zugeordnet, starke Beeinträchtigungen werden als "naturfern" und "naturfremd" bezeichnet.

Als *morphologische* Bewertungsmerkmale werden von LÖLf & LWA (1985) geomorphologische Strukturelemente im aquatischen, amphibischen und terrestrischen Bereich unterschieden (Tabelle 5.1). Werth (1987) berücksichtigt zusätzlich die Gesamtform des Gewässers, beschränkt sich jedoch weitgehend auf den Mittelwasserbettbereich.

5.1.2 Morphologische Entwicklungsziele

Aus morphologischer Sicht[45] sind bei naturnahen Umgestaltungen oder Entwicklungsplanungen zwei grundsätzliche Forderungen zu stellen:

> I *Gewässertypische Morphodynamik*
> II *Gewässertypische Strukturvielfalt*

Beide Forderungen sind eng miteinander verknüpft, da nur durch die gewässertypische Morphodynamik auch die entsprechenden Strukturen entstehen können. Zugleich sind diese Forderungen in einen räumlich-zeitlichen Bezug zu stellen, will man den in Kap. 2 diskutierten Gewässerentwicklungen Rechnung tragen.

I Gewässertypische Morphodynamik. Gewässerbettstrukturen verändern sich durch mittlere bis 10^1jährliche[46] Hochwasserereignisse, Mikrohabitate mit saisonalen Abflußschwankungen, während Gewässer- und Flußstrecken durch 10^1- bis 10^2jährliche Abflüsse mit entsprechenden Geschiebebewegungen ihren Charakter ändern können (vgl. Kap. 2.3).

Gleichgewichtsprozesse wurden in Kap. 2.6 für die Raumeinheiten ab "Gewässerabschnitt/Talboden" beschrieben. Für flußbauliche Eingriffe sind die morphodynamischen Prozesse auf den Ebenen "Gewässerstrecke/Überschwemmungsaue" und "Bettstrukturen/Auenhabitate" von Bedeutung.

Für *Gewässerstrecken* wurde die Ruhezeit, während der ein ungestörtes Gleichgewicht herrscht, mit $10^2/10^3$ Jahren angegeben (Kap. 2.6.3); in geschiebereichen Gewässern und Gebirgsbächen kann der Entwicklungszeitrahmen noch darunter liegen (Kap. 2.3.4). Die Veränderungen wurden in dieser Raumeinheit als ein gleichförmiger Gleichgewichtsprozeß beschrieben, bei dem beispielsweise die mittlere Sohlenlage, der Windungsgrad (Laufentwicklung/*sinuosity*) oder die Zahl von Altarmen in unterschiedlichen Verlandungsstadien erhalten bleibt. Störungen des Gleichgewichts erfolgen durch Katastrophenereignisse, wie z.B. durch

---

[45]Weitere Entwicklungsziele sind in Kern, Bostelmann & Hinsenkamp (1992) genannt.

[46]Die Bezeichnung "10^1jährlich" wird beibehalten, um deutlich zu machen, daß nicht – wie in der Hydrologie – ein nach statistischer Wahrscheinlichkeit ermittelter Abfluß gemeint ist, sondern eine Größenordnung angegeben wird (vgl. Tabelle 2.2, S. 59).

$10^2/10^3$jährliche Abflüsse, Flutwellen bei Eisversatz oder Murgänge und Hangrutschungen im Gebirge (Kap. 2.8.3). Die Neubildung eines Gleichgewichts erfordert $10^1/10^2$ Jahre (Kap. 2.6.3).

Bei *Bettstrukturen* wurde eine Ruhezeit von 10^1 Jahren angegeben (Kap. 2.6.4), während der allmähliche Veränderungen durch Ein- und Austrag von Sedimenten und Treibgut sowie durch örtliche Auskolkungen und Auflandungen stattfinden. Störungen erfolgen durch Abflüsse der Größenordnung $T = 10^1$ Jahre, wobei es zur völligen Umbildung von Strukturelementen kommen kann (Kap. 2.8.4). Das hängt freilich von den jeweiligen Gegebenheiten ab; Riffle-Pool-Sequenzen in hangschuttverblockten Bergbächen sind sehr viel dauerhafter als Sand- und Kiesbänke in rein alluvialen Gewässerbetten. Die Anpassung der Bettmorphologie nach einem solchen Katastrophenereignis kann in kurzer Zeit (10^0 Jahre) durch wenige kleinere Abflüsse geschehen (Kap. 2.6.4).

II Gewässertypische Strukturvielfalt. Die gewässertypischen Strukturen werden durch eine Vielzahl von Faktoren bestimmt, wie Abflußgeschehen, Geschiebeeintrag und -zusammensetzung, örtliche Gefälleverhältnisse, Geologie und Morphologie des Talbodens, Vegetation (Abb. 4.1, S. 122). Strukturvielfalt an sich ist kein Gradmesser für Naturnähe, vielmehr sind die gewässerspezifischen Merkmale maßgebend. So sind Auenlehmgewässer mit geringer Geschiebeführung oder auch reine Sandbäche im Flachland ohne Gerölle sehr viel strukturärmer als beispielsweise Bergbäche, die teils in der eigenen Aufschüttung, teils im kaltzeitlich verfrachteten Hangschutt verlaufen, und daher die ganze Bandbreite der Bachsedimente vom Feinsand bis zu großen Geröllen, aber auch unbewegliche Blöcke aufweisen können. Es ist eine Aufgabe der flußmorphologischen Forschung, diese gewässerspezifischen Strukturen für regionale Gewässertypen zu beschreiben (Kap. 7).

Auf räumlicher Ebene sind die *Bettstrukturen* bzw. *Auenhabitate* mit den zugehörigen *Mikrohabitaten* zu unterscheiden, die den Charakter einer *Gewässerstrecke* prägen. Die *Gewässerstrecke* ist die größte Raumeinheit, für die eine Strukturvielfalt definiert werden kann. Innerhalb eines *Gewässerabschnitts* können unterschiedliche Gefälle vorherrschen und somit auch verschiedene Bettstrukturen und Sedimentverteilungen entstehen.

Die beiden Hauptforderungen bedeuten für die flußbauliche Praxis, daß Gewässer so zu gestalten und zu pflegen sind, daß sie innerhalb des gegebenen Zeitrahmens der Gewässerentwicklung ihre charakteristischen Formen und Strukturen bilden können und ihrer spezifischen Dynamik unterliegen.

Die Gewässerentwicklung wird durch naturgegebene Katastrophenereignisse abgebrochen, um dann – u.U. auf einem neuen Gleichgewichtsniveau – von vorne zu beginnen.

Für *Bettstrukturen*, wie Inseln, Uferbereiche, Buchten, Pool-Riffle-Sequenzen u.ä., bedeutet dies, daß zur Wahrung der Morphodynamik und Strukturvielfalt

Flußbaumaßnahmen so auszuführen sind, daß die völlige Um- und Neubildung der Bettstrukturen durch Katastrophenabflüsse (hier: Größenordnung T = 10^1 Jahre) möglich ist und bereits bei kleineren Abflüssen morphologische Veränderungen im Sinne eines dynamischen Gleichgewichts erfolgen können.

Auf *Gewässerstrecken* bezogen heißt dies, daß die gewählten Ausbauarten maximal bis zum Katastrophenereignis (hier: Größenordnung T = $10^2/10^3$ Jahre) Bestand haben sollten und Laufänderungen, kleinere Fluktuationen der Sohlenlage u.ä. nicht unterbunden werden. Dauerhafte Eintiefungs- oder Auflandungstendenzen widersprechen dem in diesem Zeitrahmen angenommenen gleichförmigen Gleichgewichtszustand der Gewässerentwicklung und deuten auf anthropogene Störungen hin.

5.1.3 Planungshorizont

Für Planungszeiträume im Flußbau gibt es keine Festlegungen. Anhaltswerte können den Angaben der LAWA (1979) über durchschnittliche Nutzungsdauern wasserbaulicher Anlagen im Zusammenhang mit Kosten-Nutzen-Analysen entnommen werden. Danach werden für Flußdeiche, künstliche Flußbetten, Schiffahrtskanäle, Staumauern und Staudämme, feste Wehranlagen und Betonbauwerke 80-100 Jahre angesetzt, für Ufersicherungen einschließlich Lebendbau 30-50 Jahre, vorausgesetzt das Gerinne befindet sich im Gleichgewicht. Beim Ausbau kleiner Vorfluter liegen die durchschnittlichen Nutzungsdauern für Sohlen- und Böschungssicherungen zwischen 20 und 40 Jahren. Diese Werte orientieren sich an der zu erwartenden Haltbarkeit der Baumaßnahmen und nicht an im Steuerrecht üblichen Abschreibungszeiten.

Bei der Festlegung eines Planungshorizontes im naturnahen Flußbau muß aus morphologischer Sicht die naturgegebene Gewässerentwicklung beachtet werden. Die zuvor beschriebenen geomorphologischen Entwicklungsprozesse (Kap. 2.3) verändern die Gewässermorphologie zwar nicht kontinuierlich, sondern zumeist in einzelnen Schüben, wie auch Bremer (1989) herausstellt. Dennoch sind Gleichgewichtsprozesse von Katastrophenereignissen zu unterscheiden, nach denen sich ein neues Gleichgewicht einregeln muß. Der Planungshorizont im Flußbau ist folglich an den in Kap. 2.6 beschriebenen Gleichgewichtsprozessen zu orientieren, da nur so den morphologischen Entwicklungszielen – Morphodynamik und Strukturvielfalt – Rechnung getragen werden kann. Die Begrenzung der Planungszeiträume ist durch die Auftretenshäufigkeit von Katastrophenereignissen gegeben.

Gewässerstrecken sind demnach so (um-) zu gestalten, daß die gleichgewichtserhaltenden Veränderungen des Bettes nicht wesentlich beschränkt werden. Gleichgewichtsstörende Katastrophenereignisse stellen einen neuen Ausgangszustand her, der u.U. neue Ausbaumaßnahmen erfordert. Bei Gewässerstrecken wurde in Kap. 2.8.3 für Katastrophenabflüsse T = $10^2/10^3$ Jahre angesetzt. Den übrigen Katastrophenereignissen – Murgänge, Hangrutschungen, Flutwellen durch Eisversatz – kann mangels Untersuchungen keine Eintretenswahrscheinlichkeit zugeordnet werden. Der Planungshorizont ist im Flußbau für *Gewässerstrecken* mit T = $10^2/10^3$ Jahre anzusetzen und liegt somit über dem bisher üblichen Rahmen, ist jedoch vergleichbar mit Planungszeiträumen in der Forstwirtschaft – ein durchaus berechtigter Vergleich, wenn man den Einfluß von Ufergehölzen auf die Gewässermorphologie bedenkt.

Soweit die gleichgewichtserhaltende Morphodynamik nicht wesentlich eingeschränkt wird, sind auch im naturnahen Flußbau konstruktive Vorkehrungen gegen die Auswirkungen destabilisierender Katastrophenereignisse denkbar. Insbesondere Maßnahmen zur Abwendung von Tiefenerosion nach Aufreißen von Deckschichten sind u.U. angebracht, um nicht auf unabsehbare Zeit naturnahe Entwicklungen auszuschließen (vgl. Kap. 5.2.3 und 5.3.4).

Für die Raumeinheit *Bettstrukturen* gilt ein entsprechend kürzerer Planungshorizont. Die völlige Neubildung von Strukturelementen erfolgt nach Kap. 2.8.4 bereits bei Abflüssen der Größenordnung T = 10^1 Jahre. Vorkehrungen gegen die Auswirkungen von Katastrophenabflüssen sind nicht angebracht, da mit der Zerstörung von Bettstrukturen unmittelbar neue geschaffen werden, die sogleich morphodynamischen Veränderungen durch kleinere Abflüsse unterliegen.

Während beim herkömmlichen Flußbau der Planungshorizont in erster Linie an der Haltbarkeit der Bauweisen ausgerichtet war, erfordert der naturnahe Flußbau somit eine Differenzierung des Planungshorizontes gemäß der räumlich-zeitlichen Gewässerentwicklung. Das bedeutet aber auch, daß im naturnahen Flußbau jederzeit mit einer völligen Zerstörung und Umbildung einer Flußstrecke zu rechnen ist, was nicht als ein Versagen der angewandten Bauweisen und Gestaltungsmethoden gewertet werden darf.

Angaben für größere Raumeinheiten sind nicht angebracht, da sich flußbauliche Maßnahmen an den morphologischen Gegebenheiten von Strecken, wie z.B. Talbreite, Gefälle, Querschnitt, Bettstrukturen u.ä., orientieren; d.h. durch flußbauliche Eingriffe können zwar ganze Gewässersysteme verändert werden, die konkrete Planung bezieht sich jedoch immer auf die hydromorphologischen Parameter einzelner Strecken.

Ebensowenig sinnvoll sind Angaben zur kleinsten räumlichen Differenzierung, den *Mikrohabitaten*, da diese stetigen Veränderungen mit den Schwankungen des Abflusses unterliegen. Diese Feststellung ist im naturnahen Flußbau insofern von Bedeutung, als immer wieder versucht wird, auch in dieser Raumeinheit zu gestalten (Einbringen von Substraten, Modellierung der Sohle etc.).

5.2 Das Leitbild-Konzept als Planungsinstrument

Die Bedeutung des Leitbilds in der ökologischen Gewässerplanung und -bewirtschaftung wurde schon mit der ersten Bestandsaufnahme bundesweiter Umgestaltungsprojekte herausgestellt (Kern & Nadolny 1986). Die Grundzüge der Leitbildplanung sollen hier bezüglich der morphologischen Gewässergestaltung vertieft werden.

Abb. 5.1 zeigt die Komponenten, aus denen das Planungsleitbild zusammengesetzt wird. Der "Naturgegebene Gewässer- und Landschaftscharakter" ist bezüglich des morphologischen Leitbildes mit dem "systemtypischen und naturraumtypischen Sollzustand" (Bauer 1990) gleichzusetzen, der in vielen Fällen nur näherungsweise bestimmt werden kann (vgl. Kap. 5.1.1). Er wird nachstehend als "Morphologischer Gewässertypus" bezeichnet.

Die "Kulturhistorische Landschaftsentwicklung" als zweite Hauptkomponente trägt zum einen der Tatsache Rechnung, daß die Eingriffe des Menschen nicht nur eine Verarmung und Degradierung der Gewässerökosysteme, sondern zugleich auch eine Bereicherung der Biotopstrukturen mit ihrem Arteninventar bewirkt haben. Zum anderen ist zu berücksichtigen, daß die Wahrung des kulturhistorisch gewachsenen Landschaftsbildes ein zentrales Anliegen der Landschaftspflege darstellt (Kap. 5.2.2 "Kulturbedingter Gewässertypus").

Das "Heutige Standort- und Entwicklungspotential" als dritter Bestimmungsfaktor für das Planungsleitbild berücksichtigt die konkreten Entwicklungsmöglichkeiten des Planungsraumes innerhalb des aufgezeigten Planungshorizonts. Hier stellt sich die Frage nach der Reversibilität von Eingriffsfolgen, nach den in Kap. 4 diskutierten Regenerationszeiten (Kap. 5.2.3). Welche Folgerungen aus irreversiblen Eingriffen zu ziehen sind, wird in Kap. 5.3 angesprochen.

Das so zusammengesetzte Planungsleitbild für naturnahe Gewässerentwicklungen ist ein Idealbild, das neben irreversiblen Eingriffsfolgen weiteren Einschränkungen unterliegt und nur mit Abstrichen umgesetzt werden kann (Abb. 5.1). Bezüglich der morphologischen Entwicklung können Vorgaben von Wasserwirtschaft, Naturschutz und vom Projektträger, aber auch Einsprüche, Finanzierungsengpässe und politische Rücksichtnahmen eine Optimallösung verhindern. Die durchführbare Lösung ist deshalb daraufhin zu überprüfen, inwieweit die morphologischen Entwicklungsziele noch erreicht werden.

5.2.1 Morphologischer Gewässertypus

Das Zusammenwirken von Geologie, Relief und Klima bezüglich der morphologischen Gewässerentwicklung mit Bildung des Längsprofils und der Talform wurde in Kap. 1 dargestellt. Die Laufentwicklung wird im wesentlichen vom Ge-

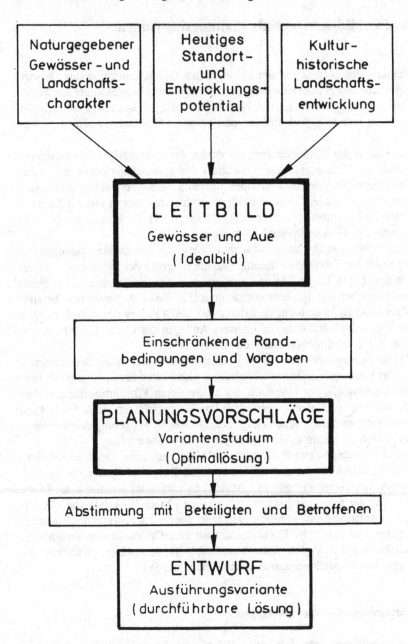

Abb. 5.1. Synthese des Planungsleitbildes und Schritte zum ausführbaren Entwurf (aus Kern 1991)

fälle und der Talform bestimmt, aber auch Abflußverhalten und Sedimentfracht beeinflussen den Gewässergrundriß. Die Querschnittsausbildung steht in unmittelbarem Zusammenhang mit der Laufentwicklung. Die Vegetation wirkt in zweifacher Weise auf die Gewässermorphologie ein; zum einen bestimmt sie als Bedekkung im Einzugsgebiet die Rate des Verwitterungsabtrags und den oberirdischen Abflußanteil, zum anderen ist sie als stabilisierendes Element unmittelbar an der Bettmorphologie beteiligt und beeinflußt, besonders in kleineren Gewässern, das Strömungsverhalten durch verwurzeltes und abgestorbenes Material. Die Struktur des Gewässerbettes und die Auenmorphologie sind auf der untersten Ebene das Resultat dieses Wirkungsgefüges (Abb. 4.1, S. 122).

Aus morphologischer Sicht hat das Idealgewässer in unseren Breiten den Charakter und die Strukturen eines Waldbaches, zumindest solange die Ufergehölze die Morphologie beeinflussen (vgl. Kap. 1.6). Die Entwicklung dieser naturraumspezifischen Waldbachmorphologie setzt folglich die Existenz eines mehrere Baumkronendurchmesser breiten Uferwaldes voraus.[47]

Vergleichbarkeit von Referenzstrecken. Typenreihen, wie sie von Otto (1991) erstellt wurden (Kap. 1.7.2), sind eine hilfreiche Abstraktion der tatsächlichen Formenvielfalt. Für die Erstellung des morphologischen Leitbildes kommt es darauf an, so konkret wie möglich die typischen Erscheinungsformen der Gewässer zu erfassen und Veränderungsvorgänge einzuschätzen. Bestenfalls liegen diese Daten in einer regionalen Typenbeschreibung zumindest für Bäche bereits vor, wie sie derzeit in Baden-Württemberg (Forschungsgruppe Fließgewässer 1993) und in Rheinland-Pfalz (Otto, mündl. Mitt.) erarbeitet wird.

Ist dies nicht der Fall, so sollten im Gelände nach eingehendem Studium auch historischer Karten morphologische Untersuchungen vorgenommen werden, zu denen auch vergleichbare Gewässerstrecken (Referenzstrecken) herangezogen werden können. Verglichen werden kann nur auf der Ebene von Strecken, da nur in dieser Raumeinheit laut Definition (vgl. Kap. 2.3.4) Gefälle, Talform und

---

[47]Ein schönes Beispiel für den ökologischen Wert solcher Strecken gibt es am *Bampfen* (Bodenseebecken/Lkrs. Ravensburg), wo zwei Teilstrecken von einem insgesamt 20 m breiten Waldsaum aus Erlen, Eschen, Weiden, Eichen und Pappeln begleitet werden. Nach Ness (1989) schwankt die Breite des mäandrierenden, in Schnellen und Stillen gegliederten Bachlaufs zwischen 1,1 und 3,3 m (Ø 2 m) bzw. 2,1 bis 4,2 m (Ø 3 m) gegenüber den begradigten, gehölzfreien Strecken mit 1,15 bis 1,75 m (Ø 1,4 m). Ähnlich verhalten sich die Wassertiefen der bewaldeten Mäanderstrecken mit 0,05 bis 0,6 m (Ø 0,24 m) bzw. 0,12 bis 1,35 m gegenüber 0,21 bis 0,41 (Ø 0,25 m). Entsprechend vielfältig sind die Fließgeschwindigkeiten und die Sedimentverteilungen in den Mäanderstrecken verglichen mit dem ausgebauten Lauf. Die Fischfauna der Waldstrecken entsprach weitgehend dem von Ness (1989) postulierten natürlichen Spektrum, während die Ausbaustrecken deutliche Defizite aufwiesen.

morphologische Parameter wie Laufentwicklung und Bettstrukturen einheitlich sind.

Tabelle 5.2 gibt in der Reihenfolge ihrer Bedeutung eine Zusammenstellung der wichtigsten Kriterien zur morphologischen Vergleichbarkeit von Gewässerstrekken. Das wichtigste Kriterium ist die *Beschaffenheit des Gesteins* im Einzugsgebiet und auf der Gewässerstrecke; i.d.R. sind die geologischen Formationen durch die Naturraumgrenzen voneinander abgegrenzt. Ist das Verwitterungsverhalten ähnlich, so kann ein Wechsel der Untereinheiten geologischer Hauptformationen hingenommen werden. Entscheidend für die Zusammensetzung der fluvialen Sedimente kann auch das Vorkommen einer geringmächtigen Schicht mit abriebresistenterem Material sein, wie an *Goldersbach* und *Speltach* gezeigt wurde (Kap. 1.1.2).

Die *Talform* bestimmt zusammen mit dem Streckengefälle (und der Geschiebeführung) die Laufentwicklung. Entscheidend für die Auenbildung, aber auch für die Geschiebeaufnahme ist die Topographie des Talbodens und die Herkunft und Zusammensetzung der Talbodensedimente. Strecken in rein fluvial verfrachteten Talsedimenten (alluviale Gewässerstrecken) sind morphologisch nicht vergleichbar mit Strecken, in denen die Talbodenfüllung überwiegend aus kaltzeitlich verfrachtetem Hangschutt besteht, oder mit Strecken, die sich ins anstehende Gestein einschneiden (vgl. Kap. 1.7.1). Die Ansprache der vorgefundenen Sedimente erfordert in vielen Fällen geographisch-geologischen Sachverstand.

Die Toleranzgrenze des *Streckengefälles* muß im Zusammenhang mit dem generellen Gewässertypus gesehen werden. Bei Flachlandgewässern kann ± 1 ‰ schon eine weite Spanne sein; bei Bergbächen kann selbst auf einer morphologisch einheitlichen Strecke die Schwankung des Gefälles schon 5 ‰ betragen. Entscheidend ist das strömungsbedingte Transport- und Erosionsvermögen.

Die *Gewässerordnung* im Konfluenzsystem ist ein einfaches Maß für die Vergleichbarkeit der Gewässergröße (vgl. Kap. 1.7). Insbesondere für kleinere Bäche sind enge Grenzen zu setzen. Für Flüsse, bei denen der Uferbewuchs und die Uferbeschaffenheit nur untergeordnete Bedeutung für die Bettmorphologie haben, ist die Ordnung im Konfluenzsystem schließlich nicht mehr relevant.

Die bisher in Tabelle 5.2 genannten Parameter sind, abgesehen von der Zusammensetzung der Talbodensedimente, vom Menschen nicht oder nur geringfügig veränderbar. Daß der *Grad der Naturnähe* bzw. der menschlichen Einflußnahme nicht mit letzter Sicherheit bestimmt werden kann, wurde schon in Kap. 5.1.1 festgestellt. In der flußbaulichen Praxis ist diese Fragestellung jedoch weniger bedeutend, da vielfältige Restriktionen den Spielraum einer naturnahen Entwicklung so weit einengen, daß die Frage des absoluten Maßstabs eher von wissenschaftlichem Interesse ist. Für Planungszwecke ist entscheidend, daß die Referenzstrecke allenfalls geringfügig *erkennbar* in ihrem Lauf und ihrer Bettstruktur verändert ist. Im Einzugsgebiet sollte kein bedeutender Geschieberückhalt durch

Stauanlagen und keine größere Veränderung im Abflußregime, etwa durch Speicherung, Überleitung oder Einleitung, stattfinden. Entscheidend ist die Änderung des strömungsbedingten Transport- und Erosionsvermögens. Offensichtliche Erosionsschäden sind beispielsweise ein Hinweis auf solche Einflüsse.

Tabelle 5.2. Kriterien zur Beurteilung der Vergleichbarkeit von Referenzstrecken für die Kennzeichnung des morphologischen Gewässertypus bei der Erstellung eines Leitbildes

Kriterium	Toleranzbereich / Merkmale
Geologie / Naturraum	Haupteinheit mit Untereinheiten; entscheidend ist das Verwitterungsverhalten
Talform / Talgeologie	Entscheidend ist die Form des Talbodens und die Art und Herkunft der Talbodensedimente
Gefälle	Streckengefälle ± 1-5 ‰, je nach Gewässertyp
Ordnung	Konfluenzordnung nach Strahler (1957); ± eine Ordnung für Bäche der 2. bis 4. Ordnung
Anthropogene Beeinflussung	Nur geringe Veränderungen des Laufes und der Bettstrukturen; kein bedeutender Geschieberückhalt, keine bedeutende Veränderung im Abflußregime
Sedimentführung	Entscheidend ist die Sedimentfracht und der Grobgeschiebeanteil
Abflußregime	Im selben Naturraum i.d.R. erfüllt, solange nicht anthropogen beeinflußt

Die *Sedimentführung* der Referenzstrecke sollte in der Stärke und im Grobkorn nicht zu stark von der Planungsstrecke abweichen. Oft sind auch bei Übereinstimmung von Geologie, Talform und Streckengefälle Unterschiede in der Sedimentzusammensetzung festzustellen, die auf örtliche Einflüsse zurückgehen.

Das natürliche *Abflußregime* ändert sich nur großräumig mit Höhen- und Klimaunterschieden oder mit Gesteinswechsel. Innerhalb eines Naturraums ist deshalb i.d.R. keine Änderung des Abflußregimes zu erwarten, es sei denn die Gewässer überschreiten die Naturraumgrenzen und sind von unterschiedlichen Klimabedingungen vorgeprägt, wie Schwarzwald- oder Kraichgaugewässer in der Oberrheinebene.

Die Beurteilung von Vergleichsstrecken erfordert einschlägige Erfahrung und Fachkenntnisse. Viele Fehler können vermieden werden, wenn Referenzstrecken am selben Gewässer vorliegen. Da kein Gewässer dem anderen in allen Punkten gleicht, kann es geboten sein, Teilaspekte mehrerer Gewässerstrecken zu einem Gesamtbild zusammenzufügen. Die Gewichtung der einzelnen Kriterien ist hierbei zu beachten.

5.2.2 Kulturbedingter Gewässertypus

Die Rodung der Urwälder, die Bearbeitung der Böden, die Anlage von Siedlungen und die Nutzung der natürlichen Ressourcen hat die Biotopstrukturen verändert und die Vielfalt der Lebensräume erhöht. Neben der Verdrängung etlicher Tier- und einiger Pflanzenarten wurden durch die Veränderung der Umweltbedingungen auch manche Arten in ihrer Ausbreitung begünstigt. Nach den Aussagen des Rates der Sachverständigen für Umweltfragen (1985, S. 300) ist deshalb im Naturschutz und in der Landschaftspflege *"die Vielfalt der aus den vergangenen Jahrhunderten überlieferten Kulturlandschaft mit ihrem Reichtum an Arten- und Lebensgemeinschaften zu bewahren bzw. zurückzugewinnen"*. An dieser Stelle soll lediglich auf die morphologischen Veränderungen der Gewässerlandschaft eingegangen werden, die in diesem Sinne schutzwürdig, z.T. aber auch schlicht unveränderlich sind.

Auenlehmdecken. Auenlehmdecken auf Lockersedimenten haben in vielen Talniederungen die Standortbedingungen wesentlich geändert (Kap.4.1). Sie sind ein unabänderliches Faktum und als Folge jahrhundertelanger Einwirkung des Menschen auf den Landschaftshaushalt mit ihren Folgen für das Standort- und Entwicklungspotential zu akzeptieren. Es wäre verfehlt, die eingetretene Nivellierung der Auenmorphologie durch eine künstliche Reliefierung aufheben zu wollen. Insofern sind die mancherorts zu beobachtenden Bestrebungen, Altarme neu anzulegen, in Auenlehmgebieten nur dann gerechtfertigt, wenn *natürlich entstandene* Altgewässer an diesen Standorten durch frühere Eingriffe, wie Melioration oder Wegebau, beseitigt wurden.

Wiesenbäche. Nicht ausgebaute Wiesenbäche mit schmalem, lückigem Gehölzsaum, oft auch ohne oder mit vereinzelten Ufergehölzen sind ein charakteristisches Element der überlieferten Kulturlandschaft. Häufig waren sie mit Einrichtungen zur Wiesenwässerung versehen, die vielerorts noch bis in die Nachkriegszeit betrieben wurde (Kroll & Konold 1991). In welchen Fällen solche Wiesenbäche aus Gründen des Landschafts- und Naturschutzes als kulturbedingter Gewässertypus zu erhalten sind, muß jeweils nach fachlichen Kriterien entschieden werden.

Eine Annäherung an den natürlichen morphologischen Gewässertypus kann mit einem lückigen Gehölzaufwuchs erreicht werden, der die Seitenentwicklung durch Auskolkungen an Einzelstämmen oder Gehölzgruppen fördern würde.

Ausgebaute Bachläufe mit Ufergehölzsäumen. Ein weiterer kulturbedingter Gewässertypus ist der dicht mit Gehölzen bewachsene, regulierte Gewässerlauf in der freien Landschaft. Die Stabilisierungswirkung der engständigen Wurzeln, die oft den gesamten Uferbereich und in manchen Fällen auch die Sohle durchwurzeln, wird im Wasserbau sehr begrüßt, da hierdurch Ansätze zur Laufverlagerung recht wirksam unterbunden werden (Begemann & Schiechtl 1986, UM 1993).

Die intensive Nutzung der Kulturlandschaft läßt häufig nur einen schmalen Gehölzgürtel zu, der gegenüber dem gehölzfreien, ausgebauten Gewässer eine erhebliche ökologische Verbesserung und landschaftliche Bereicherung bedeutet. Die morphologischen Entwicklungsziele werden hierdurch jedoch nicht erfüllt.

Sehr viel strukturreicher sind dagegen nicht ausgebaute und daher auch nicht oder kaum unterhaltene Gewässer mit Ufergehölzen, wie Erhebungen von Nadolny & Humborg (1990) in der Oberrheinebene zeigten. Die vorhandene Laufkrümmung bringt in diesen Bächen eine erhebliche Breiten- und Tiefenvarianz mit sich, die durch liegengelassenes Fallholz noch vermehrt wird.

Aus morphologischer Sicht könnte langfristig durch Auslichtung geschlossener Ufergehölzsäume eine Erhöhung der Strukturvielfalt erreicht werden, was jedoch auch einen gewissen Flächenbedarf mit sich bringt. Dieser Gewässertyp sollte deshalb nur dort gefördert werden, wo keine Möglichkeit zur Entwicklung eines breiteren Auwaldstreifens besteht und damit auch eine Laufverlagerung ausgeschlossen ist.

Gräben, Kanäle, Stauanlagen. Weitere Elemente der Kulturlandschaft, wie Entwässerungsgräben, Triebwerkskanäle, Stauanlagen, Schiffahrtskanäle usw., können nach Aufgabe ihrer Nutzung aus unterschiedlichen Gründen erhaltenswert sein[48]. Soweit sie die Gewässermorphologie beeinträchtigen (vgl. Kap. 4), sollte

---

[48]Beispielsweise wurde vom *Krähenbach* (Baaralb/Lkrs. Tuttlingen) ein größerer Stausee durchflossen, der keine wasserwirtschaftlichen Funktionen hatte, jedoch aus ökologischer Sicht erhaltenswert war. Der See bedeutete nicht nur eine Unterbrechung für den Geschiebestrom, sondern auch eine Barriere für Fische und Kleinlebewesen sowie eine Störung des Temperatur- und Sauerstoffhaushalts. Aus diesen Gründen wurde der *Krähenbach* unter Verkleinerung der Seefläche am Talrand um den See herumgelegt (Beispiel Nr. 8 in Kern, Bostelmann & Hinsenkamp 1992).

in Abwägung der unterschiedlichen Interessen und Zielsetzungen eine geeignete Sanierung oder Beseitigung angestrebt werden.

5.2.3 Reversibilität – Irreversibilität

Mit der Festlegung eines Planungshorizonts stellt sich zwangsläufig die Frage, welche Gewässerdefizite in diesem Zeitraum ausgeglichen werden können und welche Veränderungen als unumkehrbar anzusehen sind.

Aus dem Vergleich der in Tabelle 5.3 angegebenen Regenerationszeiten mit dem angesetzten Planungshorizont (Kap. 5.1.3) kann die Unterscheidung morphologisch reversibler und irreversibler Eingriffsfolgen abgeleitet werden. Die Frage der Reversibilität ist zwangläufig verknüpft mir der Unterscheidung (gesteuerter) Selbstentwicklung und morphologischer (Um-)Gestaltung.

Als unumkehrbar sind Eingriffe oder Eingriffsfolgen anzusehen, die nur durch klimatisch bedingte Änderungen des Abfluß- und Geschieberegimes auszugleichen sind. Dazu zählen anthropogen verursachte Auenauflandungen ebenso wie Sedimententnahmen, aber auch gravierende Sohleneintiefungen. Letztere können mit großem technischen und finanziellen Aufwand rückgängig gemacht werden (vgl. Kap. 5.3.4); ob die gewässerspezifische Morphodynamik und Strukturvielfalt dadurch wiederhergestellt wird, ist fraglich.

Alle übrigen Gewässereingriffe oder Nutzungsfolgen sind in morphologischer Hinsicht bei entsprechenden Randbedingungen innerhalb des Planungszeitraums reversibel, auch durch Selbstentwicklung. Allerdings sind u.U. lange Regenerationszeiten in Kauf zu nehmen; so kann die Rückentwicklung eines begradigten, bepflanzten Bachlaufs zu der ihm eigenen Laufkrümmung Jahrhunderte dauern – insbesondere bei hoher Erosionsresistenz der Uferbereiche, die häufig durch Auenlehmablagerungen verstärkt wurde.

Von den Regenerationszeiten in Tabelle 5.3 kann auch abgeleitet werden, welche Eingriffe und Nutzungen der Kulturgeschichte vermutlich durch die Zeit geheilt worden sind. Auenlehmauflagen aus neolithischen oder bronzezeitlichen Rodungen sind in der Tat zum größten Teil durch spätere Umlagerungsphasen erodiert und nur noch in Resten nachweisbar. Die gewässerökologisch und morphologisch bedeutenden Auenlehmdecken stammen durchweg aus mittelalterlicher Zeit. Erhalten sind sicherlich auch flächige Auenablagerungen aus Überstauungen durch Anlagen zur Wiesenbewässerung und Wasserkraftnutzung.

Ufersicherungen und Bettveränderungen für die Treidelschiffahrt und Flößerei dürften heute zum größten Teil regeneriert sein, es sei denn, es wurden Felsbarrieren beseitigt. Gravierende Erosionsschäden aus Schwallungen bestimmen mit Sicherheit auch heute noch die Morphologie der betroffenen Gewässerbetten, soweit sie nicht später massiv verbaut wurden, um weitere Eintiefungen zu verhindern, wie im Oberlauf der *Murg*.

Tabelle 5.3. Regenerationsprozesse und -zeiten für Eingriffe in Gewässer und Landschaft nach Aufgabe der Nutzungen bzw. Verlust der Funktion (vgl. Kap. 4)

Eingriff	Eingriffsfolge	Regenerationsprozeß nach Aufgabe der Nutzung	Regenerationszeit (Jahre)
Rodungen und landwirtschaftl. Nutzungen im Einzugsgebiet Siedlungen, Verkehrs- und Industrieflächen, Auskiesungen, Aufschüttungen in der Aue	Auenauflandung oder Zerstörung der Auenmorphologie	Umlagerung der Auensedimente in einer durch Klimaschwankungen verursachten Aktivitätsphase	10^3
Laufverkürzung HW-Ausbau (evtl. mit Deichen) Sohlensicherung Schwallungen (Flößerei) Speicheranlagen Versiegelung durch Siedlungen im Einzugsgebiet	Sohlenerosion	Regeneration der Laufentwicklung durch erneute Krümmung, bei gravierender Eintiefung nur in Verbindung mit Klimaschwankung	$10^2 - 10^3$
Rodungen und landwirtschaftl. Nutzungen in der Aue	Veränderung der Morphodynamik in der Aue	Wiederbewaldung	10^2
Laufverlegungen Ufer- und Sohlensicherungen (auch durch Flößerei und Treidelschiffahrt) Uferbepflanzung NW-Regulierung Stauhaltungen (z.B. Flußkraftwerke) Trockenbecken (HRB)	Einschränkung der Laufentwicklung durch Uferstabilisierung, Änderung der Bettstrukturen, Sohlen- und Uferauflandung	Regeneration der Laufentwicklung, Restrukturierung des Bettes einschließlich der Uferbereiche	$10^1 - 10^2$
Aus- und Überleitungen (Kraftwerke, Speicheranlagen)	Veränderung von Bettstrukturen und Mikrohabitaten	Restrukturierung des Bettes	$10^0 - 10^1$
Eindeichungen Abflußdämpfung durch Speicheranlagen	Stagnation der Auenentwicklung	Wiederbelebung der Morphodynamik in der Aue	keine

Gewässerregulierungen, die noch heute erkennbar sind, können demnach allenfalls auf Ausbauten im 19.Jh. zurückgehen, es sei denn, sie wurden ständig unterhalten.

5.2.4 Randbedingungen und Einschränkungen

Auf die einzelnen Planungs- und Abstimmungsschritte bei der Umsetzung vom Leitbild bis zu einem ausführbaren Entwurf wurde an anderer Stelle bereits eingegangen (Kern 1991; Kern, Bostelmann & Hinsenkamp 1992). Es sollen an dieser Stelle lediglich die wesentlichen Hindernisse genannt werden, die der morphologischen Annäherung eines naturfernen Gewässers an das Idealbild entgegenstehen können (vgl. Abb. 5.1).

Tabelle 5.4. Einschränkungen der Morphodynamik: Folgen und Abhilfen

Maßnahmen / Eingriff	Folgen	Abhilfen
HW-Ableitungen	Stabilisierung des Bettes, Einschränkung der Auenentwicklung	Neuregelung der Vorflutsysteme
HW-Rückhalt (Wellenverformung)	u.U. Erosion des Bettes, Einschränkung der Auenentwicklung	Aufgabe der Rückhaltung zugunsten neuer HW-Schutzkonzepte
MW- und NW-Ableitungen	Veränderung der Mikrohabitate, Stabilisierung der Bettstrukturen	dynamische Restwasserregelungen
HW-Einleitungen aus versiegelten Flächen	u.U. Erosion des Bettes	Rückhalt am Entstehungsort
Speicherbecken, Fischteiche	Geschieberückhalt	Bau eines Umgehungsgewässers
Ufersicherungen	Unterbindung des Seitenschurfs und der Geschiebelieferung	Beseitigung des Uferverbaus
Stauhaltungen	Geschieberückhalt, Stagnation der Laufentwicklung	Schleifung der Wehranlage, ersatzweise Förderung des Seitenschurfs

Die gewässertypische Morphodynamik als wichtigstes (morphologisches) Entwicklungsziel kann nur erreicht werden, wenn das Abfluß- und Geschieberegime nicht wesentlich verändert wurden.

Tabelle 5.4 nennt einige Eingriffe und ihre Folgen sowie mögliche Abhilfen. Letztere sind oft nur mittelfristig umzusetzen (Tabelle 5.5); dennoch sollten alle denkbaren Möglichkeiten der Sanierung angesprochen und geprüft werden. Gewässer können freilich auch dann ökologisch verbessert werden, wenn die ursprüngliche Morphodynamik nicht regeneriert werden kann. Allerdings orientiert sich dann die Bettstruktur und Laufentwicklung an den veränderten Bedingungen im Abfluß- und Geschiebehaushalt.

Auf die übrigen Randbedingungen und Einschränkungen soll hier nicht weiter eingegangen werden[49]. Im Laufe eines Planungsprozesses ergeben sich oftmals eine Vielzahl von Restriktionen, die das Planungsziel in Frage stellen können.

5.3 Gestaltungs- und Entwicklungsgrundsätze

Für alle (naturfern) ausgebauten Gewässer gilt der Grundsatz:

Selbstentwicklung geht vor Gestaltung

Wie oben gezeigt wurde, ist je nach Standortbedingungen und Eingriffsfolgen mit langen Entwicklungszeiten zu rechnen. Zum Beispiel mit Sohlenschalen verbaute Gewässer brauchen lange Zeit, bis sie sich aus ihrem Korsett entfernt haben, und auch dann stören die verbliebenen Reste u.U. die morphologische Entwicklung und das Landschaftsbild. Aber auch Auenlehmbäche und nichtalluviale Gewässer sind als entwicklungsträge anzusehen. Ob im Einzelfall gestaltend eingegriffen wird, hängt von den jeweiligen Rahmenbedingungen der Planung ab. In Siedlungsbereichen mag eine raschere Entwicklung erwünscht sein, die zudem weiteren Gestaltungskriterien unterliegt.

Angesichts langer Entwicklungs- bzw. Planungszeiträume ist es angebracht, zwischen kurz-, mittel- und langfristigen Maßnahmen und Zielen zu unterscheiden (Tabelle 5.5). Kurzfristig können Anstöße und beschränkte Freiräume zur morphologischen Regeneration gegeben werden. Mittelfristig sind die Rahmenbedingungen so zu verändern, daß die Gewässersysteme naturnahen Randbedingungen bezüglich Abfluß- und Geschiebehaushalt unterliegen und sich in Bett und Aue naturgemäß entwickeln können. Langfristig soll durch allmähliche Anpassung

---

[49]siehe hierzu Kern (1986).

ein gleichförmiges morphologisches Gleichgewicht auf den einzelnen Gewässerstrecken erreicht werden.

Tabelle 5.5. Stufenkonzept der Gewässergestaltung und -entwicklung: Kurz-, mittel- und langfristige Maßnahmen und Ziele morphologischer Gewässerentwicklung

kurzfristig	mittelfristig	langfristig
Extensivierung der Unterhaltung Ausweisung von Randstreifen Entfernung von Ufer- und Sohlensicherungen Duldung von Uferabbrüchen Förderung von Auskolkungen und Anlandungen Bettumgestaltungen Aufbau von Ufergehölzstreifen	Extensivierung der Auennutzungen Änderung der Hochwasserschutzkonzeption Wiederherstellung natürlicher Abflußbedingungen Regeneration des Geschiebehaushalts Erweiterung der Ufergehölzstreifen zu auwaldähnlichen Beständen Einstellung der Unterhaltung	Entwicklung gewässertypischer Strukturen durch morphodynamische Umlagerungen
Anstöße zur Selbstentwicklung	**Änderung der Rahmenbedingungen**	**Kontrollierte Gewässerentwicklung**
Beginn morphodynamischer Regeneration	Morphologische Anpassung an veränderte Randbedingungen	Morphologische Gleichgewichtsprozesse

Kurzfristiges Ziel ist es, die morphologische Regeneration in Gang zu setzen. Hierzu genügt es in vielen Fällen, Uferstreifen extensiv zu bewirtschaften, Gehölzaufwuchs zu dulden oder zu fördern, Uferabbrüche zuzulassen und die Unterhaltung zu reduzieren. Je nach Standortbedingungen ist es erforderlich, Ufer- und Sohlenbefestigungen zu entfernen, Auskolkungen und Bettverlagerungen durch geeignete Maßnahmen zu unterstützen oder Bettumgestaltungen vorzunehmen. Gewässerspezifische Hinweise werden in den nachfolgenden Teilkapiteln gegeben. Durch diese unter heutigen Rahmenbedingungen umsetzbaren Maßnahmen erfolgt bereits eine morphologische Strukturierung des Gewässerbettes, die i.d.R. jedoch noch nicht dem naturnahen Gewässercharakter entspricht.

In der mittelfristigen Gewässerentwicklung gilt es, die wasserwirtschaftlichen und landeskulturellen Rahmenbedingungen so zu ändern, daß Gewässerbett und

Aue der naturnahen Morphodynamik unterliegen und entsprechende Strukturen bilden können (Anpassungsprozeß). Hierzu gehört die Wiederherstellung naturnaher Abflußschwankungen ebenso wie regelmäßige Überschwemmungen der Aue durch Reduzierung des bordvollen Abflusses auf die ursprüngliche Kapazität. Eingriffe in den Geschiebehaushalt sind so weit wie möglich zurückzunehmen; ihre Bedeutung ist vom jeweiligen Geschieberegime abhängig. Dicht bewachsene Ufergehölzstreifen sind durch entsprechende Erweiterungen zu weitständigen auwaldähnlichen Beständen zu entwickeln, soweit dies durch Extensivierung der Aue möglich ist.

Als langfristiges Ziel gilt die in Kap. 5.1.2 dargelegte gewässertypische Morphodynamik mit den zugehörigen Bettstrukturen. Da in der intensiv genutzten Kulturlandschaft nicht überall die morphologischen Gleichgewichtsprozesse, die in diesem Stadium erreicht sind, zugelassen werden können, muß u.U. kontrollierend eingegriffen werden. Beispielsweise können umgefallene Bäume und Treibholzansammlungen in kleineren Gewässern den Abfluß so behindern, daß auch Gebiete außerhalb der regelmäßig überschwemmten Aue gefährdet werden können; oder es wird sich auch bei optimalen veränderten Rahmenbedingungen nicht vermeiden lassen, daß punktuell oder auf kurzen Strecken die freie Laufentwicklung des Gewässers durch Ufersicherungen gesteuert werden muß. Dabei ist darauf zu achten, daß durch diese unvermeidlichen Eingriffe die gewässertypischen Bettstrukturen so gering wie möglich beeinträchtigt werden.

Die Geschwindigkeit und der Ablauf morphologischer Regenerationsprozesse hängen von einer Vielzahl von Parametern ab und sind daher schwer zu prognostizieren. Abb. 5.2 zeigt den relativen Verlauf der morphologischen Regeneration nach kurzfristiger Entfesselung oder Umgestaltung und nach mittelfristiger Änderung der Rahmenbedingungen. Analog der Anpassung geomorphologischer Gleichgewichtsprozesse nach Störungen wird die Regeneration der Gewässermorphologie anfangs einen raschen Anstieg verzeichnen, der ggf. durch Hochwasserabflüsse noch beschleunigt wird und sich asymptotisch dem jeweiligen Gleichgewichtszustand nähert. Während nach Wiederherstellung der ursprünglichen Abfluß-, Feststoff- und Auendynamik langfristig eine optimale Regeneration erreicht wird, ist bei entsprechend veränderten Randbedingungen nur eine suboptimale Gewässerentwicklung erreichbar – beispielsweise mit anderer Laufdynamik oder anderem Gewässertyp; in jedem Fall jedoch stellt sich langfristig ein Gleichgewicht ein. Im folgenden sollen für unterschiedliche Randbedingungen Gestaltungs- und Entwicklungsgrundsätze erläutert und an Fallbeispielen diskutiert werden.

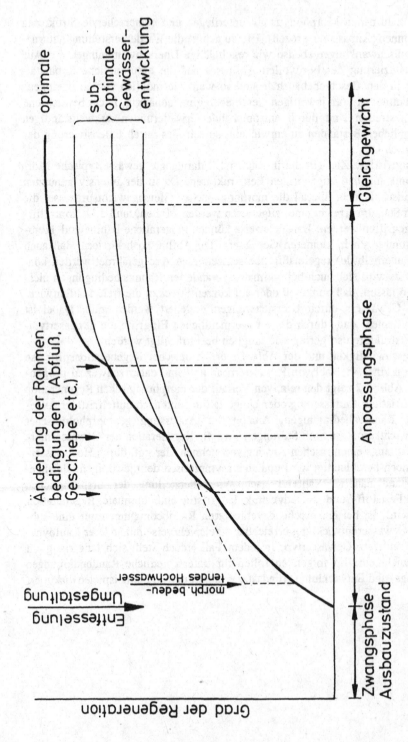

Abb. 5.2. Morphologische Regeneration ausgebauter Gewässer mit und ohne Änderung der Rahmenbedingungen

5.3.1 Gewässer in alluvialen Lockersedimenten

Alluviale Gewässer im Sand- und Kiesbett verändern ihren Lauf von Natur aus auch ohne Katastrophenereignisse viel schneller als nichtalluviale Gewässer oder solche mit bindigen Ufer- und Auensedimenten. Als Beispiele seien die *Donau* zwischen Scheer und Ulm genannt (Kap. 6.4, Abb. 6.5, S. 206) oder der *Heilbach* in der Vorderpfalz (Kap. 2.3.4). Gewarnt sei jedoch vor allzu großen Erwartungen, was die Entwicklungsgeschwindigkeit angeht. Gerade die Untersuchungen am *Heilbach* haben gezeigt, daß ein scheinbar unmittelbar bevorstehender Durchbruch eines Mäanderhalses über Jahrzehnte stabil bleiben kann. Da sich der *Heilbach* vermutlich im Gleichgewicht befindet, können morphologische Prozesse nicht unbedingt auf ausgebaute Gewässer übertragen werden, die von ihren Ufersicherungen befreit, zunächst rasche Veränderungen zeigen (Abb. 5.2).

Generell sind Gewässer im Sand- und Kiesbett als entwicklungfreudig anzusehen. Dennoch kann es erwünscht sein, Entwicklungsanstöße zu geben, die Selbstentwicklung durch geeignete Maßnahmen zu unterstützen. Dies kann zunächst durch "Entfesselung" geschehen; d.h. durch die Herausnahme von Sohlen- und vor allem von Ufersicherungen. Um den Freiheitsgrad des Gewässers nicht einzuschränken, sollte dies überall erfolgen, wo auf Sicherungen verzichtet werden kann. Eine Vorhersage der Laufentwicklung über "Mäandertheorien" und eine Beschränkung der Entfesselung auf prognostizierte Ausbruchsstellen wird der möglichen Gewässerregeneration nicht gerecht. Zum einen zeigen die meisten natürlichen Gewässer in kaltzeitlich überprägten Landschaften einen unregelmäßigen Verlauf, zum anderen sind die flußmorphologischen Auswirkungen anthropogener Einflüsse auf den Abfluß- und Geschiebehaushalt nach dem derzeitigen Wissensstand nur schwer abzuschätzen.

Über die reine Entfesselung hinaus ist es auch denkbar, durch künstliche Einbauten die Strömung so zu lenken, daß Uferangriffe provoziert und die Restrukturierung des Bettes beschleunigt wird (Abb. 5.3). Da solche Einbauten gewässerfremd sind, sollten sie auf naturferne Strecken beschränkt bleiben und nur mit naturgemäßen Materialien ausgeführt werden (vgl. Kap. 5.3.6). Sie dienen als Alternative zur baulichen Umgestaltung und können nur in der mittel- bis langfristigen Entwicklung ein naturnahes Bett erzeugen. Als kurzfristige Maßnahme sind sie jedoch geeignet, die Strukturvielfalt des Bettes zu erhöhen und die Regeneration des Gewässers zu beschleunigen.

Wird zur Beschleunigung naturnaher Entwicklungen eine bauliche Umgestaltung vorgesehen, so ist es aus oben dargelegten Gründen nicht so entscheidend, daß genau die "richtige" Laufgeometrie (Krümmungsradien, Amplituden) gewählt wird. Wichtig ist, daß dem Gewässer die Entwicklungsfreiheiten gegeben werden, sein Bett entsprechend den hydraulischen, sedimentologischen und geologischen Randbedingungen zu formen. Die ersten Projekterfahrungen zeigen, daß gerade in dieser Hinsicht viele Fehler begangen werden (Kern & Nadolny 1986, Kern, Bostelmann & Hinsenkamp 1992). Die Anlage überbreiter Gewässerbetten, wie auf einer Teilstrecke am *Sandbach*[50], kann in geschiebeführenden Gewässern durch rasche Auflandung, u.U. über vorübergehende Inselbildung, zu ökologisch wertvollen Gewässerbiotopen führen, die jedoch erst in der langfristigen Entwicklung mit entsprechender Laufveränderung dem natürlichen Typus entsprechen.

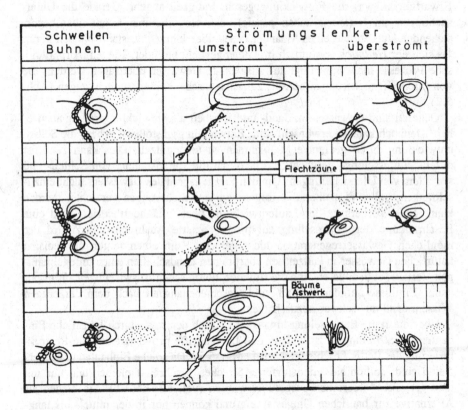

Abb. 5.3. Morphologische Wirkung strömungslenkender Einbauten in regulierten Gewässern (nach Strömungsbildern von Hey 1992)

Je rascher Laufänderungen in mäandrierenden Gewässern vonstatten gehen, desto mehr Altgewässer entstehen in natürlichen Gewässerauen. Da mit der

---

[50]Beispiel Nr. 17 in Kern, Bostelmann & Hinsenkamp (1992).

Neubildung von Altarmen bei regenerierten Gewässerstrecken erst nach weit fortgeschrittener Selbstentwicklung zu rechnen ist, kann es aus Gründen des Natur- und Artenschutzes geboten sein, Altgewässer künstlich anzulegen. Auf die "Verjüngung" weitgehend verlandeter Altwasser sollte jedoch i.d.R. verzichtet werden, um Altgewässer unterschiedlicher Entwicklungsstadien zu erhalten (DVWK 1991).

5.3.2 Gewässer in kohäsiven Sedimenten

Lößlehm- und tonige Auenlehmsedimente setzen dem reinen Wasserangriff erheblichen Widerstand entgegen. Eigene Untersuchungen der *Speltachsohle* zeigten, daß auf Teilstrecken mit unbedeckter Lehmsohle eine schmale, geschiebebedeckte Rinne in die ansonsten weitgehend ebene Sohle eingefräst war (Abb. 1.4, S. 15), die Erosion folglich vor allem auf Abrieb infolge Geschiebetransport zurückzuführen ist (vgl. Kap. 1.1.2).

Am *Sandbach*[51] erwiesen sich einzelne tonig-lehmige Schichten am Böschungsfuß als besonders erosionsresistent (Nadolny, Becker & Kern 1987). Bei zurückweichendem Ufer aus sandigen Schichten waren in Sohlennähe tonig-lehmige Bermen ausgebildet, die vermutlich durch Korrasion bei starkem Sandtrieb in der Gewässermitte herausgebildet wurden (Abb. 5.4). Diese Beobachtungen bestätigen die Erkenntnis, daß tonig-lehmige Sedimente praktisch nur durch Abrieb – auch durch kleinste Sandkörner – erodiert werden und gegen reinen Wasserangriff weitgehend resistent sind[52].

Abbrüche an Lößlehmufern gehen in erster Linie auf Frosteinwirkung im Zusammenspiel mit Hochwasserabflüssen zurück und nicht auf die Erosionswirkung fließenden Wassers oder auf austretendes Grundwasser (Leopold, Wolman & Miller 1964)[53].

Aus diesen Gründen sind Gewässer, die in kohäsive Sedimente eingebettet sind, als entwicklungsträge anzusehen. Die natürliche Regeneration der Laufentwick-

---

[51]Beispiel Nr. 17 in Kern, Bostelmann & Hinsenkamp (1992).

[52]Diese Erkenntnisse stehen scheinbar im Widerspruch zu Laborergebnissen, bei denen das Erosionsverhalten kohäsiver Böden untersucht wurde (Krier & Schröder 1988, Schröder & Zimmermann 1993). Die Ursache für die geringen und mit der Versuchsdauer abnehmenden Erosionsbeträge, die dabei gemessen wurden, liegt jedoch vermutlich in den Versuchsbedingungen (Einbau gestörter Proben in eine Rinne) und nicht in einer Selbststabilisierung, wie die Autoren vermuten.

[53]In frostfreien Klimaten können Flußufer in Lößlandschaften von hohen senkrechten Lößlehmwänden begleitet sein, wie an Wadibetten der südlichen Tihama in Saudi-Arabien zu sehen ist.

lung eines begradigten Auen- oder Lößlehmbaches kann viele Jahrzehnte, wenn nicht Jahrhunderte dauern und durch dichten Gehölzaufwuchs noch erschwert werden; Anhaltswerte hierfür sind nicht bekannt. Die Umlagerungsphasen von Flüssen, die nach einem Klimaumbruch einen Großteil der Auensedimente erodiert und verfrachtet haben, sind für Vergleiche ungeeignet, da ihre Sohle stets in Lockersedimenten lag und somit ganz andere Erosionsmechanismen herrschten.

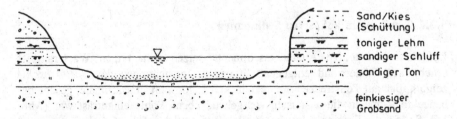

Abb. 5.4. Schematisches Sandbach-Profil mit Tonbermen durch korrasiven Sandtrieb

Die Erosionsresistenz gegenüber reinem Wasserangriff läßt es auch fraglich erscheinen, ob der bei Gewässern in Lockersedimenten empfohlene Einbau von Strömungsumlenkern nach Hey (1992) geeignet ist, die Selbstentwicklung zu fördern (Abb. 5.3). Hier ist es ratsam, Naturversuche durchzuführen, die aufgrund der unterschiedlichen Zusammensetzung der Auensedimente in jedem Einzelfall in Form von Teststrecken zu wiederholen wären.

Bei Auenlehmgewässern ist die Regeneration des Geschiebehaushalts von großer Bedeutung, zumal aus Seitenschurf wenig oder gar kein Geschiebe gewonnen werden kann; nicht zuletzt deshalb, weil Lößlehmufer und -sohlen mangels Lückensystem keinen Lebensraum für Kleinstlebewesen bieten. Im Fall der *Speltach* erwiesen sich auch kleinste Zuflüsse als äußerst wichtig für die Geschiebelieferung (Briem & Kern 1989). Für den Geschiebehaushalt ist nicht die Größe der Seitenbäche von Bedeutung, sondern die von ihnen angeschnittenen geologischen Schichten mit ihren Verwitterungsprodukten (vgl. Kap. 1.1.1). Kleine Fischteiche im Hauptschluß oder Stauanlagen für Löschwasserentnahmen können dann schon empfindliche Störungen im Geschiebehaushalt darstellen.

Da insbesondere geschiebearme, begradigte Gewässer in Auenlehmsedimenten auch bei voller Gehölzentwicklung vergleichsweise strukturarm sind, kann eine Umgestaltung geboten sein. Schließlich weist erst das gekrümmte Bett die naturnahe Breiten- und Tiefenvarianz auf mit der für die Fauna so bedeutenden Strömungsdifferenzierung. Die Anlage von künstlichen Altgewässern dagegen muß kritisch gesehen werden, da die langsame Seitenentwicklung von Natur aus nur wenige Altarme entstehen läßt, die zudem durch die hohen Schwebstofflieferungen bei Hochwasser rascher Verlandung unterliegen.

Es bleibt anzumerken, daß es zwischen Gewässern in reinen Lockersedimenten und solchen in ausschließlich kohäsiven Auensedimenten viele Zwischenstufen gibt mit Wechsellagerungen, die eine Seitenentwicklung wesentlich erleichtern. Das oben Gesagte gilt nur für Gewässer in tonig-lehmigen Auensedimenten und in Lößlehmsedimenten ohne durchgängige Sand- oder Kieseinlagen.

5.3.3 Nichtalluviale Gewässer

Die Talauen- oder Bettsedimente nichtalluvialer Gewässer sind nur zu einem gewissen Teil in der Grobkornfraktion als unbeweglich anzusehen. Diese bis zu einem bestimmten Schwellenwert ortsfesten Sedimente[54] geben dem Bett eine bestimmte Matrix vor, die durch bewegliche Sedimente gefüllt und ausgeformt wird. Der Abstand von Schnellen und Stillen (*riffles* und *pools*) in Gebirgs- und Bergbächen hängt weitgehend von der Ausbildung dieser unbeweglichen Bettsedimente ab. Je geringer der Anteil dieser ortsfesten Matrix an den Bettsedimenten ist, desto mehr unterliegt die Gewässermorphologie den strömungsbedingten Gesetzmäßigkeiten alluvialer Gewässer. Die Unterscheidung der Bettsedimente nach alluvialem Geschiebe und ortsfester Matrix kann nur näherungsweise über hydraulische Abschätzungen erfolgen, u.U. auch über die petrographische Bestimmung der Herkunft des Materials.

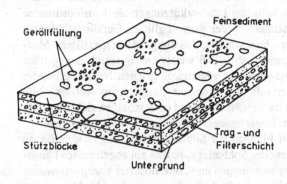

Geröllfüllung
Feinsediment
Stützblöcke
Trag - und
Filterschicht
Untergrund

Abb. 5.5. Sohlensicherung in Wildbächen mit drei Kornfraktionen (in Anlehnung an UM 1993)

---

[54]Bei extremen Katastrophenabflüssen können in harmlosen Gebirgsbächen selbst hausgroße Blöcke transportiert werden, wie bei Unwetterkatastrophen in Jugoslawien beobachtet wurde (Jurak, mündl. Mitt.) oder auch bei Dammbruchwellen festzustellen ist, wie z.B. im Tal von Malpasset, Fréjus, Südfrankreich, wo heute noch hausgroße Bruchstücke der 1959 geborstenen Staumauer mehrere hundert Meter weit flußab zu sehen sind.

In der flußbaulichen Praxis sind nichtalluviale Gewässer vor allem im Wildbachbau betroffen, auf den hier nicht weiter eingegangen werden soll. Allgemein gilt, daß der Selbstentwicklung ausgebauter, nichtalluvialer Gewässerstrecken Grenzen gesetzt sind, da die strukturbestimmenden, unbeweglichen Sedimente eingebaut werden müssen, und sich eine naturnahe Entwicklung nur in dieser vorgegebenen Matrix vollziehen kann. Der Nachbau solcher Strecken (Abb. 5.5) erfordert gute Kenntnis der örtlichen Gewässer und eine gehörige Portion Einfühlungsvermögen und kann nur von erfahrenen Flußmeistern erfolgreich durchgeführt werden (Pabst 1989).

5.3.4 Erodierte Gewässerbetten

Ursachen für Sohlenerosion wurden in Kap. 4 genannt, eine Einschätzung der geomorphologischen Folgen für die Gewässerentwicklung und -regeneration wurde in Kap. 5.2.3 gegeben. Demnach sind gravierende Sohlenerosionen innerhalb des angesetzten Planungshorizonts nicht reversibel und entziehen sich weitgehend der Selbstentwicklung.

Als gravierend sind Sohlenerosionen aus morphologischer Sicht dann anzusehen, wenn die Abflußkapazität im erodierten Bett so zunimmt, daß ein erheblicher Anstieg der Sohlschubspannungen eintritt (Selbstverstärkungseffekt) und die Auenüberflutungen bedeutend zurückgehen.

In Tabelle 5.6 sind verschiedene Sanierungskonzepte für Erosionsstrecken aufgeführt. Als einzige Maßnahme, mit der eine weitgehende Regeneration der Gewässer- und Auenmorphologie erreicht wird, ist die Neuanlage des Gewässerbettes zu nennen, die jedoch lediglich Laufverkürzungen als Erosionsursache ausgleichen kann. Bei Wiederherstellung der ursprünglichen Gefälleverhältnisse und Bettkapazität kann damit gerechnet werden, daß die gewässerspezifische Morphodynamik wieder in Gang kommt, ohne daß weiter korrigierend eingegriffen werden muß. Auf die schwerwiegenden gewässerökologischen Nachteile bei der Beseitigung des alten Gewässerlaufs soll hier nur hingewiesen werden. Alle übrigen Maßnahmen verbleiben im Gewässerbett und unterscheiden sich vor allem dadurch, ob die Sohle bzw. der Wasserspiegel angehoben werden oder nicht.

Die traditionelle Bauweise im Flußbau zur Sohlenstabilisierung ist der Einbau von Sohlenstufen mit Angleichung der Sohlenlage, so daß ein abgetrepptes Längsprofil mit herabgesetzten Schleppspannungen und konzentrierter Energieumwandlung an den Stufen entsteht (Abb. 4.5, S. 140). Im naturnahen Flußbau findet diese Bauweise mit Rampen und Gleiten häufig Anwendung, wie von Gebler (1991a, b) dokumentiert wurde. Sie hat den Vorteil, daß die ursprünglichen Strömungsverhältnisse als wesentliche Voraussetzung für die gewässerspezifische Morphodynamik wiederhergestellt werden können. Zugleich ist der Geschiebedurchgang gewährleistet und der Lauf des Gewässers lediglich in den Rampenbereichen fixiert. Als Nachteil sind die Rampen selbst zu nennen, die in aller Regel gewässerfremd sind und je nach Bauweise und Ausführung die Organismenwanderung erschweren und das Landschaftsbild beeinträchtigen. Zu beachten sind ferner die hydraulischen Randbedingungen, da gerade niedrige Rampen und Sohlenstufen, wie sie im naturnahen Flußbau bevorzugt eingesetzt werden, rasch von Unterwasser eingestaut und dann überströmt werden (vgl. *Donau bei Blochingen*, Kap. 6.6).

Tabelle 5.6. Maßnahmen und Wirkungen bei der Sanierung von Sohlenerosionen

Erosionsursachen	Maßnahmen	Stabilisierende Wirkung	Regeneration des Gewässer-Auen-Systems
Laufverkürzung	Neuanlage des Bettes mit Verfüllung der erodierten Rinne	Verringerung des Sohlengefälles durch Laufverlängerung	ja
Laufverkürzung, Änderungen im Geschiebe- und Abflußregime	Einbau von Rampen mit Angleichung des Sohlengefälles	Verringerung des Sohlengefälles	ja
wie oben	Sohlenanhebung durch Auffüllung, Aufbringen einer Deckschicht	flächige Sohlensicherung	bedingt
wie oben	Einbau von Rampen ohne Ausgleich des Sohlengefälles	Verringerung des Wasserspiegelgefälles	bedingt
wie oben	Aufweitung des Bettes	Verringerung der Sohlschubspannung	nein
wie oben	punktuelle Sicherung durch Sohlengurte, Einbau künstlicher Geschiebequellen	lokale Fixierung der Sohlenlage, Ausgleich eines Geschiebedefizits	nein
Geschiebedefizit	Zugabe von Geschiebe nach Bedarf	Ausgleich des Geschiebemangels	nein

Bei allen Erosionsursachen kann die Sohle durch Auffüllen mit geeignetem Material angehoben werden, bis die ursprüngliche Bettkapazität wiederhergestellt ist. Da bei Laufverkürzungen und Geschiebemangel hierdurch die Strömungsangriffe auf die Sohle nicht verringert werden, muß die Sohle künstlich stabilisiert werden. Bei Aufbringen einer Deckschicht ist darauf zu achten, daß dies weitgehend naturgemäß geschieht; d.h. die Struktur der Sohle und die Sedimentverteilung sollte an natürliche Strecken angelehnt sein. Dies kann erreicht werden, indem ein breit gestuftes Korngemisch eingebracht wird mit einem etwa 30 %igen Grobkornanteil, der bis zum Bemessungshochwasser (Katastrophenereignis) nicht verfrachtet wird. Zusätzlich kann zur Erhöhung der Rauheit und zur Förderung gewässerspezifischer Bettstrukturen eine ortsfeste Matrix eingebaut werden, wie bei nichtalluvialen Gewässersanierungen (vgl. Kap. 5.3.3). Mit dem Einbau eines breit gestuften Korngemisches kann erwartet werden, daß sich durch selektiven Transport eine schützende Deckschicht herausbildet und zugleich eine differenzierte Verteilung der unterschiedlichen Sedimente entsteht mit einer entsprechenden Vielfalt an Mikrohabitaten. Nachteile ergeben sich aus der notwendigen Bettfixierung, da Laufverlagerungen nicht zugelassen werden können. Somit ist die Regeneration des Gewässer-Auen-Systems nur bedingt möglich. Eine solche Bauweise wurde auf einer Teilstrecke des *Holzbaches* realisiert (Otto 1992), dort jedoch ohne gleichzeitige Sohlenanhebung.

Werden Rampen ohne Sohlenangleichung in erodierte Gewässerstrecken eingebaut, so wird durch den entstehenden Rückstau zwar ebenfalls die Sohle vor weiterer Erosion geschützt; es sind damit jedoch eine Menge Nachteile verbunden. Je nach Rampenhöhe und Gefälleverhältnissen, wird hierdurch die Fließgeschwindigkeit im Staubereich weit unter die ursprünglichen Werte herabgesetzt und damit die Morphodynamik stark verändert. Bei niedrigen Rampen, wie sie in der Praxis überwiegen, mag dies zumindest im Bereich des bordvollen Abflusses keine Rolle spielen, so daß die Seitenentwicklung nicht wesentlich beeinträchtigt wird. Die Bettstrukturen und Mikrohabitate entsprechen durch die veränderten Strömungsbedingungen jedoch nicht mehr dem natürlichen Gewässertypus. Je nach Geschieberegime verfüllt sich der Stauraum, bis allmählich eine Sohlenangleichung erreicht ist; bis dahin wirken die Rampen zusätzlich als Geschiebefänger. Beispiele für solche Rampen gibt es an der *Donau* bei Sigmaringendorf (Gebler 1991a) und sind bei Blochingen geplant (vgl. Kap. 6.6). Wenn auch aus morphologischer Sicht eine künstliche Angleichung der Sohle zu raten ist, so ist doch ein solcher großflächiger Eingriff unter Einbeziehung gesamtökologischer Aspekte sorgfältig abzuwägen.

Holzbach (Westerwald/Lkrs. Neuwied). Eine interessante Variante der Sohlensicherung wurde in einem der späteren Bauabschnitte des *Holzbachs* ausgeführt (Otto 1992). Statt einer flächigen Deckschicht wurden in kurzen Abständen Schüttungen aus ungleichkörnigem Steinmaterial eingebracht, das nur teilweise verfrachtet werden kann (Abb. 5.6). Zur langfristigen Entwicklung strukturreicher Ufer wurden die Steinriegel in die Uferbereiche eingebunden. Auf den Strecken zwischen den Gurten wurde vorwiegend in den stark durchströmten Außenkurven Steinmaterial in breiter Kornmischung als künstliche Geschiebequelle eingebracht. Bei größeren Abflüssen kann sich somit der *Holzbach* selbst Geschiebe besorgen und entsprechend den Strömungsbedingungen in sein Bett einbauen. Langfristig kann auch auf diese Art eine Deckschicht gebildet werden, da ein gewisser Anteil an größeren Schottern im künstlichen Geschiebevorrat enthalten ist. Die ursprüngliche Abflußkapazität kann mit dieser Bauweise allerdings nicht wiederhergestellt werden. Diese Art der künstlichen Geschiebeversorgung kann jedoch in allen Fällen interessant sein, in

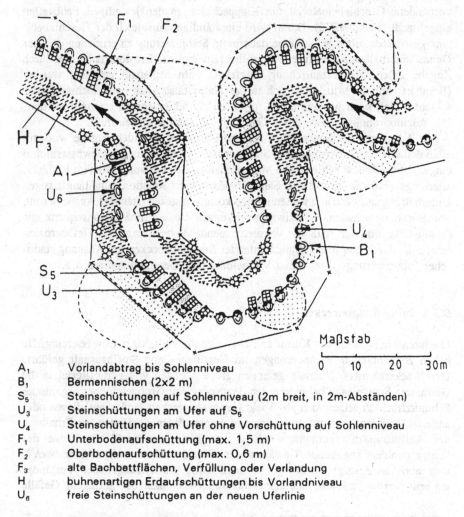

A_1	Vorlandabtrag bis Sohlenniveau
B_1	Bermennischen (2x2 m)
S_5	Steinschüttungen auf Sohlenniveau (2m breit, in 2m-Abständen)
U_3	Steinschüttungen am Ufer auf S_5
U_4	Steinschüttungen am Ufer ohne Vorschüttung auf Sohlenniveau
F_1	Unterbodenaufschüttung (max. 1,5 m)
F_2	Oberbodenaufschüttung (max. 0,6 m)
F_3	alte Bachbettflächen, Verfüllung oder Verlandung
H	buhnenartigen Erdaufschüttungen bis Vorlandniveau
U_6	freie Steinschüttungen an der neuen Uferlinie

Abb. 5.6. Maßnahmen zur Sanierung der Sohlenerosion am *Holzbach* (nach Otto 1992)

denen Störungen im Geschiebehaushalt nicht beseitigt werden können. Der Erfolg dieser neuartigen, 1988 realisierten Bauweise, in welcher die Morphodynamik des Gewässers zur Selbstsicherung genutzt wird, kann in einigen Jahren oder Jahrzehnten beurteilt werden, wenn größere Hochwasserabflüsse bedeutende Materialmengen verfrachtet haben.

Als Spezialfall für schiffbare Flüsse ist die bedarfsweise Zugabe von Geschiebe anzusehen, wie sie am *Oberrhein* als Ersatz für weiteren Staustufenbau unterhalb von Iffezheim praktiziert wird. Der fehlende Kiesnachschub wird hier nach genauen Messungen der aktuellen Sohlenlage in gleicher Kornmischung wie das vorhandene Geschiebematerial mit Klappschuten an den jeweiligen Fehlstellen eingebracht (Felkel 1972). Damit wird ein ständiger Ausgleich der Geschiebebilanz geschaffen, ohne jedoch eine dauerhafte Stabilisierung zu erreichen. An der *Donau* unterhalb der Staustufe Wien sollen nun ähnliche Erosionstendenzen durch Zugabe einer Überkornmischung langfristig zum Stillstand gebracht werden (Bernhart, mündl. Mitt.). Ob sich in der Natur tatsächlich eine flächige Deckschicht bildet, kann wiederum erst in Jahren oder Jahrzehnten beurteilt werden. Die Auenmorphologie wird durch Geschiebezugabe nicht beeinflußt.

Mit Ausnahme des Sonderfalles der bedarfsweisen Geschiebezugabe wird mit allen diskutierten Sanierungen bei Sohlenerosion erheblich in das Gewässerbiotop eingegriffen. Zudem zählen diese Maßnahmen zu den kostspieligsten im Flußbau; allerdings sind die einmaligen Sanierungskosten in Relation zum langfristigen Unterhaltungsaufwand und weiteren Folgekosten zu setzen (ständige Ausbesserung von Böschungsschäden, Grundwassersenkungen etc.). Primäre Konsequenz aus diesen Erkenntnissen muß die vorausschauende *Vermeidung* von Tiefenerosion sein, z.B. durch den Bau abflußdämpfender Rückhaltebecken am Ausgang städtischer Entwässerungsnetze, durch Vermeidung von Geschiebesperren u.ä.

5.3.5 Auflandungsstrecken

Die intensive Nutzung der Kulturlandschaft und die vielfältigen Gewässereingriffe haben zu generellen Veränderungen im Geschiebe- und Stoffhaushalt geführt. Durch ackerbauliche Nutzung gelangen große Mengen von Feinmaterial in die Gewässer, Stauanlagen behindern den Transport von Grobgeschiebe; organische Schmutzfrachten setzen sich ab. Viele Gewässerstrecken landen aus diesen oder anderen Gründen rasch auf und müssen in regelmäßigen Abständen zur Erhaltung der Abflußkapazität geräumt werden, wie etliche aus der Vorbergzone des Schwarzwaldes kommende Gewässer der Oberrheinebene, z.B. *Kammbach*[55], aber auch an *Kinzig* und *Murg*, wo regelmäßig Auflandungen der Vorländer entfernt werden müssen. Schlammablagerungen können bei geringem Gefälle

---

[55]Beispiel Nr. 7 in Kern, Bostelmann & Hinsenkamp (1992).

nahezu das gesamte Mittelwasserbett auffüllen, wie am *Alten Federbach* bei Karlsruhe festgestellt wurde (Baumgart et al. 1987).

Anthropogen verursachte Einschneidung kann zumindest vorübergehend zu Auflandungen unterhalb gelegener Gewässerstrecken führen, wie ja auch die Sohlenentwicklung am südlichen *Oberrhein* zeigt (Abb. 4.3, S. 136). An der *Donau* führte der Kiesaustrag aus den Eintiefungsstrecken ebenfalls zu Auflandungsproblemen. Die Massenbilanz aus dem Sohlenvergleich der Strecke Sigmaringen bis Zwiefaltendorf (Abb. 6.7, S. 208) ergab einen theoretischen Austrag von 430 000 m³ Kiesmaterial (Kern & Schramm 1988). Tatsächlich lagerte sich jedoch oberhalb einer natürlichen lokalen Erosionsbasis bei Rechtenstein (Felsriegel aus Juragestein unterhalb der Molassestrecke) Material ab, das in unregelmäßigen Abständen entnommen wurde, zuletzt 1989.

In der fluvialen Entwicklungsgeschichte rührten kaltzeitliche Aufschotterungen ganzer Gewässersysteme von einem Überhang an Schottern aus Frostverwitterung in der Sedimentfracht her und waren vermutlich an den Typ des verzweigten Wildflusses gebunden. Rein orographisch begründet ist die Anlage von Schwemmfächern, bei denen die gröberen Sedimente an Gefälleknickpunkten abgelagert werden. Solche Stellen sind in geschiebeführenden, ausgebauten Gewässern häufig neuralgische Punkte, an denen nur durch ständige Auskiesung das vorgegebene Bett freigehalten werden kann (Bürkle, mündl. Mitt.).

Die beste Sanierung von Auflandungs- wie auch von Erosionsproblemen ist die Bekämpfung der Ursachen. Dies ist bei Schlammeinträgen mit der Sanierung städtischer Kanalnetze noch am ehesten möglich. Bei Auflandungen infolge oberstromiger Eintiefung muß die Sanierung der Erosionsstrecken Vorrang haben. Allenfalls etwas reduziert werden kann der Stoffaustrag aus landwirtschaftlichen Gebieten durch Erosionsschutzmaßnahmen in der Fläche.

Eine verbreitete Methode zur Verhinderung von raschen Auflandungen in naturnah umgestalteten Strecken ist die Anlage von Absetzbecken im Hauptschluß, wie am *Kehrgraben, Siegentalgraben*, am *Kammbach*[56] und an der *Wieseck*[57]. Mit diesen sandfangartigen Becken, die bei Bedarf geräumt werden, sollen Auflandungen von Umgestaltungsstrecken verhindert oder zumindest hinausgezögert werden. Nicht nur aus limnologischer Sicht (Pechlaner 1986), auch hinsichtlich der Gewässermorphologie sind solche Geschiebefänge als ein Notbehelf anzusehen. Zwangsläufig werden in diesen Becken vor allem die Grobgeschiebeanteile zurückgehalten, die gerade für die Differenzierung der Mikrohabitate auf den neu angelegten Strecken bedeutend sind. Allerdings überwiegen die Nachteile einer allfälligen Räumung längerer Strecken gegenüber dem punktuellen Grobgeschieberückhalt. Die limnologische Durchgängigkeit wäre mit einer

---

[56]Beispiele Nr. 3, 4 und 7 in Kern, Bostelmann & Hinsenkamp (1992).

[57]in Kern & Nadolny (1986).

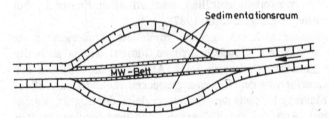

Abb. 5.7. Aufweitung des Bettes über Mittelwasserniveau zur Förderung von Hochwasseranlandungen ohne Einstau

Aufweitung des Hochwasserbettes ohne Mittelwassereinstau erreichbar (Abb. 5.7), wenn auch eine geringere Absetzwirkung in Kauf zu nehmen ist. Wirksamer sind gezielt geflutete Absetzflächen außerhalb des Abflußbereichs, wie sie in einer Studie von Schröder & Spalthoff (1993) für eine Auflandungsstrecke des *Hambaches* am Rande des Odenwalds vorgeschlagen wurden.

In jedem Fall empfiehlt sich die Anlage eines großzügig bemessenen Gewässerbettes, das Reserven für Auflandungen enthält. Eine dem natürlichen Gewässer entsprechende Entwicklung ist bei starken Auflandungstendenzen ausgeschlossen, da Bettstrukturen, die Profilform, die Uferresistenz gegen Seitenschurf und damit die Laufentwicklung durch die Ablagerungen verändert werden.

5.3.6 Naturgemäße Bauweisen

Die unvermeidliche Einengung der Gewässer in der Kulturlandschaft wird in vielen Fällen auch zukünftig flußbauliche Maßnahmen zur Begrenzung von Laufänderungen erfordern. Die hierfür verwendeten Bauweisen und -materialien sind so auszuwählen, daß der Gewässercharakter möglichst wenig verfälscht wird. Das gilt hinsichtlich der Morphologie ebenso wie in bezug auf die chemisch-physikalischen Eigenschaften und den Habitatcharakter.

Nach UM (1992) sind für dauerhafte Sicherungs- und Gestaltungsmaßnahmen *"ausschließlich Materialien, Materialgrößen und Pflanzenarten zu verwenden, die in dem jeweiligen Gewässerabschnitt auch natürlicherweise vorkommen"*. Hierdurch soll nicht nur sichergestellt werden, daß bei Gehölzpflanzungen und Ansaaten keine Florenverfälschung eintritt, sondern es werden auch bezüglich der Gewässermorphologie strenge Maßstäbe gesetzt. Die Einschränkung der Materialgrößen bedeutet, daß bei Steinschüttungen das größte Korn nicht gröber sein darf als der größte Korndurchmesser im Sediment. Dadurch wird die bislang übliche Verwendung von Steinschüttungen – auch in Flachlandgewässern – stark eingeschränkt. Durch die Festlegung der Materialart wird zugleich einer Verfälschung des Gewässerchemismus vorgebeugt[58]. Die Verwendung dauerhafter Geotextilien als Filtermaterial wird hierdurch ausgeschlossen.

Für vorübergehende Sicherungen, beispielsweise zum Schutz frisch bepflanzter Böschungen, können auch *"Materialien, Materialgrößen und Pflanzenarten verwendet werden, die nicht dem natürlichen Gewässertypus entsprechen, soweit sie in einem angemessenen Zeitraum schadlos vollständig zersetzt bzw. verdrängt werden"*. Diese Erweiterung der im naturgemäßen Wasserbau zulässigen Bauweisen läßt z.B. die Verwendung von Lebendbauweisen mit standortfremden Weiden zu, wenn sie in der langfristigen Entwicklung durch standortgerechte Arten – z.B. durch Erlen – verdrängt werden. Zugleich können Böschungsflächen mit Fremdmaterialien, wie z.B. Fichtenreisig, abgedeckt werden, wenn gewährleistet ist, daß die Zersetzungsprodukte den Wasserchemismus nicht verändern (dies ist bei Jute- und Kokosgewebe zumindest fraglich; vgl. jedoch Fußnote).

Die aus diesen Grundsätzen heraus empfohlenen Bauweisen zur Ufer- und Böschungssicherung sind in UM (1993) beschrieben. Hier soll lediglich auf Steinschüttungen eingegangen werden, da sie insbesondere in kleineren Gewässern die Morphologie maßgeblich bestimmen und verbreitete Anwendung finden, während Lebendbauweisen nach wie vor die Ausnahme bilden, wie z.B. am *Sandbach* (Nadolny, Becker & Kern 1987) und an der *Enz* (LfU 1991b).

Tabelle 5.7. Bemessungsgrößen für naturgemäße Steinschüttungen im Flußbau

Raumeinheit	Bemessungsobjekt	Bemessungsjährlichkeit	
		dauerhaft	vorübergehend
Bettstrukturen	Inseln, Sporne, Buchten, Bänke	10^1 Jahre	keine Sicherung
Strecken	Längsverbau, längerer Querverbau, Buhnen, Deckwerke	$10^2/10^3$ Jahre	$10^0/10^1$ Jahre

Nach den oben getroffenen Festlegungen ist der Einsatz von Steinschüttungen über die Kiesfraktion hinaus auf Gewässer im Hügel- und Bergland sowie im

---

[58]Der Chemismus wird jedoch vermutlich weit stärker durch Wasserüberleitungen in vernetzten Vorflutsystemen verfälscht, wie in der Oberrheinebene nachgewiesen wurde (Braukmann in Forschungsgruppe Fließgewässer 1993).

Gebirge beschränkt. Aus morphologischer Sicht sollten zum *dauerhaften* Uferschutz eingebrachte Steinschüttungen so dimensioniert werden, daß sie den Strömungsangriffen der Abflußschwankungen bis zum Katastrophenereignis standhalten, dann jedoch verfrachtet werden können.

Bezüglich der räumlich-zeitlichen Differenzierung bedeutet dies nach Tabelle 5.7, daß Steinschüttungen zur Sicherung von *Bettstrukturen* höchstens bis zu dem Abfluß standhalten dürfen, der in dieser räumlichen Einheit als strukturzerstörend und –umbildend angesehen wird (Größenordnung $T = 10^1$ Jahre). Dieser Bemessungsgrundsatz betrifft z.B. die Sicherung und Anlage von Inseln bei naturnaher Umgestaltung und Ausbau, wie an der *Enz*[59] in Pforzheim oder an der *Murr*[60]. *Vorübergehende* Sicherungen sind für Bettstrukturen, die sich entsprechend der Morphodynamik des Gewässers verändern sollen, nicht sinnvoll, es sei denn, es werden unveränderliche, auf lange Sicht stabile Strukturelemente angestrebt.

Für die Ufersicherung von *Gewässerstrecken*, d.h. zur Stabilisierung des Laufes, können Steinschüttungen als Längs- oder als buhnenartiger Querverbau eingebracht werden. Letztere führen zu abwechslungsreicheren Uferstrukturen, wurden jedoch erst in wenigen Fällen verwirklicht, wie z.B. an der *Thur*[61]. *Dauerhafte* Steinschüttungen sollten bis zum Katastrophenabfluß halten, der für Flußstrecken mit $T = 10^2$ bis 10^3 Jahre anzusetzen ist, also in der Größenordnung des Planungshorizonts für Flußstrecken liegt (vgl. Kap. 5.1.3). Steinschüttungen können auch zur *vorübergehenden* Ufersicherung eingesetzt werden, bis der Schutz durch Gehölzwurzeln übernommen wird. Hierzu sind entsprechend niedrige Bemessungswerte anzusetzen, die sicherstellen, daß der nicht von Wurzeln verklammerte Teil der Schüttung langfristig vom Gewässer in die Geschiebefracht aufgenommen wird. Je nach Bodenverhältnissen, Uferhöhe, Erosionsgefährdung etc. ist eine Bemessung auf das 2- bis 5jährliche Hochwasser ausreichend. Alternativ kann auch leicht verwitterndes Gestein in größeren Korndurchmessern eingebaut werden, wenn durch einschlägige Erfahrungen sichergestellt ist, daß die Steine in entsprechender Zeit verfallen und das Material örtlich ansteht.

Generell sollten Steinschüttungen zur Ufersicherung – ähnlich wie bei Sohlendeckwerken (vgl. Kap. 5.3.4) – ein breites Kornspektrum aufweisen. Der Gewichtsanteil des auf Strömungsangriff bemessenen Korndurchmessers sollte etwa 30 % betragen. Von Bedeutung ist jedoch auch der Feinanteil, da die Schüttung auch eine gewisse Filterwirkung haben sollte. Es muß betont werden, daß diese Empfehlungen aus flußbaulichen Erfahrungen abgeleitet wurden und in der Flußbaupraxis weiterzuentwickeln sind.

---

[59]Beispiel Nr. 16 in Kern, Bostelmann & Hinsenkamp (1992).

[60]LfU (1985, 1991a).

[61]Göldi und Willi (mündl. Mitt.).

Auch mit naturgemäßen Bauweisen wird eine naturnahe Gewässerentwicklung eingeschränkt oder behindert. Sie richten jedoch im Vergleich zu konventionellen Bauweisen weniger Schaden an, bieten begrenzte Lebensräume und fügen sich in die Landschaft ein.

5.4 Hinweise zur morphologischen Entwicklungs- und Erfolgskontrolle

Wurde im traditionellen Flußbau im Rahmen der Unterhaltung Veränderungstendenzen der Gewässer durch stetige Eingriffe entgegengetreten, so ist es im naturnahen Flußbau geboten, die morphologische Entwicklung mit angemessenem Aufwand zu beobachten, um erforderlichenfalls zum Schutz der Kulturlandschaft und des Gewässers steuernd eingreifen zu können. Die folgenden Hinweise wurden aus den Erkenntnissen der räumlich-zeitlichen Gewässerentwicklung abgeleitet (Kap. 2). Es werden qualitiative und quantitative Methoden vorgeschlagen, mit denen morphologische Entwicklungstendenzen registriert werden können. In der Praxis hängt die Methode und Intensität der Untersuchungen von der Entwicklungsträgheit des Gewässers und vom Projektrahmen ab. Bei Pilotvorhaben mit wissenschaftlichen Begleituntersuchungen wird der Schwerpunkt auf (quantitativen) Messungen liegen, während Routineuntersuchungen im Rahmen der Unterhaltungspflicht sich weitgehend auf (qualitative) Beobachtungen beschränken, es sei denn, vermutete Erosionstendenzen erfordern eine genauere Datengrundlage.

Auf meßtechnische Methoden zur Erfassung des morphologischen Zustands wird hier nicht weiter eingegangen. Ebensowenig werden Methoden zur Untersuchung des Geschiebehaushalts behandelt; es sei nur darauf hingewiesen, daß petrographische Sedimentanalysen interessante Hinweise geben können auf bedeutende Geschiebequellen, Transportverhalten, Abrieb u.a. (vgl. Kap. 1.1). Quantitative Messungen der Geschiebeführung dagegen sind mit großem Aufwand verbunden und unterliegen erheblichen Unsicherheiten.

Die morphologischen Kennzeichen der Raumeinheit Gewässer- und Flußstrecke mit der zugehörigen Überschwemmungsaue sind unter anderem Gefälle, Laufentwicklung, Querschnittsform und Struktur der Überflutungsaue. In Tabelle 5.8 werden Methoden zur Erfassung von Änderungen dieser Parameter aufgeführt.

Zur quantitativen Kontrolle der Sohlenlage ist die Einrichtung von Dauerbeobachtungsprofilen unabdingbar. Der damit verbundene Aufwand (dauerhafte Markierung der Lage, Vermessung und Auswertung) ist gering im Vergleich beispielsweise zu Abflußmessungen. Allerdings ist der Informationsgehalt einzelner Profilaufnahmen beschränkt, da Geschiebebewegungen das Ergebnis verfälschen können. Zuverlässiger sind vergleichende Sohlenlängsschnitte, bei denen

Tabelle 5.8. Ziele und Methoden der morphologischen Entwicklungskontrolle von Gewässerstrecken

	Gewässerstrecke, Überschwemmungsaue		
Entwicklungszeit	10^1 bis $10^2/10^3$ Jahre		
Längenausdehnung	10^2 bis $10^3/10^4$ m		
Ziele	Erfassung von Änderungen der Sohlenlage	Erfassung von Tendenzen zur Laufänderung und zur Profilentwicklung	Erfassung von Auflandungs- und Erosionstendenzen im weiteren Ufer- und im Auenbereich
Methoden	Einrichten von Dauerbeobachtungsprofilen Aufnahme von Sohlenlängsschnitten Kartierung größerer Ablagerungen, evtl. mit Kornanalysen Aufnahme von Wasserspiegellängsschnitten bei vergleichbaren Niedrigwasserabflüssen	Kartierung von Abbrüchen, Auskolkungen und Auflandungen in Vorländern und Ufern (Lage, Ausdehnung, geschätztes Ausraum- und Ablagerungsvolumen)	Kartierung augenscheinlicher Auflandungen und Erosionen (Lage, Ausdehnung, geschätztes Ausraum- und Auflandungsvolumen)
Beobachtungsturnus	Nach allen morphologisch bedeutenderen Hochwasserabflüssen (T = 10^1 Jahre) Alle 3-5 Jahre, je nach Entwicklungsträgheit des Gewässers und Zielsetzung Bei Umgestaltungen und Ausbaumaßnahmen anfangs alle 2-3 Jahre		

jedoch durch die übliche Verbindung der Sohlentiefpunkte auch Fluktuationen der Sohlenlage miterfaßt werden. Diese Schwierigkeit wird mit der einfacheren Aufnahme von Wasserspiegellängsschnitten bei vergleichbaren niedrigen Abflüssen umgangen. Letzteres kommt vor allem für größere Bäche und Flüsse in Betracht.

Tabelle 5.9. Ziele und Methoden der morphologischen Entwicklungskontrolle von Gewässerbettstrukturen

	Gewässerbettstrukturen, Auenhabitate
Entwicklungszeit	10^0 bis 10^1 Jahre
Längenausdehnung	10^0 bis $10^1/10^2$ m
Ziele	Erfassung von Änderungen der Gewässerbettstrukturen wie Kiesbänke, Inseln, Kolke, Engstellen, Aufweitungen, Buchten, Abstürze, Treibholzsperren und von Auenhabitaten
Methoden	Auswahl charakteristischer Strukturelemente Kartierung von Lageänderungen (Feldskizzen mit Vermaßung) Aufmessen von Anlandungen und Auskolkungen In Sonderfällen Untersuchung der Kornverteilung
Beobachtungsturnus	Nach allen morphologisch bedeutenden Hochwasserabflüssen (T = 10^0 Jahre) Aufnahmen im turnusmäßigen Meßprogramm der Streckenuntersuchung Bei Umgestaltungen und Ausbaumaßnahmen anfangs nach jedem bordvollen Abfluß

Tendenzen zur Laufänderung sind an Uferangriffen ablesbar. Einfache Kartierungen verstärkter Uferangriffe können für die mittelfristige Entwicklungsplanung ausreichend sein (Planung von Grunderwerb, Anlage von Ufersicherungen). Für Massenbilanzen zur Beurteilung des Feststoffhaushalts sind jedoch genaue Profilvermessungen erforderlich.

Tabelle 5.10. Ziele und Methoden der morphologischen Entwicklungskontrolle von Mikrohabitaten in Fließgewässern

	Mikrohabitate
Entwicklungszeit	10^{-1} bis 10^0 Jahre
Ausdehnung	10^{-1} bis 10^0 m
Ziele	Erfassung von Änderungen des Substratgefüges im Zusammenhang mit Untersuchungen der Wasserfauna
Methoden	Kartierung von Choriotopen auf Dauerbeobachtungsflächen (je nach Aufgabenstellung und Zielsetzung)
Beobachtungs-turnus	Untersuchung nach jedem kleinen und mittleren Hochwasser (je nach Aufgabenstellung und Zielsetzung)

Augenscheinliche Veränderungen der Auenmorphologie sind nur nach großen Abflüssen zu erwarten, wenn bedeutende Ablagerungen oder Erosionsrinnen zu verzeichnen sind. Die zeitliche Folge und Entstehungsgeschichte von Auenablagerungen lassen sich nur durch aufwendige Altersanalysen ermitteln (vgl. Kap. 3.1).

Ein drei- bis fünfjähriger Beobachtungszyklus erscheint ausreichend; nach Hochwasserabflüssen, die Bettstrukturen zerstören und neu bilden, sind außerplanmäßige Aufnahmen vorzunehmen. Wurde das Gewässerbett umgestaltet oder wurden Ufer- bzw. Sohlensicherungen entfernt, so sind die Beobachtungsintervalle zunächst zu verkürzen.

Besonders in wissenschaftlichen Begleitprogrammen ist die Beobachtung der morphologischen Entwicklung von Bettstrukturen und Auenhabitaten vorzusehen (Tabelle 5.9). Da Inseln, Kiesbänke, Auskolkungen etc. kürzeren Entwicklungszeiten als Strecken unterliegen, sind häufigere Beobachtungen erforderlich; für Auenhabitate reichen längere Intervalle. Insbesondere nach Umgestaltungen und Ausbaumaßnahmen sind bei jedem Hochwasser größere Umlagerungen zu erwarten. Je nach Zielsetzung des Programms und geplanter Auswertung sind Untersuchungen der Schichtung von Ablagerungen mit Kornanalysen angebracht.

Im Zusammenhang mit faunistischen Untersuchungen kann es sinnvoll sein, die Entwicklung von Mikrohabitaten zu verfolgen (Tabelle 5.10). So können sich beispielsweise durch Verschlammung von Lückensystemen bedeutende Änderungen der Artenzusammensetzungen ergeben. Untersuchungsmethoden und Beobachtungsturnus sind von den Zielsetzungen und Projektschwerpunkten abhängig. Hinweise zur morphologischen Bestandsaufnahme aquatischer (Mikro-)Habitate geben Braukmann (1987) und Ness (1991).

Entwicklungsprognosen. Auswertungen und Interpretationen der morphologischen Entwicklungstendenz von Gewässern müssen vor dem Hintergrund der angegebenen Entwicklungszeiträume vorgenommen werden. Veränderungstendenzen in der Laufentwicklung sind frühestens nach Jahrzehnten beurteilbar. Die Beurteilung der Sohlenstabilität kann ebenfalls nur langfristig erfolgen, es sei denn, es liegt dramatische Eintiefung oder Auflandung vor. Bei Querschnittsveränderungen sind nicht zuletzt die Entwicklungszeiten von Ufergehölzen entscheidend. So muß insgesamt vor übereilten Schlußfolgerungen bezüglich der mittel- und langfristigen morphologischen Gewässerentwicklung gewarnt werden. Beispielhafte Prognosen über die kurz-, mittel- und langfristige Gewässerentwicklung am *Holzbach* werden von Otto (1992) gegeben.

Bisher angesetzte Beobachtungsprogramme, wie z.B. an der *Murr* (vgl. Kap. 2.8.4), eignen sich gut zur Verfolgung der Entwicklungstendenzen von Gewässerbettstrukturen. Auch dann mag es schwer sein, nach vielleicht 10jähriger Beobachtungsdauer Vorhersagen über Umlagerungen in den nächsten Jahrzehnten zu machen – besonders, wenn der Beobachtungszeitraum keine größeren Abflüsse beinhaltete.

Ihre natürliche Grenze finden alle Entwicklungsprognosen beim Eintreffen von Katastrophenabflüssen (Kap. 2.8), die einen neuen Ausgangszustand für die morphologische Entwicklung der jeweiligen Raumeinheit schaffen.

6 Beispiel: Donau in Baden-Württemberg

Eine vom Landesnaturschutzverband[62] angeregte Sanierung der *Donau* im Abschnitt Sigmaringen-Riedlingen führte schließlich zum Integrierten Donauprogramm des Landes Baden-Württemberg, in das der ganze baden-württembergische Donauabschnitt aufgenommen wurde. Das ursprüngliche Ziel war es, den landschaftlichen, ökologischen und wasserwirtschaftlichen Folgeschäden der Ausbaumaßnahmen seit der Mitte des vorigen Jahrhunderts durch geeignete Pflege- und Umgestaltungsmaßnahmen entgegenzuwirken. Durch ein "Jahrhunderhochwasser" im Februar 1990 wurden früher aufgegebene Pläne zur Verbesserung des Hochwasserschutzes wiederbelebt. Zugleich wurden mehrere Anträge zur Wasserkraftnutzung auf noch ungenutzten Fließstrecken gestellt, die bei Verwirklichung den ursprünglichen Zielsetzungen entgegenstehen.

Im Zuge des Donauprogramms wurden zahlreiche Studien erstellt, die die Grundlage für die nachstehenden Ausführungen geben (z.B. Kern & Schramm 1988, Dittrich & Kern 1989, Ebel 1989, Konold et al. 1989, Ramsch 1989, Dittrich & Haug 1990).

6.1 Talbildung

Die Talbildung der *Donau* in Baden-Württemberg (Abb. 6.1) ist eng mit dem Klimageschehen der Kaltzeiten verbunden. Die *Ur-Donau* war schon im Pliozän angelegt und entwässerte unter Einbeziehung der *Aare* ein wesentlich größeres Einzugsgebiet (Geyer & Gwinner 1991[IV]). Sie hatte nur streckenweise einen anderen Verlauf als heute – z.B. im Bereich Riedlingen; d.h. das heutige Donautal ist in weiten Abschnitten (als antezedente Bildung) schon im Pliozän angelegt worden (GLA 1968). Wie Abb. 6.2 zeigt, erfolgten bereits in der Wende vom Tertiär zum Quartär die großen Flußumlenkungen des *Aare-Rhone*-Systems und dann der Anschluß des *Ur-Rheins* an das Alpen-Einzugsgebiet.

---

[62]Hervorzuheben sind hier die jahrelangen Bemühungen von Herrn Bauer, Beuren.

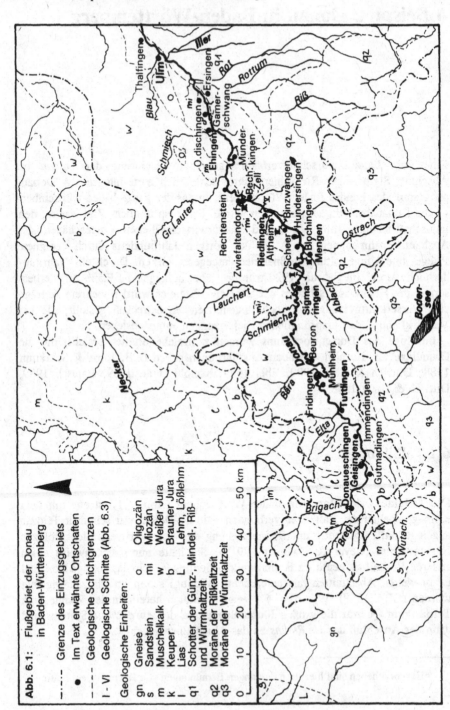

Abb. 6.1: Flußgebiet der Donau
in Baden-Württemberg

—··—·· Grenze des Einzugsgebiets
● Im Text erwähnte Ortschaften
—··—·· Geologische Schichtgrenzen
I - VI Geologische Schnitte (Abb. 6.3)

Geologische Einheiten:

gn Gneise   o   Oligozän
s Sandstein   mi Miozän
m Muschelkalk   w   Weißer Jura
k Keuper   b   Brauner Jura
l Lias   L   Lehm, Lößlehm
q1 Schotter der Günz-, Mindel-, Riß-
   und Würmkaltzeit
q2 Moräne der Rißkaltzeit
q3 Moräne der Würmkaltzeit

0   10   20   30   40   50 km

Die nachgewiesenen pleistozänen Vorstöße des Rheingletschers bis zum Donaulauf begannen in der Mindelkaltzeit, in welcher das Gletschereis die Wasserscheide *Donau-Rhein* überfuhr und bei Scheer die *Donau* überschritt. Die dadurch erzwungene Laufverlagerung wiederholte sich noch mehrfach in den darauffolgenden Rißkaltzeiten an anderen Stellen, führte in der mittleren Rißkaltzeit – bei maximaler Eisausdehnung – sogar zur Bildung eines Eisstausees bis Tuttlingen mit der Ablagerung von Beckentonen und einem Überlauf in den *Neckar*. Beim jeweiligen Gletscherrückzug wurden die alten Donautäler teilweise mit Moränenmaterial verschüttet und streckenweise in den Warmzeiten wieder freigelegt.

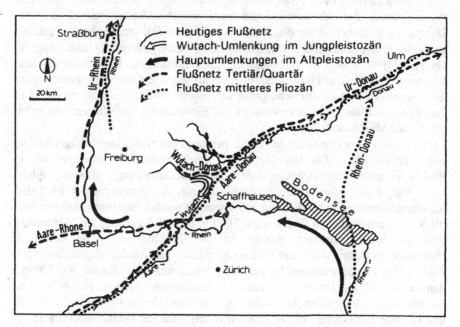

Abb. 6.2. Flußentwicklung der *Donau* (nach Geyer & Gwinner 1991[IV])

Die intensive Frostverwitterung und Solifluktion in den Kaltzeiten führte den damaligen Rinnensystemen im Übermaß Verwitterungsschutt zu, der bei mäßigen Abflüssen nur teilweise abtransportiert werden konnte. Diese Aufschotterung, zugleich mit kräftigem Seitenschurf verbunden, ergab breite Flußbetten, die beim Abschmelzen des Gletschereises wiederum ausgeräumt wurden. Die beträchtliche Denudation und Tiefenerosion, auch in die anstehenden Jurakalke, wurde sicherlich durch die periglaziale Gesteinsaufbereitung (Eisrindeneffekt?) gefördert; so betrug die Eintiefung im Verlauf des Pleistozäns rund 100 m (GLA 1974).

Sedimente der Mindel- und der Rißkaltzeit sind noch in Altmoränen, datierten Schottervorkommen und Terrassen (vgl. Kap. 1.3) zu finden. Das heutige Donautal wurde bis auf kurze epigenetische Durchbruchstäler in der jüngeren Rißkaltzeit gebildet, da die Vergletscherung in der nachfolgenden Würmkaltzeit den Donaulauf nicht mehr erreichte. Ein letztes Mal schotterte das Donaubett in der Würmkaltzeit auf und wurde mit dem Abschmelzen des Eises nur teilweise ausgeräumt. Die heutige *Donau* fließt also noch in den würmzeitlichen Ablagerungen. Holozäne Umlagerungen ergaben schließlich im wesentlichen den heutigen Talgrund.

Vor etwa 20 000 Jahren erfolgte mit der Anzapfung der donautributären oberen *Wutach* durch das Rheinsystem die letzte einschneidende Veränderung im Donausystem. Dabei verlor die *Donau* den größten Teil ihres Schwarzwaldeinzugsgebiets. Die schlagartige Umlenkung der "*Feldbergdonau*" ist nach Geyer & Gwinner (1991[IV]) nicht nur auf rückschreitende Erosion durch das tieferliegende Rheinsystem zurückzuführen, sondern auch auf würmzeitliche Aufschotterungen der ehemaligen *Donau*. Die schlagartig vergrößerte Abflußmenge durch das hinzugewonnene Einzugsgebiet verursachte das Einschneiden der Wutachschlucht in den harten Muschelkalk.

Die Talbreite der *oberen Donau* ist entsprechend der vielfältigen Flußgeschichte sehr unterschiedlich. Die Vereinigung der Quellflüsse erfolgt in einem weiten Becken mit sehr flachem Gefälle, in dem die Donau ausgeprägte Mäander bildete (vgl. Abb. 6.4a). Von Gutmadingen bis Scheer durchschneidet der Fluß die Kalkformationen der Schwäbischen Alb. Zunächst pendelt die *Donau* in einem 200 bis 500 m, unterhalb Tuttlingen sogar 1000 m breiten Sohlental. Ab Mühlheim/ Fridingen bis Sigmaringen verengt sich die Talsohle auf wenig mehr als Flußbreite; in diesem Abschnitt sind einige schöne Talmäander ausgebildet (vgl. Abb. 6.4b). Von Sigmaringen bis unterhalb Scheer mißt die Talsohle 300-500 m; danach verläuft die *Donau* am Rande der Schwäbischen Alb in einem 2-3 km breiten Talabschnitt, in den die ehemals bedeutenden Schmelzwasserrinnen *Ablach* und *Ostrach* einmünden. Vor Riedlingen verengt sich die Donauniederung auf 1 bis 1,5 km, bis sie bei Bechingen-Zell wieder in einem 250-400 m schmalen Engtal Juraformationen durchschneidet. Ab Munderkingen verläßt die *Donau* endgültig den Bereich des Jura und tritt in die tertiären Molasseschichten ein. Bis Ulm verläuft der Fluß bis auf eine Engstelle bei Ehingen in einem etwa 2 km breiten Korridor.

Während in den Engtälern die rezente Aue den gesamten Talboden einnimmt, der auch heute noch nahezu jährlich überflutet wird, beschränkte sich die Auenüberflutung in den breiteren Talabschnitten auch vor menschlichem Eingreifen vermutlich auf wenige hundert Meter Talbreite. Die Ausbildung einer Auenlehmdeckschicht auf nahezu ganzer Breite zeigt jedoch, daß die *Donau* im

Verlauf des Holozäns einen Großteil des Talgrunds durch Laufänderungen erreichte.

6.2 Terrassensysteme

Geyer & Gwinner (1991[IV]) unterscheiden im Alpenvorland drei Terrassentypen: in der letzten Kaltzeit gebildete Niederterrassen, rißzeitliche Hochterrassen und ältere Deckenschotter. Die Niederterrasse liegt wenig über der rezenten Talaue, ist kaum zertalt, und ihre Schotter sind kaum verwittert; sie hat keine Löß- oder Lößlehmauflage, da die Lößbildung an kaltzeitliche Auswehungen aus Schotterfeldern gebunden ist. Hochterrassen dagegen sind stärker zertalt, ihre Schotter sind tiefer verwittert, Kiese und Sande z.T. durch oberflächennahe Entkalkung zu Konglomeraten verkittet; häufig ist eine Lößlehmauflage vorhanden. Die Deckenschotter entstammen der Donau-, Günz- und Mindelkaltzeit; sie sind tiefgründig verwittert, und ihre Oberfläche ist stärker zertalt. Ihre Hauptverbreitung liegt in den Iller-Riß-Lech-Schotterplatten. Die älteren Donauläufe enthalten ältestpleistozäne Schotter, aber auch pliozäne Schotter der Ur-Donau sind durch Flußverlagerungen erhalten geblieben.

Von Ramsch (1989) dokumentierte Querschnitte durch das Donautal zwischen Sigmaringen und Zwiefaltendorf (Abb. 6.3) zeigen die raschen Wechsel der geologischen Formationen auf diesem kaum 50 km langen Donauabschnitt: Bis Scheer ist das Donautal in die Massenkalke des Malm eingeschnitten; die Weitung des Tales erfolgt in der tertiären Unteren Süßwassermolasse (USM), die – ähnlich wie auch Körber (1962) am Main für andere Schichten feststellte - der Breitenerosion wenig Widerstand entgegenbrachte. Bei Riedlingen schließlich streichen die tertiären Ablagerungen über dem Malm aus, und bei Zwiefaltendorf ist das Tal nach Durchschneidung mehrerer Molassefolgen wieder in den Malm eingetieft. Der Talgrund ist in allen Schnitten maximal 10 m hoch mit würmzeitlichen und holozänen Kiesen angefüllt und mit einer Auenlehmdeckschicht versehen. Lediglich in den beiden Endprofilen I und VI sind unmittelbar daneben Schotter der jüngeren Rißkaltzeit erhalten geblieben; d.h. die würmzeitliche und spätere Erosionstätigkeit hat sich in diesen Profilen auf einen Teilbereich des Talgrundes beschränkt. In den erweiterten Talquerschnitten III und V dagegen sind Reste dieser jüngsten Riß-Schotter in 14-15 m Höhe über dem Talgrund kartiert. Diese Ablagerungen entsprechen der in den Erläuterungen zum geologischen Kartenblatt Riedlingen beschriebenen "13-14 m Terrasse" der jüngeren Rißkaltzeit (GLA 1987). Das gleiche ist festzustellen für die Schotter der Hauptrißkaltzeit, die in einigen Profilen erhalten sind: in den Jura-Schnitten II und VI grenzen sie an den heutigen Talgrund, während sie im Molasseprofil III als Terrasse über den

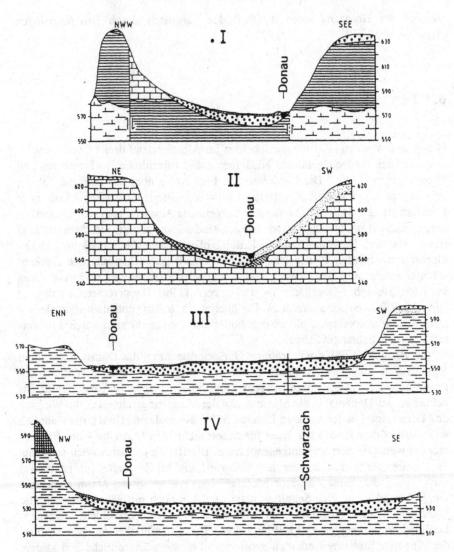

Abb. 6.3. Geologische Schnitte durch das *Donautal* zwischen Sigmaringen und Zwiefaltendorf (nach Ramsch 1989)

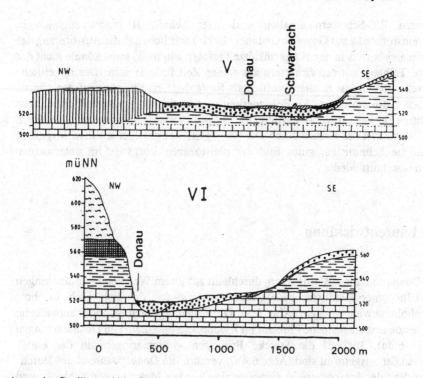

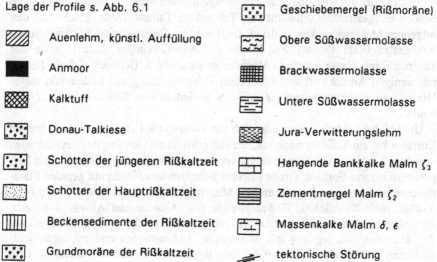

Lage der Profile s. Abb. 6.1

Auenlehm, künstl. Auffüllung	Geschiebemergel (Rißmoräne)
Anmoor	Obere Süßwassermolasse
Kalktuff	Brackwassermolasse
Donau-Talkiese	Untere Süßwassermolasse
Schotter der jüngeren Rißkaltzeit	Jura-Verwitterungslehm
Schotter der Hauptrißkaltzeit	Hangende Bankkalke Malm ζ_3
Beckensedimente der Rißkaltzeit	Zementmergel Malm ζ_2
Grundmoräne der Rißkaltzeit	Massenkalke Malm δ, ϵ
	tektonische Störung

jüngeren Riß-Schottern erhalten sind. Der Schnitt II macht zugleich in Übereinstimmung mit Geyer & Gwinner (1991[II]) deutlich, daß die Ausformung des Donautales bereits in der Hauptrißkaltzeit erfolgt sein muß, sonst könnte nicht der rechte Talhang mit den Schottern aus dieser Zeit bedeckt sein. Der rißzeitliche Gletscherrückzug ist in allen Profilen als Reste der Grundmoräne auf den oberen Talkanten dokumentiert. Als Besonderheit sind im Schnitt V unterhalb Riedlingen mächtige Beckensedimente kartiert, die auf die Eisstauseen hinweisen, die durch das Überfahren der *Donau* durch den Rheingletscher gebildet wurden. Insgesamt geben die Schnitte ein gutes Bild der pleistozänen Vorgänge im untersuchten Donauabschnitt wieder.

6.3 Laufentwicklung

Die *Donau* in Baden-Württemberg durchläuft auf ihrem Weg von Donaueschingen bis Ulm unterschiedliche geologische Formationen, die sich auch in ihrer Morphologie widerspiegeln (Abb. 6.1). Die ausgeprägtesten Mäander entwickelte der gerade erst entstandene Flußlauf im Riedbecken unterhalb von Donaueschingen (Abb. 6.4a). Bis auf die Strecke Fridingen – Sigmaringen, in der einige Talmäander ausgeformt sind (Abb. 6.4b), verläuft die *Donau* während des Durchschneidens der Juragesteine in einem wenige hundert Meter breiten Sohlental und pendelt als gestreckter Flußlauf von Talrand zu Talrand (Abb. 6.4c). Auf den folgenden Molassestrecken, in denen die *Donau* am Gebirgsrand der Schwäbischen Alb entlangfließt (Scheer bis Riedlingen, Munderkingen flußab), wäre der Talgrund breit genug, um freie Mäander zu entwickeln. Dennoch floß die *Donau* mit wenigen Ausnahmen dem nördlichen Talrand entlang und bildete von dieser "Basis" aus mehr oder weniger große Schleifen in den Talgrund hinein (Abb. 6.4d).

Unterhalb Munderkingen weitet sich das Donautal auf einen etwa 2 km breiten Korridor bis zur Landesgrenze auf, der lediglich durch eine Engstelle bei Ehingen unterbrochen wird. Die *Donau* zeigte vor dem Ausbau in dieser Strecke zum Teil geradezu bizarre Formen. Große einzelne Schleifen wechselten mit geraden Fließstrecken und wenigen Sequenzen von Mehrfachschleifen; zahlreiche Inseln (vermutlich auch Kiesbänke), Flußverzweigungen, Altarme und Altwasser prägten ehemals die Tallandschaft; flußabwärts von Ersingen erscheint der ehemalige Lauf streckenweise fast regellos mit unförmigen Aufweitungen und scheinbar willkürlichen Krümmungen (Abb. 6.4e). Mit Beginn des Donaurieds unterhalb Ulm weitete sich das Bett durch den *Illerzufluß* auf und bildete zahlreiche Verzweigungen (Abb. 6.4f).

Es fällt auf, daß der Fluß in den engeren Talbereichen des Jura nicht nur weniger Schleifen bildet, sondern auch eine geringere Breitenvariabilität aufweist, nur wenige Inseln bildet (dort vor allem durch alte Wehranlagen verursacht) und kaum Altarme und Altwasser vorhanden sind. Im Typenschema von Brice (1983) wäre die *Donau* in den Juraabschnitten vermutlich als "Gewundener Auenlehm-fluß" (*sinuous canaliform*) (s. Kap. 1.5.6) einzuordnen, obwohl Auenlehmbildung hier nicht ausschlaggebend sein dürfte für die morphologische Entwicklung.

Auf den "Molassestrecken" dagegen ist eine weit größere Dynamik zu erkennen: Zahlreiche Relikte alter Verläufe begleiten den Fluß, häufig entstanden Inseln; breite Gleituferablagerungen bei starker Schleifenbildung geben eine klare Zuordnung zum "Gewundenen Gleituferfluß" (*sinuous point bar*) nach Brice (1983). Die Anlehnung der *Donau* an den nördlichen Talrand ist nach Ebel (1989) zumindest teilweise mit der Verdrängung durch Schwemmfächeraufschüttungen der ehemaligen Schmelzwasserrinnen *Ablach, Ostrach, Riß, Westernach* und *Iller* zu erklären.

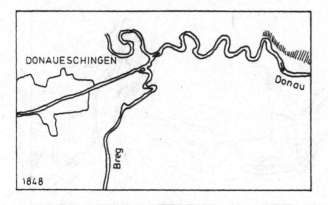

Abb. 6.4a. Beispiele für die Laufentwicklung der *Donau* in Baden-Württemberg. *Freie Mäander.* Unmittelbar nach der Vereinigung der Quellflüsse durchfließt die *Donau* ein Niedermoorgelände, das dem zungenartig zwischen Schwarzwald und Schwäbischer Alb auslaufenden Keuper (Letten- und Gipskeuper) in der Baar aufgelagert ist. Bei einem Talgefälle von nur 0,33 ‰ konnte hier die *Donau* frei mäandrieren (s=2,13), da in der beckenartigen Aufweitung die Laufentfaltung nicht durch Talränder begrenzt wird. Sowohl die *Brigach* als auch die *Breg* bildeten im Riedbecken ausgeprägte Mäander aus. Wie der Kartenausschnitt zeigt, wurde die *Brigach* schon vor 1848 verlegt; ihr ehemaliger Verlauf ist jedoch auf dem Kartenblatt noch durch Altläufe belegt

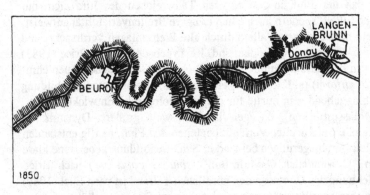

Abb. 6.4b. Beispiele für die Laufentwicklung der *Donau* in Baden-Württemberg. *Talmäander*. Nur bei Beuron sind einige klassische Talmäander ausgebildet. Der Talgrund ist in diesem Bereich kaum noch 100 m breit

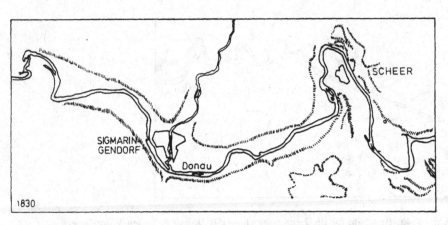

Abb. 6.4c. Beispiele für die Laufentwicklung der *Donau* in Baden-Württemberg. *Gestreckter Flußlauf.* Auf dem größten Teil der Durchschneidung des Jura pendelt die *Donau* bei einem Talgefälle von 1,1 bis 1,3 ‰ von Talrand zu Talrand in einem nur wenige hundert Meter breiten Talgrund, ohne ausgeprägte Schleifen zu bilden

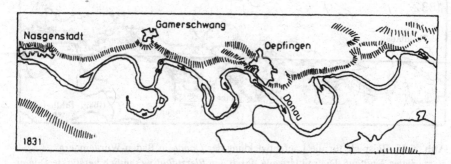

Abb. 6.4d. Beispiele für die Laufentwicklung der *Donau* in Baden-Württemberg.
Beschränkte Mäander. In den breit ausgeformten Molassetälern lehnt sich der Flußlauf bei
einem Talgefälle von 1,2 ‰ an den nördlichen Talrand an. Die Folge von Schleifen
zwischen Ehingen und Oberdischingen konnten sich deshalb nicht frei entwickeln (s = 1,8).
Beim Aufprall auf den Talrand sind jeweils typische, auch von Lewin & Brindle (1977)
beschriebene Auskolkungen zu beobachten. Ein Altarm bei Gamerschwang läßt wiederum
auf eine größere Bogenamplitude in jüngerer Zeit schließen. Mehrere Inseln teilen den
Strom, die größte davon kann schon als eine Verzweigung angesehen werden

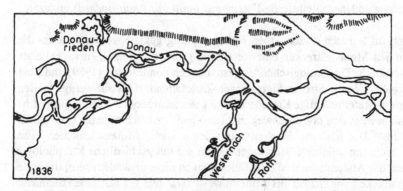

Abb. 6.4e. Beispiele für die Laufentwicklung der *Donau* in Baden-Württemberg.
"Regelloser" Flußlauf. Unterhalb Oberdischingen beginnt im Bereich der Einmündungen
von *Riß*, *Westernach* und *Roth* ein Donaulauf, der durch zahlreiche Inseln, Altarmreste und
die Mündungsbereiche nahezu regellos erscheint. Eine dichte Abfolge von Altarmrelikten
führt zu stark wechselnden Flußbreiten mit bizarren Formen. Vermutlich tragen sowohl
leicht erodierbare Ufer als auch verstärkter Geschiebeeintrag aus den südlichen Seiten-
flüssen zu dieser morphologischen Vielfalt bei. Das Talgefälle beträgt unverändert 1,2 ‰

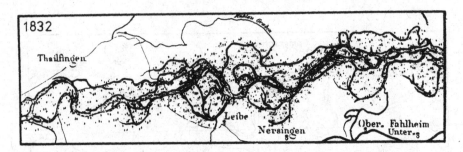

Abb. 6.4f. Beispiele für die Laufentwicklung der *Donau* in Baden-Württemberg.
Verzweigter Flußlauf. Die mittlerweile durch den *Illerzufluß* wesentlich verstärkte *Donau* bildete eine Folge von Verzweigungen und Inseln, unter denen jedoch eindeutig ein Hauptstrom auszumachen ist. Vermutlich sind der Geschiebeeintrag durch die *Iller* und das gleichzeitig auf 0,8 ‰ abnehmende Talgefälle für diese Ausprägung verantwortlich

Ausbuchtungen, Inseln und Altarmanschlüsse unterhalb von Ersingen geben stellenweise den Eindruck einer kaum noch definierten Uferlinie. Besonders die Inseln deuten auf kräftigen Geschiebeeintrag hin. Ganz deutlich wird dies durch die Verästelungen nach der *Illermündung* und die vielfach verzweigte Flußlandschaft bei Thalfingen. Der letzte Abschnitt wäre nach Brice (1983) als "Verzweigter, gewundener Gleituferfluß" (*sinuous point bar anabranched*) anzusprechen.

Es kann im Rahmen dieser Arbeit nicht endgültig geklärt werden, warum die *Donau* in den Molassestrecken eine wesentlich größere Dynamik entwickelte als in den Juratälern. Die geologischen Untersuchungen von Ramsch (1989) und Ebel (1989) ergaben für die Strecke Sigmaringen-Zwiefaltendorf bis auf wenige Stellen eine mehrere Meter mächtige Kiesüberdeckung des anstehenden Untergrunds, d.h. die *Donau* bewegt sich fast durchweg in ihren eigenen Aufschüttungen bzw. denen der Zuflüsse. Die leichtere Erodierbarkeit der tertiären Molasseschichten kann demnach nicht unmittelbar ausschlaggebend für die unterschiedliche Morphologie sein. Auch die Änderungen des Talgefälles können nicht ursächlich sein; die erste "Molassestrecke" von Scheer bis Altheim weist zwar mit 1,7 ‰ eine erhebliche Versteilung gegenüber den Jurastrecken (1,1 bis 1,3 ‰) auf, der zweite Flußabschnitt im Molassetal nach Munderkingen unterscheidet sich jedoch mit 1,2 ‰ nicht vom Gefälle der Juratäler.

6.4 Morphodynamik

Zum Studium rezenter Morphodynamik der *Donau* stehen nur wenige Unterlagen zur Verfügung. Die Landesaufnahme zwischen 1820 und 1840 erfaßte zwar in einheitlicher Kartierung wichtige Details, wie die Unterscheidung zwischen Kiesbänken und bewachsenen Inseln oder die Kartierung von Schotterfluren im Uferbereich, und ergibt ein lückenloses Bild des damaligen Donaulaufs; der kurz darauf folgende, in den breiten Talbereichen durchgehende Ausbau unterband jedoch jegliche weitere Laufverlagerung. Eine der wenigen dokumentierten Laufverlagerungen zeigt die 1821 aufgenommene S-förmige Schleife, die im ersten Bogen eine schwach erkennbare großflächige Ausbuchtung aufweist (Abb. 6.5). Eine nähere Betrachtung läßt folgenden Schluß zu: die durchgezogene Linie stellt das alte Ufer dar, an das die bereits ausgemarkten Flurstücke Nr. 673-680 stoßen. Zwischenzeitlich erfolgte durch Unterschneidung ein langgestreckter Uferabbruch, dessen Rutschmassen jedoch nicht abtransportiert wurden, sondern mit der Zeit eine bewachsene Insel bildeten, die weiter hinterspült wurde und mit der Zeit in die Breite wuchs. Zur Aufnahmezeit war die so entstandene Bucht bereits etwa 30 m tief.

Die Neuvermessung des Jahres 1858 ("Rectification") zeigt den 1850/51 vorgenommenen Durchstich, aber auch den damals noch nicht verfüllten Altlauf (Abb. 6.5 unten). Gestrichelt eingetragen ist der Donauverlauf von 1821, der eine erhebliche Mäandermigration offenbart. Aus der langgestreckten Insel am rechten Ufer hat sich eine stromab verlagerte Insel in Strommitte gebildet mit einer Verbreiterung des Bettes auf das Zweieinhalbfache. Eine kleine vorgelagerte Insel (oder Kiesbank?) am rechten Ufer deutet auf einen neuerlichen Uferabbruch hin. Sicherlich wurde der Strömungsangriff auf das Außenufer durch die stromteilende Hauptinsel verstärkt; tatsächlich ist die Insel ans Innenufer verlagert, wo allerdings ebenfalls Erosionen stattfanden. Erstaunlich ist, daß die Insel diese Strömungsangriffe überdauert hat – vermutlich sind in diesem Zeitraum keine Extremereignisse aufgetreten; ein von Rietz (Regierungspräsidium Tübingen 1985) erwähntes Hochwasser von 1844 hatte entweder nicht die Kraft zur durchgreifenden Erosion, oder die Insel war im Gegensatz zu den Ufern durch Gehölzbewuchs geschützt.

Die anschließende Donauschleife wanderte innerhalb dieses Zeitraums von 30 Jahren um 115 m talab. Die typische Mäanderform spricht dafür, daß diese Laufverlagerung durch allmählichen Seitenschurf zustande kam und keine sprunghafte Verlagerung stattfand. Ob diese rasche Seitenentwicklung mit dem oft weichen, leicht erodierbaren Molasseuntergrund zusammenhängt, ist mangels genauerer Kenntnisse des Schichtenaufbaus nicht zu klären. Nach Ramsch (1989) tritt unmittelbar unterhalb der Ortslage Scheer das Donautal bis Riedlingen in den tertiären Untergrund ein; die Mächtigkeit der (würmzeitlichen) Kiesauflage wird

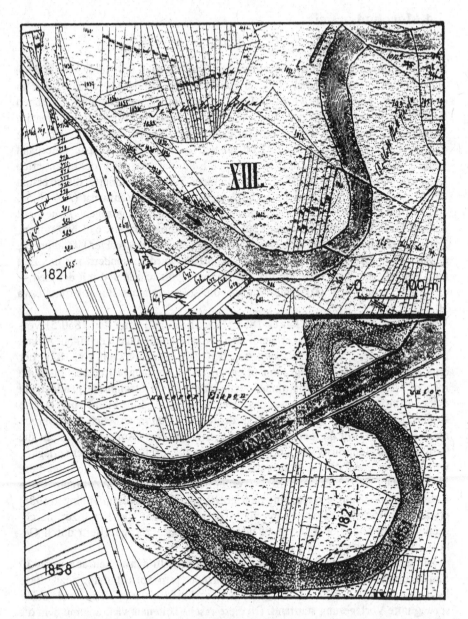

Abb. 6.5. Laufverlagerung bei Scheer (Flurkarte XLV 17); Legende s. Abb. 6.10, S. 213

in diesem Bereich lediglich mit 2,5 m angegeben. So ist es durchaus denkbar, daß im Sohlen- und Böschungsfußbereich weiche Molassesande anstanden, die das Unterspülen der Ufer erleichterten – eine Vermutung, die auch die oben erwähnten, langgestreckten Böschungsabbrüche erklären würde.

6.5 Tiefenerosion als Regulierungsfolge

Die Laufverkürzung zwischen Scheer und Riedlingen ab etwa 1850 betrug ca. 20 % (Kern & Schramm 1988). Abb. 6.6 zeigt den Sohlenverlauf von 1982/83 gegenüber dem Bezugsniveau, das 1893-95 dokumentiert wurde (genaues Aufnahmedatum unbekannt). Die Tiefenerosion wurde in diesem Abschnitt durch einige Wehranlagen beeinflußt, die zum Teil schon vor dem Ausbau bestanden. Bis Scheer halten sich Erosion und Akkumulation die Waage, wie auch durch die Summenlinie der Auf- und Abtragsvolumina (Abb. 6.7) bestätigt wird. Tatsächlich

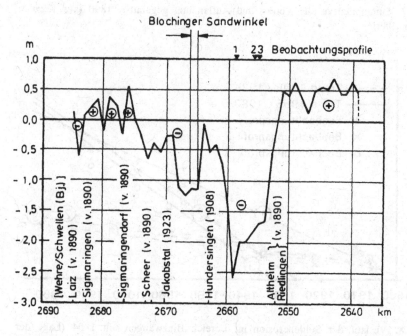

Abb. 6.6. Erosionsverlauf an der *Donau* zwischen Sigmaringen und Zwiefaltendorf gegenüber 1890 (nach Kern & Schramm 1988)

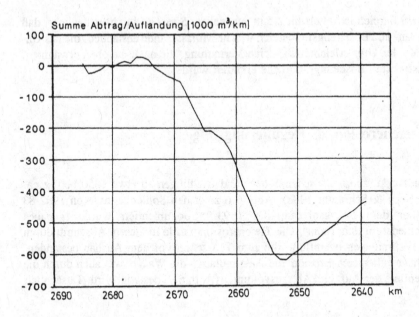

Abb. 6.7. Summenkurve aus Abtrag und Auflandung gegenüber 1890 (aus Kern & Schramm 1988)

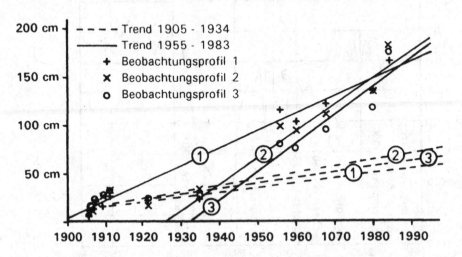

Abb. 6.8. Verlauf der Sohlenerosion im Bereich Binzwangen seit 1904 (Lage der Beobachtungsprofile s. Abb. 6.6)

wurden im Abschnitt Sigmaringen-Scheer erst in den 60er und 70er Jahren dieses Jahrhunderts bis in die jüngste Zeit innerörtliche Ausbaumaßnahmen durchgeführt. Es handelt sich demnach bei den festgestellten Sohlenveränderungen in diesem Juraabschnitt um reine Umlagerungen bzw. Transportvorgänge.

Unterhalb von Scheer beginnen deutliche Eintiefungstendenzen, die lediglich durch den Bau des Wehres Jakobstal im Jahre 1923 aufgehalten wurden. Oberhalb Hundersingen verhinderte vermutlich eine natürliche Mergelbank (Fluß-km 2664,0) weitere Eintiefungen; im Jahre 1908 errichtete Stützschwellen (ca. km 2665,5) konnten das Zwischenstück stabilisieren. Dahinter werden die größten Eintiefungswerte erreicht. Eine erneute lokale Erosionsbasis bilden die Wehranlagen in Altheim und Riedlingen; danach sinkt das mittlere Gefälle unter 1,0 ‰, wodurch Akkumulation eintritt.

Daß die Eintiefungen bei weitem nicht zum Stillstand kamen, zeigt die zeitliche Entwicklung an Beobachtungsprofilen, wonach eher von einer Verstärkung der Erosionsvorgänge in den letzten Jahrzehnten auszugehen ist (Abb. 6.8). Ob Änderungen im Abflußgeschehen für diese Tendenz verantwortlich zu machen sind, ist nicht bekannt, da Pegelbeobachtungen erst seit 1930 vorliegen. Eine flußmorphologische Erklärung könnte darin liegen, daß bis in die 30er Jahre dieses Jahrhunderts der Sedimentaustrag aus den oberhalb gelegenen Korrektionsstrecken die Eintiefung im (kurzen) Bereich der Beobachtungsprofile teilweise kompensieren konnte und erst mit nachlassendem Nachschub die Erosion voll zum Tragen kam. Da der Donaukies und die feinkörnigen Molasseschichten auch bei kleineren Hochwasserabflüssen transportiert werden können, ist eine morphodynamische Begründung für die gestiegene Erosionstendenz in diesem Abschnitt wahrscheinlicher.

6.6 Projektbeispiel: Sanierung von Erosionschäden bei Blochingen (Lkrs. Sigmaringen)

Im Zuge des Integrierten Donauprogramms sollte bei Blochingen ein erstes Pilotprojekt zur Donausanierung ausgeführt werden, um für weitere Planungsstufen Erfahrungen zu sammeln. Abb. 6.9 zeigt den Donauverlauf bei Blochingen, wie er aufgrund der Landesvermessung von 1821/22 rekonstruiert werden konnte, und die in diesem Bereich 1855/56 und 1872/74 vorgenommenen Laufkorrektionen.

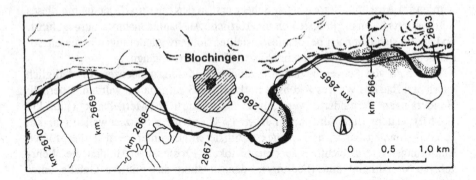

Abb. 6.9. Verlauf der ursprünglichen und der regulierten *Donau* im Bereich Blochingen

6.6.1 Leitbild

Morphologischer Gewässertypus. Die *Donau* war vor dem Ausbau auf diesem Abschnitt ein windungsreicher, jedoch nicht ideal mäandrierender Fluß, dessen Seitenentwicklung durch den nördlichen Talrand begrenzt wurde (Kap. 6.3).

Abb. 6.10 zeigt einen aus verschiedenen Aufnahmen zusammengesetzten Ausschnitt der Flurkarte bei Blochingen aus der Zeit der ersten Landesvermessung um 1820, also vor der Regulierung (Originalmaßstab 1:2500). Bei einer Neuvermessung im Jahre 1897 wurde neben der Korrektionsstrecke auch der beim Donauausbau im Jahre 1872-74 entstandene Altarm aufgenommen (hier nicht dargestellt). Dieser zuletzt dokumentierte natürliche Lauf hatte einen kleineren Krümmungsradius als die wenige Jahrzehnte ältere *Donau* des rechten Anschlußblattes. Demnach muß sich der Fluß in dieser Zeitspanne auf der Gemarkung Blochingen erheblich verändert haben. Die ältere Donauschleife war fast doppelt so breit – überhaupt variierte die Bettbreite sehr stark, wie der weitere Donaulauf um 1820 zeigt.

Auffällig sind langgestreckte, schmale Altarmanschlüsse, die vermutlich durch starken Grundwasserandrang längere Zeit vor völliger Verlandung bewahrt blieben; nicht selten durchflossen Seitengewässer alte Flußschlingen, bevor sie in die *Donau* mündeten, wie die *Ostrach* bei Hundersingen.

Auf den Innenufern wurden ausgedehnte Flächen mit Sand- und Kiessignaturen kartiert. Tatsächlich bestehen die Auensedimente in Flußnähe aus stark durchlässigen Sanden mit hohem Kiesanteil (Ebel 1989) und bringen die trockensten Standorte im ganzen Tal hervor (Regionalverband Bodensee-Oberschwaben 1980); die Gewann-Namen "Sandwinkel" und "Gries" sprechen für sich.

Alljährliche Überflutungen überdeckten die aufkommende Vegetation der Gleitufer erneut mit Sand- und Kiesablagerungen, so daß stets große Rohbodenflächen zur Neubesiedelung zur Verfügung standen. Die Lockersedimente der Uferbereiche setzten dem Seitenschurf wenig Widerstand entgegen; so konnte es bei jedem Hochwasser zu einer kleinen Bettverlagerung kommen, zumal die Flußtiefe keine wirksame Stabilisierung durch aufkommende Ufergehölze erlaubte und die Bäume vermutlich kein höheres Alter erreichten. Bei größeren Abflüssen waren neben diesen allmählichen Bettverschiebungen auch sprunghafte Laufveränderungen möglich, wie die unterschiedlich datierten Flurkartenausschnitte in Abb. 6.10 zeigen.

Kulturbedingter Gewässertypus. Nach Konold et al. (1989) wurde das Donautal schon seit dem Mittelalter entsprechend den Standortbedingungen landwirtschaftlich genutzt. Auf höher gelegenen Schotterterrassen der Würmkaltzeit und des älteren Holozäns wurde Ackerbau betrieben, in der Lehmaue dominierte die extensive Wiesennutzung als Mähwiese oder Weide, die stark wasserdurchlässigen Böden in unmittelbarer Flußnähe wurden allenfalls extensiv genutzt. Größere Auwälder gab es nicht. Doch zeigen die Urflurkarten streckenweise Ufergehölze. Viele Flächen wurden als Wiesen mit Kopfweidenbeständen genutzt. Das Donautal war von versumpften Randsenken begleitet, in denen sich das Hangwasser sammelte. Der Wasserhaushalt bestimmte die Ausbildung der Wiesengesellschaften, deren unterschiedliche Zusammensetzung das kleinräumige Relief der ehemaligen Donaurinnen wiedergibt. In neuerer Zeit ist ein Vordringen der Ackerflächen zu beobachten sowie eine Intensivierung der Grünlandnutzung durch Düngung.

Die Nutzungen, wie sie in den Urflurkarten (Abb. 6.10) anfangs des 18. Jh. bei Blochingen kartiert wurden, entsprechen ganz dieser Beschreibung. Nur ein schmaler Streifen entlang des Gleitufers der zweiten Schleife wies lockeren Gehölzbewuchs auf. Die Ackernutzung grenzte abschnittsweise sogar unmittelbar an den Fluß. Gut erkennbar an den Grundstücksgrenzen wie an den Signaturen sind im Gewann "Pfaffengereut" ehemalige Donauschleifen. Die Flurstücksvermarkung über den Altarm hinweg im Gewann "Sandwinkel" (o.li.) besiegelte bereits zum Zeitpunkt der ersten Vermessung dessen Schicksal, während der Altlauf im "Pfaffengreut" ausgemarkt und tatsächlich – freilich ohne Wasser – bis heute erhalten blieb.

Reversibilität von Eingriffsfolgen. Durch die Begradigungen hat sich das Flußbett im Bereich Blochingen mindestens um 1,2 m eingetieft (Abb. 6.6), wobei die Eintiefungen der ersten Jahrzehnte bis etwa 1890 nicht bekannt sind. Entsprechend sank auch der Mittelwasser- und aufgrund der hohen Durchlässigkeit auch der Grundwasserspiegel in Flußnähe. War mit der Verkürzung des Laufs und Festlegung des Flußbettes noch keine bedeutende Veränderung der bordvollen Abflußkapazität verbunden, so ergab sich nun mit der Sohleneintiefung doch eine merkliche Erhöhung der Leistungsfähigkeit.

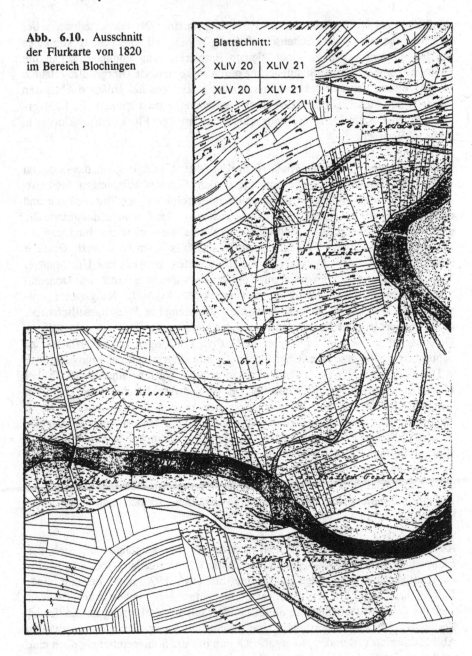

Abb. 6.10. Ausschnitt der Flurkarte von 1820 im Bereich Blochingen

Blattschnitt:

| XLIV 20 | XLIV 21 |
| XLV 20 | XLV 21 |

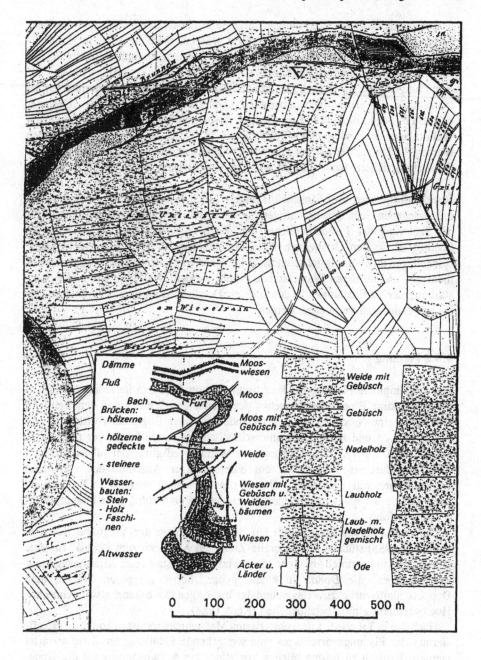

Dämme
Fluß
Bach
Brücken:
- hölzerne
- hölzerne gedeckte
- steinere
Wasserbauten:
- Stein
- Holz
- Faschinen
Altwasser

Furt

Mooswiesen
Moos
Moos mit Gebüsch
Weide
Wiesen mit Gebüsch u. Weidenbäumen
Wiesen
Äcker u. Länder

Weide mit Gebüsch
Gebüsch
Nadelholz
Laubholz
Laub- m. Nadelholz gemischt
Öde

0   100   200   300   400   500 m

Ein Ausgleich dieser Eintiefungen durch Selbstentwicklung ist nicht vorstellbar. Selbst wenn alle Ufersicherungen entfernt würden, wäre bei erneuter Laufverlagerung nicht mit einer Sohlenauflandung zu rechnen. Es muß vielmehr bis zur Erreichung der früheren Lauflänge weitere Eintiefung erwartet werden. Die Eintiefungen sind somit auch bei einem Planungshorizont von Jahrhunderten als irreversible Eingriffsfolgen anzusehen. Untersuchungen über den Geschiebehaushalt liegen nicht vor. Es ist jedoch davon auszugehen, daß die zahlreichen Wehranlagen zumindest einen Teilrückhalt des Geschiebes bewirken. Zugleich wurden die Donauufer auf der gesamten Ausbaustrecke mit Steinschüttungen und Steinsatz gesichert, wodurch eine wichtige Geschiebequelle versiegelt wurde.

Randbedingungen und Einschränkungen. Hochwasserschutzanforderungen der nahegelegenen Gemeinde Blochingen stellten einschränkende Randbedingungen für die Sanierung des Projektbereiches dar. Laut Vorgaben durfte der bestehende Schutzgrad für den Ortsbereich nicht verschlechtert werden. Die Hochwasserspiegellagen durften folglich auch nicht bei einer wünschenswerten Anhebung der niedrigen und mittleren Wasserstände erhöht werden. Weiterhin sollte eine Verstärkung der Auflandungen in den unteren Donaustrecken durch Veränderungen im Projektbereich vermieden werden.

6.6.2 Planung

Die ursprüngliche Planung zur Reaktivierung von Altarmen im Donautal sah auf der Gemarkung Blochingen zwischen der ehemaligen Schleife und dem heutigen Donaubett eine Modellierung des Geländes zu einer filigranen Aufteilung von Wasserflächen und zahlreichen unterschiedlich geformten Inseln vor (Landkreis Sigmaringen 1987). Die Stillgewässer sollten lediglich bei überbordenden Abflüssen durchströmt werden; ein unterstromiger Anschluß der vernetzten Wasserflächen war vorgesehen. Da mit dieser Planung wesentliche Projektziele nach Tabelle 6.1 nicht zu erreichen waren, wurde eine völlig neue Planungskonzeption verfolgt.

Die neue Planung konnte sich auf die Erkenntnisse der Vorstudie (Kern & Schramm 1988) stützen, die generelle Ziele und Aussagen zum Leitbild für eine Donausanierung enthielt. In einer Ideenskizze wurde statt einer Altarmbaggerung vorgeschlagen, die *Donau* in einem neuen, höher gelegenen Bett in eine Doppelschleife zurückzuverlegen und den bisherigen Donaukanal als Flutrinne zur Hochwasserentlastung beizubehalten (Kern 1988).

Nach den in Tabelle 6.1 prognostizierten Maßnahmewirkungen konnte bei Realisierung des Planungsvorschlages eine weitgehende Erfüllung der Ziele erwartet werden. Kritisch zu prüfen blieben vor allem die Auswirkungen auf die Hochwassersicherheit der Gemeinde Blochingen, das morphologische Verhalten des

Tabelle 6.1. Ziele und hydromorphologische Auswirkungen projektierter Maßnahmen zur Donausanierung im Bereich Blochingen

Ziele	Maßnahmen	Wirkungen
Anhebung des Mittel- und Grundwasserspiegels	Bau eines neuen Mittelwasserbettes auf dem Sohlenniveau der alten Schleifen bei niedrigerem Gefälle	Anhebung der Grundwasserstände mit Rückwirkungen bis in das Hinterland; Veränderung der Standortbedingungen für die Auenvegetation bezüglich des Wasserhaushalts; Häufigere Auenüberflutungen; Veränderung der Hochwasserspiegellagen mit Auswirkungen auf den Hochwasserschutz der Ortslage Blochingen; Schaffung einer durchgehenden freien Fließstrecke, allerdings mit einem Rückstau oberhalb des ersten Sohlenbauwerks
Stabilisierung der Tiefenerosion	Errichtung zweier Sohlenbauwerke zur Umleitung der Mittelwasserabflüsse und damit zum Aufstau der alten Donau; Bau einer Abschlußrampe am Ende der Doppelschleife als Übergang in das alte Bett (entfiel in der späteren Planung)	Stabilisierung der Tiefenerosion in der alten Donau im Projektbereich; Verhinderung von Eintiefung in den neuen Schleifen durch entsprechend niedriges Gefälle; Anlandung von Geschiebe im Rückstaubereich des ersten Sohlenbauwerks bis zur Angleichung der Sohlenlage
Entwicklung standorttypischer Lebensräume durch Regeneration einer charakteristischen Morphodynamik	Verzicht auf jegliche Uferbefestigung im Schleifenbereich, auch keine Bepflanzung; Modellierung des zwischen Donaukanal und neuen Schleifen gelegenen Auenbereichs mit Abgrabungen unterschiedlicher Tiefe und Aufschüttungen; Geländeankauf als Puffer und Entwicklungsraum auf der Außenseite der Schleifen	Möglichkeit zur begrenzten Laufverlagerung durch Seitenschurf; Geschiebeentnahme durch Seitenschurf; Auflandungen im Gleituferbereich und in den modellierten Auestandorten; Bildung von Kiesinseln im Rückstaubereich oberhalb des ersten Sohlenbauwerks; Möglicherweise auch Ablagerungen und Sohlenauflandungen in Teilbereichen der neuen Schleifen

neuen Bettes und Auswirkungen auf die aquatische Fauna durch Veränderung der Strömungsverhältnisse. Da von einer rechnerischen Behandlung keine zuverlässigen Ergebnisse zu erwarten waren, wurde zur Absicherung der Planung ein Modellversuch vereinbart und am Theodor-Rehbock-Laboratorium der Universität Karlsruhe ausgeführt (Dittrich & Kern 1989).

6.6.3 Modellversuch

Abb. 6.11 zeigt den Lageplan des im Modell (Maßstab 1 : 40) untersuchten Umgestaltungsbereiches mit der ersten 2,2 m hohen Schüttsteinrampe, die den alten Donaukanal bis zum Mittelwasserabfluß (MQ=24,3 m³/s am Pegel Hundersingen) weitgehend absperrt[63]. Die neu konzipierte Schleife wurde ohne Rücksicht auf den zuletzt dokumentierten Verlauf der *Donau* angelegt, da zu verschiedenen Zeiten beliebige Schlingenamplituden anzutreffen waren, wie oben gezeigt wurde. Ein wesentliches Kriterium war, genug Spielraum für eine mögliche Seitenverlagerung zu haben; die Grunderwerbsgrenze lag gut 100 m jenseits der vorgesehenen Außenufer. Mit den Schraffuren im eingeschlossenen Auenbereich soll die von den projektbeteiligten Ökologen vorgeschlagene Geländemodellierung angedeutet werden, die am Innenufer einen flachen Übergang bilden, daneben einen unterstrom angeschlossenen Altarm bezeichnen und in Inselmitte einen Höhenrücken kennzeichnen, so daß alle donautypischen Feuchtestufen der unmittelbar an den Fluß angrenzenden Gebiete vertreten sind.

Die zweite Schüttsteinrampe, die den unteren Kanalabschnitt bis zum Mittelwasserabfluß abriegelt, überwindet einen Höhenunterschied von 1,6 m. Auf eine ursprünglich vorgesehene dritte Rampe zum Abschluß des Gegenbogens und zur Überleitung in das alte Bett wurde nach den ersten Vorversuchen verzichtet, da die maximalen Fließgeschwindigkeiten im Gegenbogen auch ohne weitere Gefällestufe tolerabel erschienen.

Die Hochwasserspiegellagen konnten an einer recht genau vermessenen Überschwemmungslinie eines etwa 50jährlichen Abflusses vom Februar 1980 geeicht werden. Abb. 6.12 faßt die wichtigsten Ergebnisse der gewählten Lösungsvariante zusammen (Dittrich & Kern 1989). Demnach wird der Mittelwasserspiegel im Schleifenbereich um 0,6 bis 1,0 m angehoben (bei einer maximalen Sohleneintiefung um 1,2 m). Die Wasserspiegellagen für das 100jährliche Hochwasser (ca. 400 m³/s) konnten im gefährdeten Ortsbereich oberhalb der ersten Rampe aufgrund der entlastenden Abflußaufteilung sogar um 20-40 cm abgesenkt werden. Durch den Einbau der Rampen werden bis zum mittleren Hochwasserabfluß

---

[63]Auf Anregung der projektbeteiligten Limnologen soll eine kleine Bresche in der Rampe einen Mindestdurchfluß von 1 m³/s gewährleisten (Lutz & Soldner 1991).

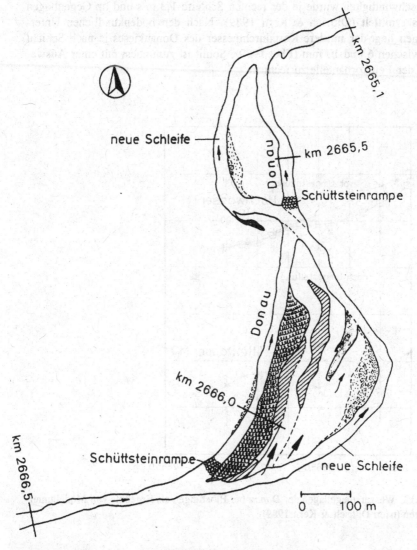

neue Schleife

km 2665,1

Donau

km 2665,5

Schüttsteinrampe

Donau

km 2666,0

km 2666,5

Schüttsteinrampe

neue Schleife

0   100 m

Abb. 6.11. Sanierungsbereich der *Donau* bei Blochingen (nach Dittrich & Kern 1989)

(ca. 160 m³/s) höhere Wasserstände erzeugt als bisher, darüber tritt eine Absenkung gegenüber dem Ausgangszustand ein.

Durch die ungünstige Abströmung in die neuen Schlingen verbleiben beim 100jährlichen Hochwasser drei Viertel des Abflusses im alten Bett. Als maximale

Fließgeschwindigkeit wurde in der rechten Schleife 1,3 m/s und im Gegenbogen 1,6 m/s ermittelt (Dittrich & Kern 1989). Nach den bodenkundlichen Untersuchungen liegt der mittlere Korndurchmesser des Donaukieses je nach Schicht etwa zwischen 6 und 10 mm (Ebel 1989). Somit ist zumindest mit einer Auswaschung der Feinkornanteile zu rechnen.

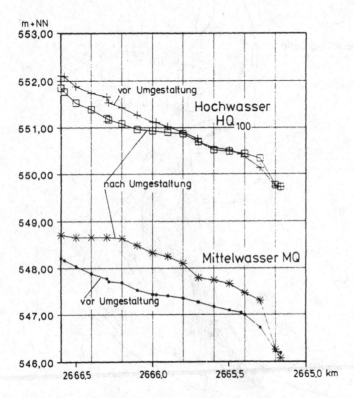

Abb. 6.12. Wasserspiegellagen der *Donau* bei Blochingen als Ergebnis von Modelluntersuchungen (nach Dittrich & Kern 1989)

6.6.4   Diskussion

Der Modellversuch hat gezeigt, daß der Planungsvorschlag umsetzbar ist und wesentliche Ziele erreicht werden können. Die Absenkung der Wasserspiegellagen infolge Tiefenerosion konnte in der Projektstrecke weitgehend ausgeglichen werden; zu beachten ist hierbei, daß die Senkung des Mittelwasserspiegels geringer ist als der Betrag der Sohlenerosion. Die Erhöhung der Wasserspiegellagen ist nur bis zum mittleren jährlichen Hochwasser wirksam, da die Rampen bereits bei 100 bzw. 110 m³/s ihre größte Belastung erfahren und bei höheren Abflüssen durch Einstau vom Unterwasser überströmt werden. Die für die Auenentwicklung entscheidenden Wasserspiegelschwankungen finden folglich auf einem höheren Niveau statt. Die für den Hochwasserschutz maßgebenden Wasserstände konnten dagegen im Bereich der Ortslage Blochingen sogar abgesenkt werden, ein Umstand, der für die Realisierung des Projektes ausschlaggebend war[64].

Das neue Flußbett wird als Gerinne mit einer bestimmten Kapazität und einem fixierten Gefälle vorgegeben, wobei auf jegliche Befestigung verzichtet wird. Ob sich die Hoffnung erfüllt, daß durch Seitenschurf und Anlandung der Fluß sein Bett letztlich selbst formt, muß sich erst zeigen, da sich aus dem Modellversuch hierüber nur Anhaltswerte ableiten ließen. Die Abflußaufteilung in neues und altes Bett ab Mittelwasser bedeutet, daß die neuen Schleifen im Unterschied zum Naturzustand nur teilbeaufschlagt werden, folglich nicht die ganze Erosionskraft zur Verfügung steht. Da jedoch die maximalen Fließgeschwindigkeiten schon beim doppelten Mittelwasserabfluß erreicht werden, kann durchaus mit bettbildenden Umlagerungen gerechnet werden. Die Morphodynamik findet freilich ihre Grenzen in einer begrenzten Ausformung und Verlagerung der Schleifen; eine echte Mäandermigration könnte wegen der durch die zweite Rampe fixierten Kreuzung nicht zugelassen werden. Nicht auszuschließen ist auch ein einsetzender Verlandungsprozeß, der die Gerinnekapazität reduziert und langfristig zu einer anderen Abflußaufteilung zwischen neuen Schlingen und altem Donaukanal führt.

Das alte Donaubett bleibt im Umgestaltungsbereich weitgehend unverändert erhalten. Zwischen den beiden Rampen (Abb. 6.12) verbleibt unterhalb Mittelwasser ein nur schwach durchströmter Wasserkörper, der limnologisch weder einer Flußstrecke noch einem Altgewässer gleicht. Eine Flußstrecke würde in diesem Donaubereich stärker durchströmt und wäre einer anderen Abflußdynamik ausgesetzt. Ein Altarm wiederum wäre im Hochwasserfall keineswegs so stark hydraulisch beansprucht wie diese Entlastungsstrecke. Aus diesem Grund ist es ratsam, im Laufe der weiteren Projektrealisierung[65] über mögliche Rückzugsareale für die aquatische Fauna nachzudenken. Die Fließgeschwindigkeiten sind bei Hochwasser im alten Bett etwa ein Drittel niedriger als im Ausgangszustand.

---

[64]Die Bürger der Gemeinde Blochingen standen dem Vorhaben anfangs sehr skeptisch gegenüber, konnten jedoch durch den Modellversuch überzeugt werden (SCHWÄBISCHE ZEITUNG, 12.07.1989).

[65]Im Oktober 1993 waren die Arbeiten weitgehend abgeschlossen und die neuen Schleifen wurden bei MQ kräftig durchflossen. Nach Pfender (mündl. Mitt.) konnten die auf ca. 2 Mio. DM veranschlagten Baukosten durch Verkauf des ausgehobenen Kieses auf die Hälfte gesenkt werden.

Das Donaubett unterhalb der zweiten Rampe ist dagegen rückstaufrei, erfährt folglich auch bei kleinen Abflußdotierungen eine stärkere Durchströmung, ohne ausgesprochenen Restwassercharakter zu haben. Auch hier gilt es, strukturverbessernd einzugreifen.

In der Aue wurde nach Vorschlägen der projektbeteiligten Ökologen durch Geländemodellierung eine künstliche Standortvielfalt geschaffen, um die Regeneration zu beschleunigen. Nach Lutz & Soldner (1991) soll der entstandene Inselbereich ohne steuernde Pflegeeingriffe der Sukzession überlassen bleiben, so daß langfristig ein Auwald entstehen kann.

Die gesamte Maßnahme ist als ein kontrollierter Naturversuch anzusehen, der mit einem angepaßten Meßprogramm zu begleiten ist (Kap. 5.4). Morphologische Veränderungen sind ein wesentliches Ziel der Donausanierung; dabei müssen auch unliebsame Folgen eingerechnet und akzeptiert werden. Hierin unterscheidet sich der konventionelle vom naturnahen Flußbau. Nach der traditionellen Auffassung sollte durch flußbauliche Maßnahmen jegliche Veränderung der Gewässer ausgeschlossen werden. Im naturnahen Flußbau jedoch werden gewässerspezifische Umlagerungen in einem kulturlandschaftsverträglichen Rahmen angestrebt.

7 Zusammenfassung, Anforderungen an Forschung und Lehre

Die Erscheinungsformen von Bächen und Flüssen spiegeln die geologischen, morphologischen und klimatischen Eigenschaften ihrer Einzugsgebiete wider. Die gelösten und festen *Verwitterungsprodukte* der anstehenden Gesteine werden in den Tiefenlinien des Reliefs vom oberirdisch abfließenden Niederschlagswasser transportiert. Schwebstoffe lagern sich in den Talniederungen ab und bilden insbesondere in Löß- und Keupergebieten mächtige *Auenlehmdecken*, die durch Rodungen und Landnutzungen noch verstärkt wurden. Gerölle werden je nach Festigkeit unterschiedlich schnell zerrieben und bestimmen die *Sedimentzusammensetzung* in den Gewässern. Zugleich korradieren sie beim Transport die Sohle und tragen so über den reinen Wasserangriff hinaus zur Einschneidung bei. Relativ erosionsstabile Auenlehmsohlen werden vor allem durch den Abrieb beim Geschiebetransport abgetragen, wie verschiedene Beobachtungen belegen.

Die Oberflächenformen der Erde sind das Ergebnis einer wechselvollen *Landschaftsgeschichte* unter endogenen und exogenen Einflüssen. Die mitteleuropäischen Landschaften sind von den Kaltzeiten des Pleistozäns geprägt und haben ihren Charakter nach dem Ende der Würmkaltzeit weitgehend bewahrt. Schmelzwasserflüsse der Gletscher formten in den Periglazialgebieten breite Täler aus. Die durch Frostverwitterung stark angestiegene Geschiebefracht der kaltzeitlichen Wildflüsse schotterte die Talböden auf, um in den anschließenden Warmzeiten bis auf wenige Terrassenreste wieder erodiert zu werden. Die *Talformen* der Mittelgebirge sind durch das Zusammenspiel aus Hangabtrag (Denudation), vor allem Solifluktion, und linearer Erosion zu erklären. Kerbtäler zeugen von überwiegendem Einschneiden, Mulden- und Sohlentäler kennzeichnen die nachlassende Transport- und Erosionskraft der Gewässer. Das *Talgefälle* wiederum ist von der Erosionsresistenz des anstehenden Gesteins und der Eintiefungsgeschwindigkeit des Vorfluters abhängig.

Für die Gewässermorphologie ist die *Form des Talbodens* und die Zusammensetzung der *Talbodensedimente* von großer Bedeutung. Die Geschiebeaufnahme erfolgt unter den derzeitigen Klimabedingungen fast ausschließlich aus den Gerinnen selbst, da die Vegetationsbedeckung die Verwitterungsprodukte auf den

Hängen weitgehend festlegt. Ist in Mittelgebirgslagen der Talboden mit Solifluktionsschutt verfüllt, so bleibt ein Teil der Sedimente mehr oder weniger ortsfest und bestimmt maßgeblich die Bettstruktur. Erst bei voller Beweglichkeit der Sedimente ist von alluvialen Gewässern zu sprechen.

Die Form von Kerb-, Mulden- und Mäandertälern legen den *Gewässerverlauf* weitgehend fest; erst in alluvialen Sohlentälern bei freier Sedimentation und Erosion bestimmen die hydraulischen Gesetzmäßigkeiten die Bettmorphologie mit Fließgefälle, Laufentwicklung und Querschnittsformen. In den Periglazialgebieten stellen sie eher die Ausnahme dar, wie z.B. im Oberrheingraben, während ansonsten kaltzeitlich verfrachtete Sedimente, auch Moränenablagerungen, die Gewässermorphologie beeinflussen. An der Donau sind auch in breiteren Talabschnitten nur sehr unregelmäßige Laufformen zu finden, die nicht annähernd die ideale Mäanderform bildeten wie einstmals der Rhein bei Karlsruhe.

Die *Querschnittsentwicklung* ist unter anderem von der Erodierbarkeit der Ufer abhängig. Vergleichsweise erosionsfeste Auenlehmufer oder dicht verwurzelte Gehölzufer fördern schmale und tiefe Gewässerbetten. Morphologisch bedeutend ist die Ufervegetation jedoch nur für Bäche, in denen verwachsene und angeschwemmte Gehölze und Äste oft die wesentlichen Bettstrukturen bilden.

Um zu einem besseren Verständnis flußmorphologischer Formen und Vorgänge zu gelangen, wurde auf der Basis einer hierarchischen Gewässerklassifizierung von Frissell et al. (1986) ein *Raum-Zeit-Modell der morphologischen Gewässerentwicklung* erstellt, das räumliche Entwicklungseinheiten vom Einzugsgebiet bis zu kleinflächigen Teilbiotopen im Gewässerbett unterscheidet. Die geomorphologischen Prozesse in den definierten Teilsystemen wurden nach ihrer zeitlichen Beständigkeit abgegrenzt sowie Ursache und Wirkung unterschieden (Input-Output). Beispielsweise entstehen Einzugsgebiete unter tektonischen und klimatischen Einwirkungen in geologischen Zeiträumen, während Kiesbänke und Uferanlandungen dem saisonal schwankenden Abflußgeschehen und der Sedimentzufuhr unterliegen. Die zeitlichen und räumlichen Grenzen wurden als Größenordnungen angegeben und die typologische Differenzierung auf die Gewässergröße (Bäche und Flüsse) beschränkt. Das Modell bleibt so flexibel und kann an die jeweilige Gewässersituation angepaßt werden; entscheidend sind nicht die absoluten Bereichsgrenzen, sondern die Rangfolge der Entwicklungsprozesse.

Durch die Fixierung eines Zeitrahmens ermöglichte das gedankliche Modell die Analyse *geomorphologischer Gleichgewichtsprozesse* und somit auch die Einordnung flußbaulicher Stabilitätsforderungen. Die Störung dieser Gleichgewichtszustände erfolgt häufig durch *Katastrophenereignisse*, die den zeitlich und räumlich definierten Gewässerentwicklungen zugeordnet werden konnten. Im geologischen Zeitmaßstab kann die kurzzeitige Vergletscherung eines Einzugsgebiets (wenige zehntausend Jahre) große morphologische Veränderungen bewirken und somit als Katastrophe angesehen werden, während bei Kiesinseln und Uferanlandungen schon ein alljährlich auftretender bordvoller Abfluß die völlige Umlagerung oder Neubildung bewirken kann. Vor diesem Hintergrund wurde es möglich, den Stellenwert extremer Abflußereignisse der letzten Jahre in Südwestdeutschland und in der Schweiz bezüglich der landschaftlichen Entwicklung einzuschätzen.

In die natürlichen geomorphologischen Prozesse griff der Mensch schon mit den ersten *Rodungen* im Neolithikum ein. Flächendeckende Rodungen wurden in unseren Breiten erst im Mittelalter vorgenommen. Während im Mittelmeerraum schon im Altertum eine intensive Wasserwirtschaft betrieben wurde, erfolgten *flußbauliche Eingriffe* in Mitteleuropa erst mit Beginn der Neuzeit und erreichten ihren Höhepunkt mit den großen Flußregulierungen im 19. und 20. Jahrhundert.

Die morphologischen Folgen der vielfältigen Eingriffe waren Veränderungen im Geschiebehaushalt und im Abflußregime, Einschränkungen der Gewässerentwicklung, Zerstörungen von Gewässer- und Auenstrukturen und in vielen Fällen Störungen von fluvialen Gleichgewichten. Mit Hilfe des morphologischen Entwicklungsmodells konnten *Regenerationszeiten* abgeschätzt werden, die erforderlich sind, um morphologische Eingriffsfolgen in Gewässersysteme auszugleichen. Ebenfalls abzuleiten ist, welche Eingriffe heute mit großer Wahrscheinlichkeit nicht mehr wirksam sind.

Kenntnisse der naturgegebenen Gewässerentstehung und -entwicklung sind Voraussetzung für naturnahe *Gewässergestaltung* und *Gewässerpflege*. Gegenstand der Gewässergestaltung sind die Raumeinheiten "Gewässerstrecke" oder "*Bettstrukturen*" – größere Einheiten, wie "Abschnitte" oder "Flußabteilung" gliedern sich in einzelne Strecken, die sich hydraulisch und morphologisch unterschiedlich verhalten, die kleinste Raumeinheit "Mikrohabitate" entzieht sich flußbaulicher Gestaltung.

Der flußbauliche *Planungshorizont* muß am Entwicklungszeitraum des Planungsgegenstands orientiert werden; er liegt für die Raumeinheit "Gewässerstrecke" in der Größenordnung von Jahrhunderten, ist also ähnlich anzusetzen wie die Planungszeiträume in der Forstwirtschaft. Für "Bettstrukturen" (Inseln, Kiesbänke, Uferbereiche, Schnellen, Stillen) sind allenfalls Jahrzehnte anzusetzen. Das bedeutet, daß sich die naturnahe Entwicklung ausgebauter Gewässerstrecken nicht in Jahrzehnten oder gar Jahren vollziehen kann und andererseits Inselbefestigungen o.ä. nicht auf HQ_{100} zu bemessen sind.

Gewässer sind so zu gestalten und zu pflegen, daß sie innerhalb des Entwicklungszeitrahmens ihre charakteristischen Formen und Strukturen bilden können und ihrer spezifischen Morphodynamik unterliegen. Katastrophenereignisse können jederzeit die morphologischen Gleichgewichtsprozesse von Strecken bzw. Bettstrukturen unterbrechen, um auf neuem Niveau eine Gleichgewichtsentwicklung zu beginnen.

Das morphologische *Planungsleitbild* setzt sich zusammen aus den naturraumspezifischen Gewässereigenschaften (*morphologischer Gewässertypus*), den *irreversiblen Eingriffsfolgen* und dem *kulturbedingten Gewässertypus*. Der morphologische Gewässertypus kann aus Vergleichs- oder Referenzstrecken ermittelt werden; Kriterien für die Vergleichbarkeit von Referenzstrecken werden angegeben. Eingriffsfolgen, die innerhalb des Entwicklungszeitraums nicht regenerierbar sind, gelten als irreversibel. Hierzu zählen vor allem Tiefenerosion des Gerinnes und Störungen der Auensedimente. In beiden Fällen sind Regenerationen nur durch klimatisch verursachte Umlagerungsphasen vorstellbar, wie sie im Verlauf des Holozäns an verschiedenen Flußsystemen nachgewiesen wurden. Mit dem kulturbedingten Gewässertypus wird der historischen Entwicklung der Kulturlandschaft Rechnung getragen, die auch zu einer Erhöhung der Artenvielfalt beigetragen hat.

Generell gilt der Grundsatz Selbstentwicklung geht vor Gestaltung. In der kurzfristigen Gewässerpflege sind Anstöße zur Selbstentwicklung zu geben, wie Entfernung von Ufer- und Sohlensicherungen, Duldung von Uferabbrüchen, Förderung von Auskolkungen und Anlandungen, Extensivierung der Unterhaltung, Aufbau von Ufergehölzstreifen. Mittelfristig sind die Rahmenbedingungen zu ändern, die einer naturnahen Entwicklung entgegenstehen, wie z.B. Wiederherstellung natürlicher Abflußbedingungen, Regeneration des Geschiebehaushalts, Änderung der Hochwasserschutzkonzeption, Extensivierung der Auennutzungen, Erweiterung der Ufergehölzstreifen zu gewässerbegleitenden Auwaldbeständen, Einstellung der Unterhaltung. Nur wenn diese Voraussetzungen erfüllt sind, können langfristig gewässertypische Strukturen durch Eigendynamik entstehen. Regulierte Gewässer mit schmalem, dichtem Gehölzbewuchs werden den morphologischen Entwicklungszielen nicht gerecht.

Gestaltungs- und Pflegehinweise für unterschiedliche Gewässersituationen werden gegeben. Ausgebaute *alluviale Gewässer in Lockersedimenten* sind zu entfesseln; die Selbstentwicklung kann durch künstliche Strömungslenker beschleunigt werden. Bei *alluvialen Gewässern in kohäsiven Sedimenten* kann die Regeneration des Geschiebehaushalts von besonderer Bedeutung sein; u.U. ist eine Umgestaltung zur Beschleunigung der Entwicklung anzuraten. In *nichtalluvialen Gewässern* kommt es darauf an, daß die weitgehend ortsfeste Sedimentmatrix erhalten bzw. ersetzt wird (Wildbachbau).

Die *Sanierung erodierter Gewässerstrecken* ist nur durch massive Umgestaltungseingriffe möglich und wird den Ansprüchen einer naturnahen Gewässerentwicklung nur teilweise gerecht. Häufig wird die Morphodynamik eingeschränkt (Laufverlagerung behindert, Fließgeschwindigkeit herabgesetzt), oder die Regeneration der Aue bleibt unterbunden. Die *Sanierung von Auflandungsstrecken* ist grundsätzlich ausgeschlossen, wenn die Ursachen der Auflandung nicht beseitigt werden können.

Bei der Verwendung *naturgemäßer Bauweisen* im Flußbau zur Ufer- und Sohlensicherung oder als Strömungslenker sollen die Baustoffe nach Art und Größe gewässertypischen Materialien entsprechen. Beim Einsatz von Steinschüttungen wird ein breit gestuftes Kornmischungsband empfohlen mit einem

30%igen Größtkornanteil (Faustwert); die Wahl des Größtkorns darf die morphologische Entwicklungsfähigkeit des Sanierungsbereiches nicht dauerhaft behindern.

Abschließend werden Hinweise zur *morphologischen Entwicklungskontrolle* von Gewässerstrecken, Gewässerbettstrukturen und Mikrohabitaten gegeben.

Am Beispiel der Donau in Baden-Württemberg werden schließlich die geomorphologischen Abläufe der Tal- und Terrassenbildung, die Laufentwicklung und Morphodynamik sowie die streckenweise Eintiefung als Regulierungsfolge analysiert. Das Sanierungskonzept eines Teilabschnittes wird vorgestellt und diskutiert.

Anforderungen an Forschung und Lehre. *Forschungsbedarf* gibt es im naturnahen Wasserbau allenthalben. Die folgenden Hinweise beschränken sich auf morphologisch relevante Fragestellungen von Bedeutung für die Praxis.

– Naturraumbezogene Beschreibung regionaler Gewässerleitbilder mit charakteristischen Laufformen, Querschnittsvarianten, Uferausbildung, Bettstrukturen, Sedimenten und Auenausprägung
– Untersuchungen zur Morphodynamik von Gewässern in Periglazialgebieten
– Morphologische Entwicklungsfähigkeit von Gewässern bei verschiedenen Randbedingungen (Geologie, Ufer- und Auensedimente, Gefälle, Geschiebeführung etc.)
– Möglichkeiten zur Förderung der Selbstentwicklung von Gewässern (Strömungslenker, Pflanzung oder Entfernung von Uferbewuchs)
– Anthropogene Auswirkungen auf den Geschiebehaushalt (Versiegelung von Geschiebequellen, Geschieberückhalt an Wehranlagen, Verstärkung der Geschiebeaufnahme aus der Sohle)
– Sanierungskonzepte für Störungen im Geschiebehaushalt
– Gewässergerechte Sanierungskonzepte für Erosionsstrecken
– Bemessung und konstruktive Gestaltung von Steinschüttungen mit breitem Kornmischungsband

Vieles läßt sich nicht auf dem klassischen Weg der Feldbeobachtung oder Laborforschung untersuchen, sondern muß in der Praxis mit Teststrecken erprobt werden. Die Analyse regionaler Gewässertypen (Leitbildforschung) wird derzeit in Baden-Württemberg und Rheinland-Pfalz vorgenommen. Zur rezenten Morphodynamik von Gewässern gibt es ein DFG-Schwerpunktprogramm, das bis jetzt jedoch nur wenige zugängliche Veröffentlichungen erbracht hat.

In der *Lehre* ist die unzureichende naturwissenschaftliche Ausbildung der Ingenieure zu beklagen. Der studierte Flußbauer sollte eine Grundvorstellung von der Geologie und Entstehungsgeschichte der Landschaft haben, in der er seinen Beruf ausübt. Den älteren Flußbauern wurde dies noch vermittelt; in späteren Studienreformen wurden die Grundlagen gekappt zugunsten von technologischem

Spezialwissen – eine Entwicklung die heute generell beklagt wird (z.B. Kaldenhoff 1987). Gerade die Geowissenschaften haben eine Fachsprache entwickelt, in die sich der Bauingenieur ohne einschlägige Grundkenntnisse kaum noch einfindet, so daß er folglich die notwendige fachübergreifende Zusammenarbeit nicht leisten kann.

Neben dem geologischen Grundwissen, das für alle Bauingenieure unverzichtbar ist, wären Lehrangebote über Flußmorphologie als Spezialwissen für Wasserbauer erforderlich. Tatsächlich können sich Wasserbaustudenten in Vertiefungsvorlesungen über den Stand der Forschung zum Geschiebetransport informieren, die flußmorphologische Wissensvermittlung geht jedoch kaum über die Dreiteilung gestreckter, mäandrierender und verzweigter Flüsse hinaus.

Vor diesem Hintergrund ist es nicht verwunderlich, wenn viele naturnahe Wasserbauer oft recht ratlos vor begradigten Gewässern stehen und nur *eine* Idealvorstellung haben, den Mäanderfluß.

Literatur

Ackermann, W.C., G.F. White & E.B. Worthington (Hrsg.) (1973) Man-made lakes: their problems and environmental effects. Geophysical monograph 17, American Geophysical Union, 1-847, Washington DC.

Ackers, P. & F.G. Charlton (1970) The slope and resistance of small meandering channels. Proc. Inst. Civ. Eng., Suppl. 15, 349-370.

Ahnert, F. (1973) Inhalt und Stellung der funktionalen Methode in der Geomorphologie. Geogr. Z., Beih. 33, 105-113.

Anderson, M.G. (Hrsg.) (1988) Modelling geomorphological systems. John Wiley & Sons, Chichester.

ANL Bayer. Akademie für Naturschutz und Landschaftspflege (Hrsg.) (1985) Die Zukunft der ost-bayerischen Donaulandschaft. Laufener Seminarbeiträge 3/85, Laufen.

ANL Bayer. Akademie für Naturschutz und Landschaftspflege (Hrsg.) (1991) Erhaltung und Entwicklung von Flußauen in Europa. Laufener Seminarbeiträge 4/91, 1-156, Nov. 1991, Laufen.

Arnold, O. (1991) Morphologische Veränderungen an der ausgebauten unteren Murr. In: LfU (1991a), 37-71.

Bailey, R.G. (1978) Description of ecoregions in the United States. Intermountain Region, US Forest Service, Ogden, Utah.

Baker, V.R. (1989) Magnitude and frequency of paleofloods. In: Beven & Carling (1989), 171-183.

Baker, V.R., R.C. Kochel & P.C. Patton (Hrsg.) (1988) Flood geomorphology. 1-503, John Wiley & Sons, New York.

Bauer, F. (1965) Der Geschiebehaushalt der bayerischen Donau im Wandel wasserbaulicher Maßnahmen. Wasserwirtschaft, 55. Jg., H. 4, 106-112, H. 5, 145-154.

Bauer, H.J. (1971) Landschaftsökologische Bewertung von Fließgewässern - ein Beitrag gegen Ausbau und Regulierung. Natur und Landschaft, Nr. 46, 277-282.

Bauer, H.J. (1990) Bewertungsverfahren für ökologische Auswirkungen der Wasserwirtschaft. Wasserwirtschaft, 80. Jg., H. 3, 129-134.

Baumgart, J., R. Bostelmann, W. Greis & R. Menze (1987) Naturnahe Umgestaltung des Alten Federbachs in Rheinstetten - Entwicklungskonzept Teil 1. Im Auftrag des Ministeriums für Umwelt Baden-Württemberg, Arbeitsgemeinschaft Landschaftsökologie, Karlsruhe, 1-117, 1 Anlagenband, Dezember 1987, unveröffentlicht.

Baumgart, J., R. Bostelmann, E. Briem, I. Nadolny & A. Ness (1990) Fließgewässertypologische Untersuchungen am Beispiel des Reisenbachs (Odenwald) - Naturnahe Fließgewässer in Baden-Württemberg, Methodische Voruntersuchungen. Im Auftrag des

Ministeriums für Umwelt Baden-Württemberg; Inst. Wasserbau u. Kulturtechnik und Inst. Geographie u. Geoökologie, Universität Karlsruhe, Arbeitsgemeinschaft Landschaftsökologie, Karlsruhe, Institut für Umweltstudien, Heidelberg, 1-95 u. Anlagen, 1990, unveröffentlicht.

Bayer. Landesamt für Wasserwirtschaft (1987) Grundzüge der Gewässerpflege. Schriftenreihe des Bayer. Landesamtes für Wasserwirtschaft, H. 21, Seiten 1-112, München.

Bayer. Staatsministerium für Landesentwicklung und Umweltfragen (Hrsg.) (1985) Wasserwirtschaftliche Rahmenuntersuchung Donau und Main. Bayer. Landesamt für Umweltschutz (Bearb.), 1-204, 11 Anlagen, München.

Beaty, C.B. (1974) Debris flows, alluvial fans, and a revitalized catastrophism. 39-51, 2 Abb., 7 Fotos, Z. Geomorph., Suppl. 21, Gebrüder Borntraeger, Berlin, Stuttgart.

Becker, B. (1983) Postglaziale Auwaldentwicklung im mittleren und oberen Maintal anhand dendrochronologischer Untersuchungen subfossiler Baumstammablagerungen. Geol. Jb., A 71, 45-59, Hannover.

Begemann, W & H.M. Schiechtl (1986) Ingenieurbiologie-Handbuch zum naturnahen Wasser- und Erdbau. 1-216, Bauverlag, Wiesbaden, Berlin.

Behringer, J., G. Einsele & W. Rosenow (1986) Zur Art und Bildung der Bachsedimente im westlichen Schönbuch. In: Einsele (1986a), 535-548.

Beven, K. & P. Carling (Hrsg.) (1989) Floods - hydrological, sedimentological and geomorphological implications. 1-290, John Wiley & Sons, Chichester.

BfG Bundesanstalt für Gewässerkunde (Hrsg.) (1965) Der biologische Wasserbau an den Bundeswasserstraßen. 1-319, Eugen Ulmer Verlag, Stuttgart.

Binder, W. (1979) Grundzüge der Gewässerpflege. Schriftenreihe des Bayer. Landesamtes für Wasserwirtschaft, H. 10, München, 1-56.

Bittmann, E. (1965) Grundlagen und Methoden des biologischen Wasserbaus. In: BfG (1965), 1-56.

Boon, P.J., P. Calow & G.E. Petts (Hrsg.) (1992) River conservation and management. 1-470, John Wiley & Sons, Chichester.

Bork, H.-R. (1988) Bodenerosion und Umwelt - Verlauf, Ursachen und Folgen der mittelalterlichen und neuzeitlichen Bodenerosion - Bodenerosionsprozesse - Modelle und Simulationen. Abt. Phys. Geographie u. Landschaftsökologie u. Phys. Geographie u. Hydrologie (Hrsg.), Reihe Landschaftsgenese u. Landschaftsökologie, H.13, 1-249, TU Braunschweig.

Bostelmann, R. (1991) Morphologische Fließgewässerbewertung nach WERTH am Beispiel der Alb - Einschätzung eines Bewertungsverfahrens. In: Larsen (1991), 95-115.

Brakenridge, G.R. (1988) River flood regime and floodplain stratigraphy. In: Baker, Kochel & Patton (1988), 139-156.

Braukmann, U. (1987) Zoozönologische und saprobiologische Beiträge zu einer allgemeinen regionalen Bachtypologie. Ergebnisse der Limnologie, Archiv f. Hydrobiologie, Beiheft 26, 1-355, Schweizerbart'sche Verlagsbuchhandlung, Stuttgart.

Bremer, H. (1959) Flußerosion an der oberen Weser. Göttinger Geogr. Abh., H. 22, 1-192, Universität Göttingen.

Bremer, H. (1984) Das Gleichgewichtskonzept in Zeit und Raum. Z. Geomorph., N.F. Supp. Bd. 50, 11-18, Gebrüder Borntraeger, Stuttgart.

Bremer, H. (1989) Allgemeine Geomorphologie. 1-450, 65 Abb., 8 Tab., Gebrüder Borntraeger, Berlin, Stuttgart.

Brice, J. C. (1983) Planform properties of meandering Rivers. In: Elliott (1983), 1-15.

Briem, E. & K. Kern (1989) Untersuchungen zur Beurteilung des Geschiebehaushalts der Speltach (Jagstgebiet) hinsichtlich geplanter Umgestaltungsmaßnahmen. Im Auftrag des Wasserwirtschaftsamtes Schwäbisch Hall, unter Mitarbeit von R. Jörger; Inst. Wasserbau u. Kulturtechnik, Universität Karlsruhe in Zusammenarb. mit E. Briem. 1-43, 6 Anlagen, Jan. 1989, unveröffentlicht.

Brookes, A. (1988) Channelized rivers - perspectives for environmental management. 1-326, John Wiley & Sons, Chichester.

Brown, A.G. & M. Keough (1992) Paleochannels, paleoland-surfaces and the three-dimensional reconstruction of floodplain environmental change. In: Carling & Petts (1992), 185-202.

Brune, M.G. (1953) Trap efficiency of reservoirs. Transactions of the American Geophysical Union, 34. Jg., H. 3, 407-418.

Brussock, P.P., A.V. Brown & J.C. Dixon (1985) Channel form and stream ecosystem models. Water Resources Bulletin, 21, 859-866.

Buch, M.W. & K. Heine (1988) Klima- oder Prozeß-Geomorphologie - Gibt das jungquartäre fluviale Geschehen der Donau eine Antwort? Geogr. Rundschau, 5, 16-26.

Buchwald, K. & W. Engelhardt (1968) Handbuch für Landschaftspflege und Naturschutz. Bd. 2., 1-502, Bayer. Landwirtschaftsverlag, München, Basel, Wien.

Buck, W. & K. Kern (1982) Untersuchung der Hochwasserverhältnisse am Gewässer I. Ordnung Elsenz und deren Verbesserung - Teil II: Hydraulik und konstruktive Maßnahmen. Im Auftrag des Regierungspräsidiums Karlsruhe, Inst. Wasserbau u. Wasserwirtschaft, Universität Karlsruhe, 1-84, 8 Anlagen, März 1982, unveröffentlicht.

Büdel, J. (1968) Hang- und Talbildung in Südost-Spitzbergen (auf Grund der Stauferland-Expedition 1959 bis 1967). Eiszeitalter und Gegenwart 19, 240-243.

Büdel, J. (1981[II]) Klima-Geomorphologie. 1-304, 1. Aufl. 1977, Gebrüder Borntraeger, Berlin, Stuttgart.

Bull, W.B. (1988) Floods - degradation and aggradation. In: Baker, Kochel & Patton (1988), 157-165.

Bundesministerium für Verkehr, Abt. Binnenschiffahrt u. Wasserstraßen (1981) Untersuchungen zur Frage, ob die Sohlenerosion des Oberrheins unterhalb der Staustufe Iffezheim durch Geschiebezugabe, weitere Staustufen oder Grundschwellen verhindert werden kann. Schlußbericht., 1-43, Bonn.

Bürkle, F. (1986a) Morphologische Vorgänge und deren Bedeutung bei ausgebauten Fließgewässern für die naturnahe Umgestaltung - Beispiele aus Baden-Württemberg. In: Larsen (1986), 35-54.

Bürkle, F. (1986b) Gewässerausbau - Beschreibung ausgewählter Gewässerstrecken. Ministerium für Ernährung, Landwirtschaft, Umwelt und Forsten, Baden-Württemberg (Hrsg.), Handbuch Wasserbau (o. Nummer), 21-200, Stuttgart.

Bürkle, F. (1988) Karl August Friedrich von Duttenhofer (1758-1836) - Pionier des Wasserbaus in Württemberg. Veröffentlichungen des Archivs der Stadt Stuttgart, Bd.41, 1-151, Klett-Cotta, Stuttgart.

Bürkle, F. (1991) Einführung, wichtige Ergebnisse und abschließende Gedanken. In: LfU (1991a), 7-12.

Calow, P. & G.E. Petts (Hrsg.) Rivers handbook. Vol. 2, Blackwell Scientific Publication, Oxford (im Druck).

Carling, P.A. (1983) Particulate dynamics, dissolved and total load, in two small basins, northern Pennines, UK. Hydrological Sciences Journal, 28, 355-375.

Carling, P.A. (1988) Channel change and sediment transport in regulated U.K. rivers. Regulated Rivers: Research and Management, Vol. 2, 369-387, John Wiley & Sons, Chichester.

Carling, P.A. & G.E. Petts (Hrsg.) (1992) Lowland floodplain rivers: geomorphological perspectives. 1-320, John Wiley & Sons, Chichester.

Carson, M.A. & M.F. LaPointe (1983) The inherent asymmetry of river meander planform. Journal of Geology, 91, 41-55.

Chang, H.H. (1987) Fluvial processes in river engineering. 1-432, John Wiley & Sons, New York.

Chorley, R.J. & B.A. Kennedy (1971) Physical geography - a systems approach. 1-370, Prentice Hall Int. Inc., London.

Coates, D.R. & J.D. Vitek (Hrsg.) (1980a) Thresholds in geomorphology. 1-498, George Allen & Unwin, London.

Coates, D.R. & J.D. Vitek (1980b) Perspectives on geomorphic thresholds. In: Coates & Vitek (1980a), 3-42.

Cowardin, L.M., V. Carter, F.C. Golet & E.T. Laroe (1979) Classification of wetlands and deepwater habitats of the United States. Fish and Wildlife Service, U.S. Department of the Interior.

Cullingford, R.A., D.A. Davidson & J. Lewin (Hrsg.)(1980) Timescales in geomorphology. 1-360, John Wiley & Sons, Chichester.

Cupp, C.E. (1989) Stream corridor classification for forested lands of Washington. Washington Forest Protection Association, Olympia, Washington.

Dahl, H.-J. (1976) Biotopgestaltung beim Ausbau kleiner Fließgewässer - naturnaher Ausbau kleiner Fließgewässer in Niedersachsen. Natur und Landschaft, 51. Jg., H. 7/8, 200-204.

Davidson, D.A. (1980) Erosion in Greece during the first and second millennia BC. In: Cullingford, Davidson & Lewin (1980), 142-158.

Davis, W.M. (1899) The geographical cycle. In: Schumm (1977), 21-44.

Décamps, H., M. Fortuné & F. Gazelle (1989) Historical changes of the Garonne River, southern France. In: Petts, Möller & Roux (1989), 249-267.

DER SPIEGEL (28.09.1981) Wie der Naturschutz den Bach runtergeht - Flußbegradigung und Trockenlegung vernichten die letzten Reservate bedrohter Tier- und Pflanzenarten. Nr. 40, 58-71.

Derbyshire, E. (Hrsg.) (1976) Geomorphology and climate. 1-512, John Wiley & Sons, Chichester.

Dietz, J.W. (1974) Ausbildung der Sohlensicherung im Unterwasserkanal des Rheinkraftwerkes Albbruck-Dogern. Wasser und Boden, H. 12, 346-350.

Dilger, R. & V. Späth (1985) Kartierung und Bilanzierung schutzwürdiger Bereiche der Rheinniederung im Regierungsbezirk Karlsruhe. Natur und Landschaft, 60. Jg., H. 11, 435-440.

Dilger, R. & V. Späth (1988) Konzept natur- und landschaftsschutzwürdiger Gebiete der Rheinniederung des Reg.-Bez. Karlsruhe ("Rheinauenschutzgebietskonzeption"). Materialien zum Integrierten Rheinprogramm, Bd. 1, 1-178, 3 Beilagen, 1. Auflage 1984, Karlsruhe.

DIN 4049 T. 1 (1979) Hydrologie - Begriffe, quantitativ. 1-54, Beuth Verlag, Berlin.

DIN 19661 T. 2 (1978) Sohlenbauwerke - Abstürze, Schußrinnen, Sohlgleiten, Absturz treppen,Stützschwellen, Sohlschwellen, Grundschwellen. Vornorm, 1-22, Beuth Verlag, Berlin, Köln.

Dister, E. (1985a) Auelebensräume und Retentionsfunktion. In: ANL (1985), 74-90.

Dister, E. (1985b) Taschenpolder als Hochwasserschutzmaßnahmen am Oberrhein. Geographische Rundschau, Jg. 37, H. 5, 241-247.

Dister, E. (1991a) Situation der Flußauen in der Bundesrepublik Deutschland. In: ANL (1991), 8-16.

Dister, E. (1991b) Folgen des Oberrheinausbaus und Möglichkeiten der Auen-Renaturierung. In: ANL (1991), 114-122.

Dittrich, A. & M. Haug (1990) Sanierung der Donau zwischen Zwiefaltendorf und Ulm - Vorstudie. Im Auftrag des Regierungspräsidiums Tübingen, Inst. Wasserbau u. Kulturtechnik, Universität Karlsruhe, 1-31, 3 Anlagen, Mai 1990, unveröffentlicht.

Dittrich, A. & K. Kern (1989) Modellversuche zur Umgestaltung der Donau auf der Gemarkung Blochingen im Bereich km 86,7 bis km 85,0. Im Auftrag des Regierungspräsidiums Tübingen, unter Mitarb. von R.-J. Gebler, Inst. Wasserbau u. Kulturtechnik, Universität Karlsruhe, 1-47, 62 Anlagen, Oktober 1989, unveröffentlicht.

Dongus, H. (1972) Schichtflächenalb, Kuppenalb, Flächenalb (Schwäbische Alb). Z. Geomorph. N. F., 16, 374-392, Gebrüder Borntraeger, Stuttgart, Berlin.

DVWK Deutscher Verband für Wasserwirtschaft und Kulturbau e.V. (1984) Ökologische Aspekte bei Ausbau und Unterhaltung von Fließgewässsern. Merkblätter 204, 1-188, Verlag Paul Parey, Hamburg, Berlin.

DVWK Deutscher Verband für Wasserwirtschaft und Kulturbau e.V. (Hrsg.) (1987) Historische Talsperren. Bearbeitet von G. Garbrecht, 1-464, Verlag Konrad Wittwer, Stuttgart.

DVWK Deutscher Verband für Wasserwirtschaft und Kulturbau e.V. (1989[II]) Flußdeiche. Merkblätter 210, 1-48, 1. Aufl. 1986, Verlag Paul Parey, Hamburg, Berlin.

DVWK Deutscher Verband für Wasserwirtschaft und Kulturbau e.V. (1991) Ökologische Aspekte zu Altgewässern. Merkblätter 219, 1-48, Verlag Paul Parey, Hamburg, Berlin.

DVWK Deutscher Verband für Wasserwirtschaft und Kulturbau e.V. (1992) Geschiebemessungen. Regeln 127, 1-59, Verlag Paul Parey, Hamburg, Berlin.

Ebel, R. (1989) Sanierung und naturnaher Ausbau der Donau bei Blochingen - Ingenieurgeologisches Gutachten. Im Auftrag des Regierungspräsidiums Tübingen, Büro für Geotechnik Dr. Rudolf Ebel, Bericht u. 7 Anlagen, März 1989, unveröffentlicht.

Einsele, G. (Hrsg.) (1986a) Das landschaftsökologische Forschungsprojekt Naturpark Schönbuch. 1-636, DFG Forschungsbericht, VCH Verlag, Weinheim.

Einsele, G. (1986b) Das landschaftsökologische Forschungsprojekt "Naturpark Schönbuch" - Einordnung, Konzeption und Teilvorhaben. In: Einsele (1986a), 75-84.

Elliott, C.M. (Hrsg.) (1983) River meandering. Proc. of the Oct 24-26 Rivers '83 Conference, ASCE, New Orleans.

Engelhardt, W. (1968) Die Beeinflussung der Lebewelt der Gewässer durch Maßnahmen des Wasserbaus. In: Buchwald & Engelhardt (1968), 391-397.

Erz, W. (1975) Naturschutz und Gewässerausbau. Jb. Naturschutz und Landschaftspflege, Bd. 24, 1-145, Bonn-Bad Godesberg.

Fehn, K. (1980) Siedlungsgenese und Kulturlandschaftsentwicklung in Mitteleuropa - Gesammelte Beiträge von Martin Born (†). Erdkundliches Wissen, H. 53, Geogr. Zeitschr., Beihefte, 1-528, Franz Steiner Verlag, Wiesbaden.

Felkel, K. (1972) Die Wechselbeziehung zwischen der Morphogenese und dem Ausbau des Oberrheins. Jahresber. u. Mitt. oberrhein. geol. Ver., N.F. 54, 23-44.

Fezer, F. (1974) Randfluß und Neckarschwemmfächer. Heidelberger Geogr. Arbeiten, H. 40, 167-183.

Forschungsgruppe Fließgewässer (1993) Fließgewässertypologie – Ergebnisse interdisziplinärer Studien an naturnahen Fließgewässern und Auen in Baden-Württemberg mit Schwerpunkt Buntsandstein-Odenwald und Oberrheinebene. R. Bostelmann, U. Braukmann, E. Briem, G. Humborg, I. Nadolny, A. Ness, K. Scheurlen, G. Schmidt, K. Steib & U. Weibel (Verfasser), Reihe Umweltforschung in Baden-Württemberg, 1-226, 1 Karte, Ecomed Verlag, Landsberg/Lech.

Frissell, C.A., W.J. Liss, C.E. Warren & M.D. Hurley (1986) A hierarchical framework for stream habitat classification: viewing streams in a watershed context. Environmental management, Vol. 10, Nr. 2, Springer Verlag, New York, 199-214.

Garbrecht, G. (Hrsg.) (1987a) Hydraulics and hydraulic research - a historical review. IAHR Int. Ass. for Hydraulic Research (1935-1985), Jubilee Volume, 1-362, Balkema Publ., Rotterdam, Boston.

Garbrecht, G. (1987b) Hydrologic and hydraulic concepts in antiquity. In: Garbrecht (1987a), 1-22.

Garbrecht, G. (1987c) Der Sadd-el-Kafara, die älteste Talsperre der Welt. In: DVWK (1987), 97-109.

Garrad, P.N. & R.D. Hey (1988) The effect of boat traffic on river regime. In: White (1988), 395-409.

Gebler, R.-J. (1991a) Naturgemäße Bauweisen von Sohlenstufen. In: Larsen (1991), 236-281.

Gebler, R.-J. (1991b) Naturgemäße Bauweisen von Sohlenbauwerken und Fischaufstiegen zur Vernetzung der Fließgewässer. Mitt. Inst. Wasserbau u. Kulturtechnik, H.181, 1-145, Universität Karlsruhe.

German, R. (1963) Taldichte und Flußdichte in Südwestdeutschland - ein Beitrag zur klimabedingten Oberflächenformung. Berichte zu Dt. Landeskunde 31, 12-32.

Geyer, O.F. & M.P. Gwinner (1991[IV]) Geologie von Baden-Württemberg. 1-482, 1. Auflage 1964, Schweizerbart'sche Verlagsbuchhandlung, Stuttgart.

GLA Geol. Landesamt Baden-Württemberg (Hrsg.) (1968) Erläuterungen zum Bl. 7920 Leibertingen der GK 25. W. Hahn, W. Käss u. J. Werner (Bearb.), Landesvermessungsamt Baden-Württemberg, 1-106, Stuttgart.

GLA Geol. Landesamt Baden-Württemberg (Hrsg.) (1974) Erläuterungen zum Bl. 7723 Munderkingen der GK 25. M.P. Gwinner, H.J. Maus, H. Prinz, A. Schreiner u. J. Werner (Bearb.), Landesvermessungsamt Baden-Württemberg, 1-107, Stuttgart.

GLA Geol. Landesamt Baden-Württemberg (Hrsg.) (1987) Erläuterungen zum Bl. 7820 Riedlingen der GK 25. W. Heizmann u. E. Villinger (Bearb.), Landesvermessungsamt Baden-Württemberg, 1-149, Stuttgart.

Graul, H. (1983) Die Paläogeographie des Eiszeitalters. In: Müller-Beck (1983), 33-64.

Gregory, K.J. (Hrsg.) (1977) River channel changes. 1-448, John Wiley & Sons, Chichester.

Gregory, K.J. (Hrsg.) (1983) Background to paeohydrology - a perspective. 1-486, John Wiley & Sons, Chichester.

Gregory, K.J. & D.E. Walling (1973) Drainage basin - form and process. A geomorphological approach. 1-456, Edward Arnold Ltd., London.

Grimshaw, D.L. & J. Lewin (1980) Reservoir effects on sediment yield. Journal of Hydrology, 47, 163-171, Elsevier, Amsterdam.

Hack, J.T. (1957) Studies of longitudinal stream profiles in Virginia an Maryland. U.S. Geolog. Survey Prof. Paper 294-B, 1-97.

Hasel, K. (1985) Forstgeschichte. Pareys Studientexte 48, 1-258, Verlag Paul Parey, Hamburg, Berlin.

Heim, A. (1878) Untersuchungen über den Mechanismus der Gebirgsbildung. 2 Bde. u. Atlas, Basel.

Hey, R.D. (1978) Determinate hydraulic geometry of river channels. J. Hydraulic Div. ASCE, Vol. 104, HY6, 869-885.

Hey, R.D. (1992) River mechanics and habitat creation. In: O'Grady et al. (1992), 271-285.

Hynes, H.B.N. (1970) The ecology of running waters. 1-555, Liverpool University Press.

Hickin, E.J. (1983) River channel changes: retrospect and prospect. Spec. Publications Int. Ass. Sedimentologists, Vol. 6, 61-83.

Hooke, J.M. & A.M. Harvey (1983) Meander changes in relation to bend morphology and secondary flows. Special Publications Int. Ass. Sedimentologists, Vol. 6, 121-132.

Horton, R.E. (1945) Erosional development of streams and their drainage baisins; hydrophysical approach to quantitative morphology. Bulletin of the Geological Society of America, Vol. 56, 275-370.

Hotz, J. (1970) Johann Gottfried Tulla: Sein Leben. In: Johann Gottfried Tulla (20.3.1770-27.3.1828) - Ansprachen und Vorträge zur Gedenkfeier und Internationalen Fachtagung über Flußregulierungen aus Anlaß des 200. Geburtstages. Festschrift o. Hrsg., 23-29, Karlsruhe.

Hövermann, J. (1953) Studien über die Genesis der Formen im Talgrund südhannoverscher Flüsse. Nachr. Akad. Wiss. Göttingen, Math.-Phys. Klasse, Nr. 1, 1-14.

Howard, A.D. (1982) Equilibrium and time scales in geomorphology: application to sand-bed alluvial streams. Earth Surface Processes and Landforms, Vol. 7, 303-325, John Wiley & Sons, Chichester.

Howard, A.D. (1988) Equilibrium models in geomorphology. In: Anderson (1988), 49-72.

Hynes, H.B.N. (1970) The ecology of running waters. 1-555, Liverpool University Press.

ICOLD International Commission on Large Dams (1973) World register of dams. 1-998, Paris.

Illies, H. (1967) Ein Grabenbruch im Herzen Europas - die Oberrheinebene. Geogr. Rundschau 19, 281-294.

Illies, J. (1961) Versuch einer allgemeinen biozönotischen Gliederung der Fließgewässer. Int. Revue Ges. Hydrobiol. 46, 2, 205-213.

Illies, J. & L. Botosaneanu (1963) Problèmes et méthodes de la classification et de la zonation écologique des eaux courantes, considerées surtout du point de vue faunistique. Mitt. Intern. Verein. Limnol., 12, 1-57.

Jäger, K.-D. (1962) Über Alter und Ursachen der Auelehmablagerung Thüringer Flüsse. Praehist. Zeitschr., Nr. 40, Berlin.

234   Literatur

Jägerschmid, K.F.V. (1827 u.1828) Handbuch für Holztransport und Floßwesen. Bd. I u. II, Karlsruhe.

Johnson, R.R., C.D. Zeibell, D.R. Patton, P.F. Pfolliott & R.H. Hamre (Hrsg.) (1985) Riparian ecosystems and their management: reconciling conflicting uses. US Forest Service, General Techn. Report M-120, Rocky Mountain Forest and Range Experimental Station, Fort Collins, Colorado.

Jungwirth, M. & H. Winkler (1983) Die Bedeutung der Flußbettstruktur für Fischgemeinschaften. Österr. Wasserwirtschaft, Jg. 35, H. 9/10, 229-234.

Kaldenhoff, H. (1987) Environmental dynamics - Bericht über ein Forschungssemester. Fachbereich Bautechnik, Lehr- u. Forschungsgebiet Wasserbau und Wasserwirtschaft, Ber. Nr. 3, 1-179, Gesamthochschule Wuppertal.

Kern, K. (1986) Ziele, Möglichkeiten und Grenzen naturnaher Umgestaltung. In: Larsen (1986), 1-14.

Kern, K. (1988) Ideenskizze zur Donauplanung Blochinger Sandwinkel km 86,8 - km 85 (Pilotvorhaben im Rahmen der Donausanierung Sigmaringen - Zwiefaltendorf). Beilage zum Schreiben vom 02.09.1988 an das Regierungspräsidium Tübingen, Inst. Wasserbau u. Kulturtechnik, Universität Karlsruhe, 1-4, 01.09.1988, unveröffentlicht.

Kern, K. (1991) Grundsätze naturgemäßer Gewässergestaltung - Erfahrungen aus Baden-Württemberg. In: Larsen (1991), 116-134.

Kern, K. & I. Nadolny (1986) Naturnahe Umgestaltung ausgebauter Fließgewässer - Projektstudie. Mitt. Inst. Wasserbau u. Kulturtechnik, H. 180, 1-143, Universität Karlsruhe.

Kern, K. & M. Schramm (1988) Sanierung der Donau zwischen Sigmaringen und Zwiefaltendorf - Vorstudie. Im Auftrag des Ministeriums für Umwelt Baden-Württemberg, Inst. Wasserbau u. Kulturtechnik, Universität Karlsruhe, 1-127, 8 Kartenbeilagen, Aug. 1988, unveröffentlicht.

Kern, K., R. Bostelmann & G. Hinsenkamp (1992) Naturnahe Umgestaltung von Fließgewässern -Leitfaden und Dokumentation ausgeführter Projekte. Handbuch Wasserbau 2, Ministerium für Umwelt Baden-Württemberg (Hrsg.), unter Mitarbeit von H.-G. Humborg und I. Nadolny, 1-239, Stuttgart, nicht im Handel, Bestellung beim Herausgeber, Kernerplatz 9, 70182 Stuttgart, Schutzgebühr DM 25.

Kirwald, E. (1950) Der Lebendbau. Wasser und Boden, H. 4, 68-70, H. 5, 85-90, H. 6, 108-113.

Knäble, K. (1970) Tätigkeit und Werk Tullas. In: Johann Gottfried Tulla (20.3.1770 - 27.3.1828) - Ansprachen und Vorträge zur Gedenkfeier und Internationalen Fachtagung über Flußregulierungen aus Anlaß des 200. Geburtstages, Festschrift o.Hrsg., 31-52, Karlsruhe.

Knighton, D. (1984) Fluvial forms and processes. 1-218, Edward Arnold, London.

Kobler, W. & C. Ganzhorn (1985) Die Bodenuntersuchungen der Anlandungen. In: LfU (1985), 99-112.

Kochel, R.C. (1988) Geomorphic impact of large floods: review and new perspectives on magnitude and frequency. In: Baker, Kochel & Patton (1988), 169-187.

Konold, W., R. Pfeilsticker, M. Jöst, W. Schütz, C. Oßwald, C. Leba (1989) Donausanierung zwischen Sigmaringen und Zwiefaltendorf - Landschaftsökologischer Teil. Inst. Landeskultur u. Pflanzenökologie, Universität Hohenheim, 1-126, Nov. 1989, unveröffentlicht.

Körber, H. (1962) Die Entwicklung des Maintals. Würzburger Geogr. Arb. 10, 1-170, 4 Karten, Würzburg.

Kreisverwaltung Neuwied (Hrsg.) (1992) Naturnaher Wasserbau - Projekt Holzbach. Selbstverlag, 1-196, Neuwied.

Krier, H, & W. Schröder (1988) Zum Erosionsverhalten von kohäsiven Fließgewässersohlen. Wasser + Boden, H. 3, 133-136.

Kroll, R. & W. Konold (1991) Die Geschichte der Wiesenbewässerung im unteren Fehlatal. Zeitschrift für Hohenzollersche Geschichte 27, 53-84.

Kunz, E. (1975) Von der Tulla'schen Rheinkorrektion bis zum Oberrheinausbau - 150 Jahre Eingriff in ein Naturstromregime. Jb. Naturschutz Landschaftspflege, Bd. 24, 59-78.

Landkreis Sigmaringen (1987) Antrag: Reaktivierung Donaualtarm, Stadt Mengen, Gemarkung Blochingen, Gewann Pfaffengereut. Gestaltungsplan, M 1 : 1000, Sigmaringen, 12. Jan. 1987, unveröffentlicht.

Langbein, W.B. (1964) Geometry of river channels. J. Hydraul. Div. ASCE, Vol. 90, HY2, 301-312.

Langbein, W.B. & L.B. Leopold (1966) River meanders - theory of minimum variance. Geolog. Survey Prof. Paper 422-H, 1-15.

Larsen, P. (Hrsg.) (1986) Naturnahe Umgestaltung ausgebauter Fließgewässer - Beiträge zum Wasserbaulichen Kolloquium am 14. Februar 1986 in Karlsruhe. Mitt. Inst. Wasserbau u. Kulturtechnik 174, 1-208, Universität Karlsruhe.

Larsen, P. (Hrsg.) (1991) Beiträge zur naturnahen Umgestaltung von Fließgewässern. Mitt. Inst. Wasserbau u. Kulturtechnik 180, 1-303, Universität Karlsruhe.

Larsen, P. Restoration of river corridors: German experiences. In: Calow & Petts (im Druck).

LAWA Länderarbeitsgemeinschaft Wasser (1979) Leitlinien zur Durchführung von Kosten-Nutzen-Analysen in der Wasserwirtschaft. 1-50, Stuttgart.

Lehle, M. (1985) Hochwasserschutz am Rhein für den Raum Mannheim. Wasserwirtschaft, Jg. 75, H.1, 11-14.

Leopold, L.B. & T. Maddock (1953) The hydraulic geometry of stream channels and some physiographic implications. Geolog. Survey Prof. Paper 252, 1-57.

Leopold, L.B. & M.G. Wolman (1957) River channel patterns: braided, meandering and straight. Geolog. Survey Prof. Paper 282-B, 45-62.

Leopold, L.B. & M.G. Wolman (1960) River meanders. Geolog. Soc., Am. Bull. 71, 769-794.

Leopold, L.B., M.G. Wolman & J.P. Miller (1964) Fluvial processes in geomorphology. 1-522, Freeman & Company, San Francisco, London.

Leopold, L.B. & W.B. Bull (1979) Base level, aggradation, and grade. Proc. Am. Philos. Soc. 123. 168-202.

Lewin, J. & B.J. Brindle (1977) Confined meanders. In: Gregory (Hrsg) (1977), Chapter 14, 221-233.

LfU Landesanstalt für Umweltschutz Baden-Württemberg (Hrsg.) (1985) Ökologische Untersuchungen an der unteren ausgebauten Murr, Landkreis Ludwigsburg 1977-1982. Bd. 1, 1-328, 12 Beilagen, Karlsruhe.

LfU Landesanstalt für Umweltschutz Baden-Württemberg (Hrsg.) (1991a) Ökologische Untersuchungen an der ausgebauten unteren Murr, Landkreis Ludwigsburg 1983-1987. Bd. 2, 1-395, Karlsruhe, Stuttgart.

LfU Landesanstalt für Umweltschutz Baden-Württemberg (1991b) Umgestaltung der Enz in Pforzheim. Handbuch Wasser 2, H. 2, Karlsruhe.

LÖLF & LWA Landesanstalt für Ökologie, Landschaftsentwicklung und Forstplanung & Landesamt für Wasser und Abfall Nordrhein-Westfalen (1985) Bewertung des ökologischen Zustands von Fließgewässern: T. I Bewertungsverfahren. 1-26, 18 Anlagen, Woeste-Druck Verlag, Essen.

Londong, D. (1986) Erfahrungen mit der Renaturierung von Wasserläufen. Mitt. Inst. Wasserbau u. Wasserwirtschaft RWTH Aachen, Nr. 60, 237-264.

Londong, D. & V. Stalmann (1985) Erfahrungen mit naturnahem Wasserbau. Wasser + Boden, H. 3, 94-99.

Louis, H. (1979[IV]) Allgemeine Geomorphologie. 1-815, 2 Beilagen, 1. Aufl. 1960, unter Mitarbeit von K. Fischer, de Gruyter, Berlin, New York.

Lüttig, G. (1960) Zur Gliederung des Auelehms im Flußgebiet der Weser. Eiszeitalter und Gegenwart, Bd. 11, 39-63, Öhringen.

Lutz, W. & T. Soldner (1991) Die naturnahe Umgestaltung der Donau bei Blochingen. Wasserwirtschaft, Jg. 81, H. 12, 567-571.

LWA Landesamt für Wasser und Abfall Nordrhein-Westfalen (1980, 1989[IV]) Richtlinie für naturnahen Ausbau und Unterhaltung der Fließgewässer in Nordrhein-Westfalen. 1-69, 1. Auflage 1980, Woeste-Druck Verlag, Essen.

Macagno, E.O. (1987) Leonardo da Vinci: Engineer and scientist. In : Garbrecht (1987a), 33-53.

Maccagni, C. (1987) Galileo, Castelli, Torricelli and others - the Italien school of hydraulics in the 16th and 17th centuries. In: Garbrecht (1987a), 81-88.

Machatschek, F. (1973[X]) Geomorphologie. 10. Auflage, 1-256, Teubner Verlag, Stuttgart.

Mäckel, R. (1969) Untersuchungen zur jungquartären Flußgeschichte der Lahn in der Gießener Talweitung. Eiszeitalter u. Gegenwart, Bd. 20, 138-174, Öhringen.

Mäckel, R. & A. Röhrig (1991) Flußaktivität und Talentwicklung des Mittleren und Südlichen Schwarzwaldes und Oberrheintieflandes. Ber. z. dt. Landeskunde, Bd. 65, H. 2, 287-311, Trier.

Mackin, J.H. (1948) Concept of the graded river. Bulletin of the Geol. Soc. of America, Vol. 59, Mai 1948, 463-512.

Mangelsdorf, J. & K. Scheurmann (1980) Flußmorphologie - Ein Leitfaden für Naturwissenschaftler und Ingenieure. 1-262, Oldenbourg Verlag, München, Wien.

MELUF Ministerium für Ernährung, Landwirtschaft, Umwelt und Forsten Baden-Württemberg (30.09.1980) Erlaß des Ministeriums für Ernährung, Landwirtschaft, Umwelt und Forsten über die Berücksichtigung der Belange von Naturschutz, Landschaftspflege, Erholungsvorsorge und Fischerei bei wasserbaulichen Maßnahmen an oberirdischen Gewässern / Anlage «Wasserbaumerkblatt». Gemeinsames Amtsblatt des Landes Baden-Württemberg, 28. Jg., Nr. 30, Innenministerium (Hrsg.), 968-977, Stuttgart.

Mensching, H. (1951) Akkumulation und Erosion niedersächsischer Flüsse seit der Rißeiszeit. Erdkunde, Bd. V, 60-70.

Mensching, H. (1958) Bodenerosion und Auelehmbildung in Deutschland. Gewässerk. Mitt., H. 1/2, 110-114, 1957/58.

Meszmer, F. (1960) Natur- und landschaftsnaher Bau von Fließgewässern. Naturschutz und Landschaftspflege in Baden-Württemberg, H. 27/28, 178-187, Ludwigsburg.

Meszmer, F. (1970) Das Saumwaldprofil. Wasser und Boden, H. 2, 29-33.

Milne, J.A. (1979) The morphological relationships of bend in confined stream channels in upland Britain. In: Pitty (1979), 215-239.

Moné, F.-J. (1845) Urgeschichte des badischen Landes bis zu Ende des 7. Jahrhunderts. Bd.1: Die Römer im oberrheinischen Gränzland.

Morisawa, M.E. (Hrsg.) (1973) Fluvial geomorphology. 1-314, Publ. in Geomorphology, State University of New York, Binghamton.

Morisawa, M.E. (1985) Rivers. 1-222, Longman Group Ltd., London, New York.

Müller, T. (1985) Die Vegetation. In: LfU (1985), 113-194.

Müller, T. (1991) Die Vegetation. In: LfU (1991a), 113-183.

Müller-Beck, H. (Hrsg.) (1983) Urgeschichte in Baden-Württemberg. 1-546, Konrad Theiss Verlag, Stuttgart.

Nadolny, I. & H.-G. Humborg (1990) Bestand der naturnahen Fließgewässer in der Oberrheinebene und im Sandstein-Odenwald - Naturnahe Fließgewässer in Baden-Württemberg - Methodische Voruntersuchungen. Im Auftrag des Ministeriums für Umwelt Baden-Württemberg, Inst. Wasserbau u. Kulturtechnik, Universität Karlsruhe, 1-53, 3 Anhänge, 1990, unveröffentlicht.

Nadolny, I., K. Becker & K. Kern (1987) Ingenieurbiologische Ufersicherung auf Teilstrecken am Sandbach bei Bühl. Im Auftrag des Zweckverbandes Hochwasserschutz Raum Baden-Baden/Bühl, Inst. Wasserbau u. Kulturtechnik, Universität Karlsruhe, 1-33, Nov. 1987, unveröffentlicht.

Naef, F. & M. Jäggi (1990) Das Hochwasser vom 24./25. August 1987 im Urner Reusstal aus hydrologischer und flussbaulicher Sicht. Wasser, energie, luft, 82. Jg., H. 9, 222-227.

Naef, F., W. Haeberli, M. Jäggi & D. Rickenmann (1988) Morphologische Veränderungen in den Schweizer Alpen als Folge der Unwetter vom Sommer 1987. Österr. Wasserwirtschaft, Jg. 40, H. 5/6, 134-138.

Naiman. R.J., J.A. Stanford & H. Décamps (1991) The application of ecological knowledge to river management. Vortragsmanuskript, Int. Kolloqium "Quelles fleuves pour demain?", Orléans, Ministère de l'Environment France (Veranst.), 1-48, 7 Abb., Sept. 1991, unveröffentlicht.

Naiman, R.J., D.G. Lonzarich, T.J. Beechie & S.C. Ralph (1992) General principles of classification and the assessment of conservation potential in rivers. In: Boon, Calow & Petts (1992), 93-123.

Natermann, E. (1941) Das Sinken der Wasserstände der Weser und ihr Zusammenhang mit der Auelehmbildung im Wesertale. Arch. f. Landes- u. Volksk. v. Nieders., H. 9, 288-309.

Ness, A. (1989) Pilotprojekt 'Naturnahe Umgestaltung ausgebauter Fließgewässer in Baden-Württemberg' - Untersuchungen zur Fischfauna. Im Auftrag des Ministeriums für Umwelt Baden-Württemberg, Institut für Umweltstudien, Heidelberg, 1-218, Oktober 1989, unveröffentlicht.

Ness, A. (1991) Interpretation von Untersuchungen der Fischfauna. In: Larsen (1991), 196-223.

Newson, M. (1980) The geomorphological effectiveness of floods - a contribution stimulated by two recent events in Mid-Wales. Earth Surface Processes, 5, 1-16.

Newson, M. & D. Sear (in Druck) River conservation, river dynamics, river maintenance: contradictions? English Nature, White, S. & J. Collinge (Hrsg.).

O'Grady, K.T., A.J.B. Butterworth, P.B. Spillet & J.C.T. Domaniewski (Hrsg.) (1992) Fisheries in the year 2000. Inst. of Fisheries Management, Nottingham.

Ogris, H. (1975) Die Dimensionierung von Sohlberollungen. Österr. Wasserwirtschaft, Jg. 27, H. 9/10, 215-221.

Otto, A. (1988) Naturnaher Wasserbau - Modell Holzbach. Auswertungs- und Informationsdienst für Ernährung, Landwirtschaft und Forsten e.V. (AID) (Hrsg.), H. 1203, 1-32, Bonn.

Otto, A. (1991) Grundlagen einer morphologischen Typologie der Bäche. In: Larsen (1991), 1-94.

Otto, A. (1992) Grundlagen und Grundsätze zur landschafts- und naturgerechten Lösung von Erosionsproblemen an Mittelgebirgsbächen. In: Kreisverwaltung Neuwied (1992), 69-196.

Otto, A. & U. Braukmann (1983) Gewässertypologie im ländlichen Raum. Schr.-Reihe des Bundesministeriums für Ernährung, Landwirtschaft und Forsten, Reihe A, H. 288, 1-61, Landwirtschaftsverlag, Münster-Hiltrup.

Pabst, W. (1989) Gewässerschutz im Wildbachverbau - Plädoyer für eine neue Baugesinnung bei der Wildbachsicherung. Wasserwirtschaft, Jg. 79, H. 12, 610-615.

Paravicini, G. (1990) Murgänge und Hochwasser im Puschlav - historische und aktuelle Analysen im Val Varuna. Unter Mitarbeit von D. Rickenmann & M. Zimmermann; Wasser, energie, luft, 82. Jg., H. 5/6, 123-128.

Pechlaner, R. (1985) Kriterien für umweltschonende Wasserkraftnutzung aus der Sicht des Gewässerökologen. Referat Fachtagung "Alpen-Fisch '85", 77-101.

Pechlaner, R. (1986) "Driftfallen" und Hindernisse für die Aufwärtswanderung von wirbellosen Tieren in rhithralen Fließgewässern. Wasser und Abwasser, Bd. 30, 431-463, TU Wien.

Petts, G.E. (1984) Impounded rivers - perspectives for ecological management. 1-326, John Wiley & Sons, Chichester.

Petts, G.E. (1989) Historical analysis of fluvial hydrosystems. In: Petts, Möller & Roux (1989), 1-18.

Petts, G.E., H. Möller & A.L. Roux (Hrsg.) (1989) Historical change of large alluvial rivers - Western Europe. 1-325, John Wiley & Sons, Chichester.

Pflug, R. (1982) Bau und Entwicklung des Oberrheingrabens. 1-145, Erträge der Forschung, Bd. 184, Wiss. Buchges. Darmstadt.

Philippson, A. (1886) Ein Beitrag zur Erosionstheorie. Petermanns Geogr. Mitt., 32, 67-79.

Pitty, A.F. (1971) Introduction to geomorphology. 1-526, Methuen & Co, London.

Pitty, A.F. (Hrsg.) (1979) Geographical approaches to fluvial processes. Geo Abstracts Ltd., University of East Anglia, Norwich.

Platzer, G. (1982) Kriterien für den zulässigen spezifischen Abfluß über breite Blocksteinrampen. Österr. Wasserwirtschaft, Jg. 34, H. 5/6, 137-147.

Raabe, W. (1968) Wasserbau und Landschaftspflege am Oberrrhein. Schriftenreihe des Deutschen Rates für Landespflege, H.10, 24-31, Bonn.

Ramsch, R. (1989) Donausanierung zwischen Laiz und Zwiefaltendorf - eine hydrogeologische Bestandsaufnahme (Entwurf). Im Auftrag des Regierungspräsidiums Tübingen, 1-45, 9 Anlagen, Aug. 1989, unveröffentlicht.

Rat der Sachverständigen für Umweltfragen (1985) Umweltprobleme der Landwirtschaft. Sondergutachten, 1-423, Verlag Kohlhammer, Stuttgart.

Regierungspräsidium Tübingen (1985) Hochwasserschutz an der Donau - nötig, möglich, verträglich? Aufgestellt von RBD Rietz, 1-60, Oktober 1985, unveröffentlicht.

Regionalverband Bodensee-Oberschwaben (Hrsg.) (1980) Ökologische Standorteignungskarten von Teilräumen der Region Bodensee-Oberschwaben, Raum Sigmaringen-Herbertingen, Ravensburg.

Reichelt, G. (1953) Über den Stand der Auelehmforschung in Deutschland. Petermanns Geogr. Mitt., 96/97, 245-261, 1952/53.

Reichholf, J. (1976) Zur Ökostruktur von Flußstauseen. Natur und Landschaft, Jg. 51, H. 7/8, 212-218.

Richards, K. (1982) Rivers, form and process in alluvial channels. 1-361, Methuen, London, New York.

Roehl, J.W. & J.N. Holeman (1973) Sediment studies pertaining to small reservoir design. In: Ackermann, White & Worthington (1973), 376-380.

Rohdenburg, H. (1971) Einführung in die klimagenetische Geomorphologie. 1-350, Lenz Verlag, Gießen.

Rohm, C.M., J.W. Giese & C.G. Bennett (1987) Evaluation of an aquatic ecoregion classification of streams in Arkansas. Journal of Freshwater Ecology, 4, 127-139.

Röhrig, A. Untersuchungen zur Fluß- und Talentwicklung im Einzugsgebiet der Elz (Mittlerer Schwarzwald) - ein Beitrag zur jungquartären fluvialen Geomorphodynamik Südwestdeutschlands. Diss. Geowiss. Fak. Universität Freiburg (in Vorbereitung).

Rose, J., C. Turner, G.R. Coope & M.D. Bryan (1980) Channel changes in a lowland river catchment over the last 13,000 years. In: Cullingford, Davidson & Lewin (1980), 159-175.

Rosgen, D.L. (1985) A stream classification system. In: Johnson et al. (1985), 91-95.

Rouvé, G. (1987) Die Geschichte der Talsperren in Mitteleuropa. In: DVWK (1987), 297-325.

Schade, G. (1985) Ausbau und Pflege der Murr auf den Markungen Erdmannshausen, Steinheim und Murr, Kreis Ludwigsburg. In: LfU (1985), 49-60.

Schäfer, W. (1974) Der Oberrhein, sterbende Landschaft? Natur und Museum, Bd. 104, H. 11, 331-343, H. 12, 358-363, Frankfurt.

Schaub, D., P. Horat & F. Naef (1990) Die Hochwasser der Reuss im 18. und 19. Jahrhundert und ihr Einfluß auf die Hochwasserstatistik. Wasser, energie, luft, 82. Jg., H. 3/4, 67-71.

Scheffer, P., H.P. Blume, K.-H. Hartge & U. Schwertmann (1984) Lehrbuch der Bodenkunde. 11. Auflage, 1-442, Ferdinand Enke Verlag, Stuttgart.

Scheifele, M. (1988) Flößerei und Holzhandel im Murgtal unter besonderer Berücksichtigung der Murgschifferschaft. 73-456, Casimir Katz Verlag, Gernsbach.

Schirmer, W. (1983) Die Talentwicklung an Main und Regnitz seit dem Hochwürm. Geol. Jb., A 71, 11-43, Hannover.

Schmidt, M. (1987) Die Oberharzer Bergbauteiche. In: DVWK (1987), 327-385.

Schmidt-Witte, H. & G. Einsele (1986) Rezenter und holozäner Feststoffaustrag aus den Keuper-Lias-Einzugsgebieten des Naturparks Schönbuch. In: Einsele (1986a), 369-392.

Schmidtke, R.F. & A. Ottl (1988) Dotation/Mindestabfluß/ Restwasserführung in wasserkraftbedingten Ausleitungsstrecken. Wasser, Energie, Luft, Jg.80, H.11/12, 304-306.

Schnitter, N.J. (1987) Verzeichnis geschichtlicher Talsperren bis Ende des 17.Jahrhunderts. In: DVWK (1987), 9-20.

Schröder, W. & G. Spalthoff (1993) Konzeptstudie "Revitalisierung des Hambachs in Heppenheim". Wasser + Boden, H. 3, 152-155.

Schröder, W. & E. Zimmermann (1993) Zur kritischen Belastung einer kohäsiven Fließgewässersohle. Wasserwirtschaft, Jg. 83, H. 3, 128-132.

Schua, L.F. (1974) Die Funktion der Uferbepflanzung im Temperaturhaushalt kleiner Fließgewässer und Folgen deren Veränderung bei wasserbautechnischen Maßnahmen. Wasser + Boden, H. 2, 38-41.

Schumm, S.A. (1960) The shape of alluvial channels in relation to sediment type. Geolog. Survey Prof. Paper 352-B, 17-30.

Schumm, S.A. (1969) River metamorphosis. J. Hydraul. Div. ASCE, Vol. 95, HY1, 255-273.

Schumm, S.A. (1973) Geomorphic thresholds and complex response of drainage systems. In: Morisawa (1973), 299-310; als Nachdruck in Schumm (1977), 335-346.

Schumm, S.A. (Hrsg.) (1977) The fluvial system. 1-338, John Wiley & Sons, New York.

Schumm, S.A. (1983) River morphology and behavior: problems of extrapolation. In: Elliott (1983), 16-29.

Schumm, S.A. & R.W. Lichty (1965) Time, space, and causality in geomorphology. American Journal of Science, Vol. 263, Feb. 1965, 110-119.

SCHWÄBISCHE ZEITUNG (12.07.1989) Ortschaftsräte aus Blochingen waren bei der Universität Karlsruhe zu Gast: Furcht vor erhöhter Hochwassergefahr ausgeräumt - Modellversuch kostet eine viertel Million Mark. SCHWÄBISCHE ZEITUNG Nr. 157, Seite: Saulgau - Mengen - Altshausen und Umgebung.

Schweinfurth, W. (1990) Geographie anthropogener Einflüsse - Das Murgsystem im Nordschwarzwald - Ein Kapitel anthropogener Geomorphologie. Mannheimer Geographische Arbeiten, H. 26, 1-351, 6 Beilagen, Mannheim.

Seifert, A. (1938) Naturnäherer Wasserbau. Deutsche Wasserwirtschaft, Nr. 12.

Semmel, A. (1985) Periglazialmorphologie. 1-116, Erträge der Forschung, Bd. 231, Wiss. Buchges. Darmstadt.

Späth, H. (1986) Die Bedeutung der "Eisrinde" für die periglaziale Denudation. Zeitschr. f. Geomorphologie, Suppl. Bd. 61, 3-23, Gebrüder Borntraeger, Berlin, Stuttgart.

Stäblein, G. (1970) Grobsedimentanalyse als Arbeitsmethode der genetischen Geomorphologie. Würzburger Geogr. Arb. 27, 1-203, Universität Würzburg.

Stäblein, G. (1983) Polarer Permafrost - Klimatische Bedingungen und geomorphodynamische Auswirkungen. Geoökodynamik 4, 227-248.

Stäblein, G. (1989) Geomorphologie und Geoökologie - Grundanschauungen und Forschungsentwicklungen. Geogr. Rundschau 41, H. 4, 486-473, Westermann, Braunschweig.

Starkel, L. (1976) The role of extreme (catastrophic) meteorological events in contemporary evolution of slopes. In: Derbyshire (1976), 203-246.

Statzner, B. (1986) Fließwasserökologische Aspekte bei der naturnahen Umgestaltung heimischer Bäche. In: Larsen (1986), 55-95.

Statzner, B., F. Kohmann & U. Schmedtje (1990) Eine Methode zur ökologischen Bewertung von Restabflüssen in Ausleitungsstrecken. Wasserwirtschaft, Jg. 80, H. 5, 248-254.

Steffan, A.W. (1965) Zur Statik und Dynamik im Ökosystem der Fließgewässer und zu den Möglichkeiten ihrer Klassifizierung. In: Tüxen (1965), 65-110.

Strahler, A.N. (1957) Quantitive analysis of watershed geomorphology. American Geophysical Union Transactions, 38, 913-920.

Strautz, W. (1962) Auelehmbildung und -gliederung im Weser- und Leinetal mit vergleichenden Zeitbestimmungen aus dem Flußgebiet der Elbe - ein Beitrag zur Landschaftsgeschichte der nordwestdeutschen Flußauen. Beiträge zur Landespflege, Bd. 1, Festschrift Wiepking, 273-314, Verlag Eugen Ulmer, Stuttgart.

Thienemann, A. (1951) Vom Gebrauch und vom Mißbrauch der Gewässer in einem Kulturlande. Archiv für Hydrobiologie, Nr. 45, 557-583.

Tulla, J.G. (1825) Über die Rektifikation des Rheins, von seinem Austritt aus der Schweiz bis zu seinem Eintritt in das Großherzogthum Hessen. 1-60, Müllers Hofbuchdruckerei, Karlsruhe.

Tüxen, R. (Hrsg.) (1965) Biosoziologie - Bericht über das internationale Symposium in Stolzenau/Weser der internationalen Vereinigung für Vegetationskunde. Verlag Dr. Junk, Den Haag.

UM Ministerium für Umwelt Baden-Württemberg (1988) Hochwasserschutz und Ökologie - ein "Integriertes Rheinprogramm" schützt vor Hochwasser und erhält naturnahe Flußauen. 1-27, Stuttgart.

UM Ministerium für Umwelt Baden-Württemberg (1992) Merkblatt für die naturnahe Entwicklung, die Unterhaltung und den Ausbau oberirdischer Gewässer (Wasserbaumerkblatt). Arbeitsgruppe «Naturnahe Umgestaltung ausgebauter Fließgewässer» (Bearb.), 1-53, Entwurf, Stand April 1992, unveröffentlicht.

UM Ministerium für Umwelt Baden-Württemberg (Hrsg.) (1993) Naturgemäße Bauweisen - Ufer- und Böschungssicherungen. Arbeitsgruppe «Naturgemäße Bauweisen» & K. Kern (Bearb.), Handbuch Wasserbau, H. 5, 1-101, Stuttgart, nicht im Handel, Bestellung beim Herausgeber, Kernerplatz 9, 70182 Stuttgart, Schutzgebühr DM 20.

Ungureanu, A. (1989) Die flußmorphologische Entwicklung des Heilbachs im Bienwald. Diplomarbeit am Geographischen Institut I der Universität Freiburg, ausgegeben und betreut am Inst. Wasserbau u. Kulturtechnik, Universität Karlsruhe, 1-132, Anlagen, Okt. 1989, unveröffentlicht.

Ungureanu, A. (1991) Typologische Untersuchung naturnaher Fließgewässer in Baden-Württemberg, Teil B Geologie und Geomorphologie. Inst. Geographie u. Geoökologie, Universität Karlsruhe, gefördert vom Projekt Wasser-Abfall-Boden, Kernforschungszentrum Karlsruhe, 1-120 u. Anlagen, Mai 1991, unveröffentlicht.

Vannote, R.L., G.W. Minshall, K.W. Cummings & J.R. Sedell (1980) The river continuum concept. Canadian Journal of Fisheries and Aquatic Sciences, 37, 130-137.

Villinger, E. & J. Werner (1985) Geologie und Hydrogeologie der pleistozänen Donaurinnen im Raum Sigmaringen-Riedlingen (Baden-Württemberg). Abh. geol. Landesamt Bad.-Württ., 11, 141-203, Freiburg.

Vischer, D. (1982) Daniel Bernoulli zum 200. Todestag. Wasser, energie, luft, Jg. 74, H. 5/6, 144-146.

Vischer, D. (1983) Leonhard Euler zum 200. Todestag. Wasser, energie, luft, Jg. 75, H. 7/8, 139-141.

Wagner, G. (1958) Einführung in die Geologie. 1-84, Badenia Verlag, Karlsruhe.

Warren, C.E. (1979) Toward classification and rationale for watershed management and stream protection. Report Nr. EPA-600/3-79-059, US Environmental Protection Agency, Corvallis, Oregon.

Weise, O.R. (1983) Das Periglazial - Geomorphologie und Klima in gletscherfreien, kalten Regionen. 1-199, Gebrüder Borntraeger, Berlin, Stuttgart.

Werth, W. (1987) Ökomorphologische Gewässerbewertungen in Oberösterreich (Gewässerzustandskartierungen). Österr. Wasserwirtschaft, Jg. 39, H. 5/6, 122-129.

White, W.R. (Hrsg.) (1988) International conference on River Regime. 18-20 Mai 1988 in Wallingford, England, 1-445, John Wiley & Sons, Chichester.

Wiegleb, G. (1981) Struktur, Verbreitung und Bewertung von Makrophytengesellschaften niedersächsischer Fließgewässer. Limnologica (Berlin) 13, 427-448.

Wildhagen, H. & B. Meyer (1972) Holozäne Boden-Entwicklung, Sediment-Bildung und Geomorphogenese im Flußauenbereich des Göttinger Leinetal-Grabens - Teil 1: Spätglazial und Holozän bis zum Beginn der eisenzeitlichen Auenlehmablagerung - Teil 2: Die Auenlehmdecken des Subatlantikums. Göttinger Bodenkundl. Ber., H. 21, 1-75 u. 77-158, Göttingen.

Wilhelmy, H. (1977[III]) Geomorphologie in Stichworten, II. Exogene Morphodynamik. 1-223, 1. Aufl. 1970, Verlag Ferdinand Hirt.

Wirthmann, A. (1964) Die Landformen der Edge-Insel in Südostspitzbergen. Ergebnisse der Stauferland-Expedition, 1959/60, 2, 1-53, Franz Steiner Verlag, Wiesbaden.

Wolman, M.G. (1967) Two problems involving river channels and their background observations: Quantitative Geography Part II. Northwestern University Studies in Geography, Nr.14, 67-107.

Wolman, M.G. & R. Gerson (1978) Relative scales of time and effectiveness of climate in watershed geomorpholgy. Earth Surface Processes, Vol. 3, 189-208.

Wolman, M.G. & J.P. Miller (1960) Magnitude and frequency of forces in geomorphic processes. Journal of Geology, 68, 54-74.

Wundt, W. (1941) Gefällskurve und Mäanderbildung als Folge des Prinzips des kleinsten Zwangs. Dt. Wasserwirtschaft, 36. Jg., H. 3, 115-120, Stuttgart.

Wundt, W. (1953) Gewässerkunde. 1-320, Julius Springer Verlag, Berlin.

Wurm, F. (1991) Geologischer Bau des Unteren Murrtales. In: LfU (1991a), 23-27.

Wurm, F. & W. Kobler (1991) Herkunft, Zusammensetzung und Verteilung der jungen Murrablagerungen. In: LfU (1991a), 29-35.

Zeller, J. & G. Röthlisberger (1988) Unwetterschäden in der Schweiz im Jahre 1987. Wasser, energie, luft, 80. Jg., H. 1/2, 29-42.

Zimmerman, R.C., J.C. Goodlett & G.H. Comer (1967) The influence of vegetation on channel form of small streams. International Association of Scientific Hydrology, Publ. 75, 174-186.

Abbildungs- und Tabellenverzeichnis

Sachverzeichnis

Druck: Mercedesdruck, Berlin
Verarbeitung: Buchbinderei Lüderitz & Bauer, Berlin